Law of Awesome Data Scientist

前処理大全

データ分析のための
SQL/R/Python実践テクニック

本橋智光［著］
株式会社ホクソエム［監修］

技術評論社

●免責

本書に記載された内容は、情報の提供だけを目的としています。したがって、本書を用いた運用は、必ずお客様自身の責任と判断によって行ってください。これらの情報の運用の結果について、技術評論社および著者はいかなる責任も負いません。

本書に記載がない限り、2018年3月現在の情報ですので、ご利用時には変更されている場合もあります。

以上の注意事項をご承諾いただいた上で、本書をご利用願います。これらの注意事項をお読みいただかずにお問い合わせいただいても、技術評論社および著者は対処しかねます。あらかじめ、ご承知おきください。

●商標、登録商標について

本書に登場する製品名などは、一般に各社の登録商標または商標です。なお、本文中に™、®などのマークは省略しているものもあります。

地味で孤独な
長い鍛錬の上に
華は咲く

　どんな職業にも華がある瞬間はあるものです。サッカー選手であればゴールを決める瞬間。料理人であればフランベする瞬間。コンサルタントであればプレゼンの瞬間。そしてデータサイエンティストであれば、それは素晴らしい発見や精度の高いモデルを作り上げる瞬間でしょう。ですが、この瞬間を生み出せるかどうかは、その前段の成否にかかっています。的確なポジショニングをし、隙のないトラップをする。素晴らしい食材を揃え、下ごしらえをする。綿密な調査を行い、完璧な資料を作成する。華やかな瞬間とは違い、地味で長い時間がかかりますが、一流との差はここから生まれるのです。もしあなたが一流のデータサイエンティストを目指すのであれば、地味で華がない「前処理」を極める必要があります。さあ、Awesomeなデータサイエンティストへの道を一緒に歩んでいきましょう。

iv はじめに

はじめに

0-1
本書の目的

　ビッグデータ、データサイエンティスト、最近では人工知能（AI；Artificial Intelligence）、といった言葉が注目されています。これらの言葉はすべてデータ分析に関連した言葉です。その注目には過剰な期待も多く含まれていますが、多数の組織がデータ分析によって大きな利益を創出している事例があるため、すべての業界においてデータ分析は無視できなくなってきています。

　このような注目を受けて、データ分析の記事や書籍が数多く出ています。そして、そのほとんどがデータ分析における**前処理**について次のように述べています。

- データ分析業務の8割を占める
- 必要不可欠な工程である

　では、なぜここまで重要なのでしょうか？ それは前処理が後続のデータ分析の品質を大きく左右するからです。

　集計分析のための前処理であれば、集計処理に利用できる多様なデータを準備する必要があります。このとき、前処理が不十分で、集計分析に利用できるデータの種類が少なかった場合には、データから得られる示唆が減ってしまいます。また、偏ったサンプリングを行ったあとに集計処理をした場合には、集計結果から誤った認識をしてしまいます。このように、集計分析の品質に前処理は大きな影響を与えます。

　予測モデルのための前処理も予測モデルの精度や精度測定の正確性に大きな影響を与えます。予測モデルの精度は、機械学習モデルの選択やパラメータチューニングによる影響もありますが、これら以上に前処理によって作成した特徴量が強い影響を与えます。実際に予測モデルの精度を競うコンペにおいても、予測精度が大きく向上するのは新たな特徴量を発見したときが多いです。また、予測精度を正確に測定するためには、予測モデルを作るためのデータとモデルの精度を測定するためのデータに分割する前処理が必要です。

これを怠ると、予測モデルの正確な精度を測定できません。

このように、後続のデータ分析の品質に大きな影響を与えるため、前処理が重要だと言われるのです。しかし、これほど重要でありながら、前処理についての専門的な書籍はほとんどありません。前処理が地味で処理が分かりにくいという点が原因として考えられますが、それ以上に前処理はまとめにくい技術であるという点が大きいでしょう。

前処理は統計学や機械学習といった学問として体系だった知識は存在せず、現場の絶え間ない工夫によって生まれてきたものが多いです。さらに、前処理を学ぶためには、前処理を実現するためのプログラミング知識、分析基盤の知識、必要な前処理を判断するための統計学や機械学習の知識が必要となり、1つの書物で説明しきるのは難しいという特徴もあります。その結果、さまざまな書籍や記事において断片的な前処理についての解説はありますが、まとまったものはあまりありません。

本書では、この問題から逃げずに立ち向かい、データ分析案件のリアルな経験に基づき実用的な前処理を整理しています。また、必要十分な分析基盤／プログラミング／統計学／機械学習の知識を前処理とともに解説することで、これらの分野に詳しくない方でも前処理を実践するのに十分な知識を身に付けられるようにしています。

本書が対象とするのは次のようなデータです。

- 数値
- 文字
- 論理値

次のようなマルチメディアデータは対象ではありません。

- 画像
- 音声
- 動画

また、文字コードの統一などのクレンジング処理[1]については解説していませんので、注意してください。

---

[1] クレンジング処理を前処理の1つととらえることもありますが、本書ではクレンジング処理と前処理を別のものとして整理しています。本書では、クレンジング処理を想定外のデータの不備に対処する処理としています。非常に難しいことですが、データ整備が完璧であれば、クレンジング処理は必要なくなります。

0-2
対象読者

　本書は、プログラム言語を利用して簡単なプログラムを書ける方であればすべて理解できるような構成になっています。まったくの初心者は入門書を脇に置いて読み進めるのをお勧めします (参考書籍は巻末に記載します)。ただし、前処理の流れを概観してみたいという方にとっては、プログラミングの細部が分からなくても有用です。

　具体的な職種を挙げると、駆け出しのデータサイエンティストを主な対象読者としていますが、データ分析業務を学びたいシステムエンジニアにもぜひ読んで欲しいと思っています。駆け出しのデータサイエンティストの方は、本書で地味ながらも重要な前処理の種類や必要最低限のプログラミングや基盤の知識を学んでいただければ幸いです。データ分析に興味があるエンジニアのみなさんには、データ分析に尻込みせずに既存のエンジニア力を活かしやすいデータの前処理からぜひ挑戦していただければと思います。

　特に本書では、データ分析の前処理の処理方法を学ぶと同時に、前処理を実現するコーディング技術を学べる内容になっています。これは、データサイエンティストがシステムを理解し、計算処理を適切に実現できる必要があると考えているからです。計算処理コストの感覚がないデータサイエンティストがどれだけ危険なのかは、下記の2つの話を聞けば理解できるでしょう。

- 年間利益100万円相当の精度向上のためのデータ分析基盤強化に、年間1,000万円を費やした。
- 複雑で高度な機械学習モデルを利用したため、計算時間に120分を要し、120分以上前のデータを利用した予測システムになっていた。計算時間が5分程度のシンプルなモデルを構築して、5分以上前のデータを利用した予測システムに置き換えたら、精度が大きく向上し、さらにはシステムコストが低下した。

　どうでしょうか? 信じられないような話ですが、このようなことが本当に起きている現場があるのです。そして、このような問題を検討段階で避けられるような、システム開発とデータ分析の両方の知識を持っているデータサイエンティストが、データ分析案件の現場において真に必要とされています。

0-3
本書の構成

本書は次のような4つのPartで構成されています。

- Part1 入門前処理
- Part2 データ構造を対象とした前処理
- Part3 データ内容を対象とした前処理
- Part4 実践前処理

「Part1 入門前処理」では、データ分析における前処理の役割、前処理の種類や前処理を実現するプログラミング言語の使い分けについて解説します。

「Part2 データ構造を対象とした前処理」と「Part3 データ内容を対象とした前処理」では、本書のメインとなる前処理の具体的なテクニックについて解説します。Part2とPart3の前処理の違いは、**第1章「1-3 前処理の流れ」**で詳しく解説します。

「Part4 実践前処理」では、Part2とPart3で解説した前処理を組み合わせて、実際の業務と同様の前処理の流れを解説します。Part2とPart3で習ったテクニックの使い方を例題を通して身に付けましょう。

● 例題とコード

Part2とPart3の前処理の解説は、下記の3つの要素で構成されています。

1. 前処理のパターンと効果
2. 例題とSQL、R、Pythonの良い（Awesome）／悪い（Not Awesome）解答コード
3. SQL、R、Pythonの記述方法のアドバイス

前処理の問題ごとに例題（図0.1）を用意しています。

図0.1 例題

Q データ列の抽出

対象のデータセットは、ホテルの予約レコードです。予約テーブルを、reserve_id、

本書では、この例題を解くためのプログラミング言語を選択し、Awesomeなコード（図0.2）とNot Awesomeなコード（図0.3）を提示しています。Not Awesomeなコードは書き方が悪いということも考えられますが、プログラミング言語によっては不得意な処理があったり、パッケージ／ライブラリを使った方が便利なことがあったりします。Not Awesomeなコードをどのようにすれば Awesomeなコードに書き換えることができるかを考えながら読み進めてみるのも良いでしょう。

図0.2 Awesome

SQL Awesome

図0.3 Not Awesome

R Not Awesome

コードには記述内容のポイント（図0.4）を記載します。

図0.4 ポイント

Point

抽出した列にASを付けることで、一時的に列名を変更できます。列名を短縮したり、抽出したデータの意味合いが変わったときに意味に合わせて変更すると良いでしょう。

サンプルコードについて

本書のサンプルコードは以下からダウンロードできます。

https://github.com/ghmagazine/awesomebook

例題の直後に記載しているディレクトリは次の章（節）のサンプルコードであることを示します。

1-7 データの読み込み（第1章）：▶load_data
第2章：▶002_selection
第3章：▶003_aggregation

第4章：▶ 004_join

第5章：▶ 005_split

第6章：▶ 006_generate

第7章：▶ 007_spread

第8章：▶ 008_number

第9章：▶ 009_category

第10章：▶ 010_datetime

第11章：▶ 011_character

第12章：▶ 012_gis

第13章：▶ 013_problem

　これらのディレクトリ以下に、例題と対応するファイルを用意しています。なお、本誌で掲載しているコードの右肩にはファイル名を記載しています（図0.5）。

図0.5 コード名

```
SQL Awesome                                                    sql_1.sql
SELECT
  -- reserve_idを選択、ASを利用して名前をrsv_timeに変更
```

● データについて

　本書で扱う前処理の対象データは、レコードデータです。レコードデータについては**第1章「1-1 データ」**で解説します。

● バージョンについて

　本書では、各前処理に対してSQL／R／Pythonの3つの言語による実現方法を掲載しています。これによって、各言語の特徴を押さえることができ、前処理の問題別に向き／不向きを学べるような構成となっています。SQLはRedshift準拠（以降、本書のSQLとはRedshiftSQLのことを意味します）、Pythonのバージョンは3.6、Rのバージョンは3.4となっています。また、これらの言語のインストールについては解説しません。インストール方法やプログラミング言語の詳細がわからない方は、巻末の参考文献を参考にしてください。

目次 Contents

はじめに   iv

Part 1　入門前処理   001

第1章　前処理とは   002

1-1　データ   002
レコードデータ   002
データ型   003

1-2　前処理の役割   004
機械学習   004
教師なし学習と教師あり学習   005
データ分析のための3つの前処理   006

1-3　前処理の流れ   008
データ構造を対象とした前処理   008
データ内容を対象とした前処理   009
前処理の順番   009

1-4　3つのプログラミング言語   011
プログラミング言語の使い分け   012

1-5　パッケージ／ライブラリ   013
分析に利用するパッケージ／ライブラリ   013

1-6　データセット   014
ホテルの予約レコード   015
工場の製造レコード   016
月ごとの指標レコード   017
文章データセット   017

1-7　データの読み込み   018

Part 2　データ構造を対象とした前処理   023

第2章　抽出   024

2-1　データ列指定による抽出   024
Q　データ列の抽出   025

2-2　条件指定による抽出   031
Q　条件によるデータ行の抽出   033
Q　インデックスを間接的に利用したデータ行（Row）の抽出   040

2-3	**データ値に基づかないサンプリング**	042
	Q ランダムサンプリング	042
2-4	**集約 ID に基づくサンプリング**	046
	Q ID ごとのサンプリング	048

第3章 集約 — 052

3-1	**データ数、種類数の算出**	053
	Q カウントとユニークカウント	053
3-2	**合計値の算出**	058
	Q 合計値	058
3-3	**極値、代表値の算出**	061
	Q 代表値	062
3-4	**ばらつき具合の算出**	066
	Q 分散値と標準偏差値	066
3-5	**最頻値の算出**	070
	Q 最頻値	070
3-6	**順位の算出**	075
	順位付けの関数	075
	Q 時系列に番号を付与	076
	Q ランキング	080

第4章 結合 — 084

4-1	**マスタテーブルの結合**	084
	Q マスタテーブルの結合	085
4-2	**条件に応じた結合テーブルの切り替え**	093
	Q 条件別に結合するマスタテーブルを切り替え	094
4-3	**過去データの結合**	103
	Q n 件前のデータ取得	104
	Q 過去 n 件の合計値	108
	Q 過去 n 件の平均値	113
	Q 過去 n 日間の合計値	117
4-4	**全結合**	122
	Q 全結合処理	122

目　次

| 第5章 | **分割** | 130 |

5-1　レコードデータにおけるモデル検証用のデータ分割　131
　　Q 交差検証　133

5-2　時系列データにおけるモデル検証用のデータ分割　138
　　Q 時系列データにおける学習／検証データの準備　141

| 第6章 | **生成** | 146 |

6-1　アンダーサンプリングによる不均衡データの調整　147

6-2　オーバーサンプリングによる不均衡データの調整　148
　　Q オーバーサンプリング　149

| 第7章 | **展開** | 154 |

7-1　横持ちへの変換　154
　　Q 横持ち変換　155

7-2　スパースマトリックスへの変換　158
　　Q スパースマトリックス　159

Part 3　データ内容を対象とした前処理　163

| 第8章 | **数値型** | 164 |

8-1　数値型への変換　164
　　Q さまざまな数値型の変換　164

8-2　対数化による非線形な変化　168
　　Q 対数化　170

8-3　カテゴリ化による非線形な変化　172
　　Q 数値型のカテゴリ化　173

8-4　正規化　176
　　Q 正規化　178

8-5　外れ値の除去　180
　　Q 標準偏差基準の外れ値の除去　181

8-6　主成分分析による次元圧縮　183
　　Q 主成分分析による次元圧縮　185

8-7 数値型の補完 188

- Q 欠損レコードの削除 190
- Q 定数補完 192
- Q 平均値補完 195
- Q PMM による多重代入 197

第9章 カテゴリ型 201

9-1 カテゴリ型への変換 201

- Q カテゴリ型の変換 202

9-2 ダミー変数化 206

- Q ダミー変数化 207

9-3 カテゴリ値の集約 210

- Q カテゴリ値の集約 210

9-4 カテゴリ値の組み合わせ 214

- Q カテゴリ値の組み合わせ 215

9-5 カテゴリ型の数値化 217

- Q カテゴリ型の数値化 218

9-6 カテゴリ型の補完 221

- Q KNN による補完 223

第10章 日時型 227

10-1 日時型、日付型への変換 227

- Q 日時型、日付型の変換 228

10-2 年／月／日／時刻／分／秒／曜日への変換 233

- Q 各日時要素の取り出し 233

10-3 日時差への変換 240

- Q 日時差の計算 240

10-4 日時型の増減 246

- Q 日時の増減処理 247

10-5 季節への変換 251

- Q 季節に変換 252

10-6 時間帯への変換 257

10-7 平日／休日への変換 258

- Q 休日フラグの付与 258

目 次

第11章 文字型 261

11-1 形態素解析による分解 262
　Q 名詞、動詞の抽出 263

11-2 単語の集合データに変換 265
　Q bag of words の作成 267

11-3 TF-IDF による単語の重要度調整 270
　Q TF-IDF を利用した bag of words の作成 271

第12章 位置情報型 274

12-1 日本測地系から世界測地系の変換、度分秒から度への変換 274
　Q 日本測地系から世界測地系への変換 275

12-2 2点間の距離、方角の計算 279
　Q 距離の計算 280
　Q Awesome Quiz 286

Part 4 実践前処理 287

第13章 演習問題 288

13-1 集計分析の前処理 288
　Q 集計分析の準備 288
　1. SQL による集計データの取得 290
　2. R によるデータの変換と集計処理 291

13-2 レコメンデーションの前処理 293
　Q レコメンデーション用のスパースマトリックス作成 293
　1. SQL による顧客カテゴリマスタの作成 296
　2. SQL によるホテルカテゴリマスタの作成 296
　3. SQL による宿泊予約数の計算 297
　4. Python によるスパースマトリックスの作成 298

13-3 予測モデリングの前処理 300
　Q 予測モデリングのための前処理 300
　1. SQL によるモデリング用データの作成 303
　2. Python によるデータの変換と分割 309

おわりに 315
参考文献 316
索引 317

Part 1
入門前処理

第1章 前処理とは

本書を読み進めるための準備をしましょう。前処理
の役割や流れ、前処理を行うデータの対象、SQL
／R／Pythonの使い分けや本書の解説で使用する
データセットについて解説します。

第1章 前処理とは

1-1
データ

ここでは、本書で扱うデータについて解説します。

● レコードデータ

データとは一体何を意味するのでしょうか。データとは、ITの分野においてはデジタルデータを意味し、実体は0と1の2進数で表現されているものです。データにはさまざまな型式のものがあり、主要なデータ型式としては下記の3種類が挙げられます。

- 数値や文字などで構成されているレコードデータ
- 画像／音声／動画といったマルチメディアデータ
- データ間のつながりを表したグラフデータ

レコードデータとは、複数の異なるデータ型の値を1つにまとめたデータが多数集まったものです。図1.1のようなイメージです。図の行（Row）にあたる実線部分が1つのレコードです。ある単位でさまざまなデータ型のデータがまとまったもので、図の場合は1回の予約についてのデータがまとまっています。それに対して、列（Column）にあたる点線部分は同じデータ型が1つにまとまっています。

これまで、データ分析の対象のほとんどはレコードデータでした。しかし、ディープラーニング（Deep Learning；深層学習）の登場によって、扱いが難しかった**マルチメディアデータ**の活用が活発になりつつあります。これは、これまで人が行っていた前処理をディープラーニングによってデータから自動で実現できるようになった上に、低コストで高精度なモデルが利用できるようになったからです。ただし、ディープラーニングによる前処理の自動化を実現するためには、大量のデータを用意することが必須です。一部の問

題では十分な量のデータを準備できず[1]、ディープラーニングの適用が難しい場合があります。また、マルチメディアデータはレコードデータと比較してデータサイズが大きく、計算コストが高くなりやすい点も、ビジネスにおいては課題となります。結果、マルチメディアデータの活用は行われてはいますが、いまだに多くの組織においてレコードデータの活用が優先されています。

グラフデータは、ソーシャルサービスの発展から期待を多く集めていた時期がありました。しかし、インフルエンサーの抽出などの一部の利用ケースを除き、活用シーンが少なくまだまだ世の中に浸透しきれていないのが現状です。

以上のような背景から、今でもレコードデータはデータ分析の主役として存在しています。一方、レコードデータに対してもディープラーニングを適用できることから、一部の人々からは今後レコードデータの前処理が不要になるのではないか、と言われています。しかし、前処理がなくなることはまだしばらくないでしょう。なぜなら、レコードデータには、ディープラーニングのメインユースケースである予測モデルの構築以外のデータ分析ニーズが多いからです。また、自動化に必要な十分なデータ量を確保することは、レコードデータにおいても難しく、人の経験やドメイン知識による前処理を活用した予測モデルの方が精度が高い場合も多いという理由もあります。

以上のことから、レコードデータの前処理は、これからもデータ分析において重要な技術であると言えます。本書では、レコードデータを対象とした前処理を解説していきます。

図1.1 レコードデータの例

	reserve_id	hotel_id	customer_id	reserve_datatime	checkin_date	checkin_time	checkout_date	people_num	total_price
	r1	h_2051	c_1	2016/6/21 7:41	2016/7/16	12:30:00	2016/7/20	1	35200
	r2	h_1767	c_2	2016/3/1 5:31	2016/10/13	10:30:00	2016/10/15	1	84400
行	r3	h_1446	c_3	2016/3/6 22:51	2016/4/1	9:30:00	2016/4/5	3	100800
	r4	h_785	c_4	2016/5/4 16:46	2016/10/14	10:00:00	2016/10/17	1	54800
	r5	h_2760	c_5	2016/5/22 12:47	2016/6/9	11:30:00	2016/6/11	5	131000

列

● データ型

データ型とは、文字列や数値などのデータの型式のことを意味しています。データの型式にはさまざまな種類があり、表示上は同じでもデータ型が異なることがあります。

たとえば、性別の列の男性というデータについて考えてみましょう。この列のデータ型

---

[1] 大量のデータが必要な問題に対して、転移学習といったモデルの再利用や少ないデータからの効率的な学習方法が研究されています。

が文字列であれば、男性という文字列のバイナリデータとして保持されています。一方、性別の列のデータ型がカテゴリ型の場合、データの保持形式は大きく異なります。カテゴリ型データは、「取り得るデータ値のパターンを保持しているマスタデータ（1つの列で共通で保持）」と「データの値が、マスタデータのどのデータに該当するのかを表すインデックスデータ（データの値ごとに保持）」の2つに分けて保持されます。性別の列の場合であれば、[0=男性,1=女性]といったマスタデータを列で保持し、データの値として男性を指すインデックス番号の0という数値データを保持します。このように、一見同じように見えるデータでもデータの型は異なることがあります。

　繰り返しになりますが、本書はレコードデータを対象に前処理の解説を行います。その際に、行（Row）と列（Column）の概念を押さえておくことは重要です。なぜなら、行対象の前処理と列対象の前処理の処理内容が大きく異なるからです。行単位の前処理の場合は、異なるデータ型をまとめて処理を行います。一方、列単位の前処理の場合は、特定のデータ型に対して処理を行います。「**1-3 前処理の流れ**」でも詳しく説明しますが、列（Column）単位の前処理はPart2で、行（Row）単位の前処理はPart3で解説します。

1-2
前処理の役割

　前処理とは、「前」の処理なので、「準備」の意味がありそうな処理だということは読者のみなさんも想像がついていることでしょう。その想像の通り、データ分析の前処理とはデータ分析の準備のための処理です。では、具体的にどのようなデータ分析のための準備なのでしょうか？ 対象となるデータ分析は大きく3種類に分かれます。

1. 指標、表、グラフ作成
2. 機械学習（教師なし学習）
3. 機械学習（教師あり学習）

これらについて解説する前に、まずは機械学習についてかんたんに解説します。

● 機械学習
　機械学習とは、データを入力してアルゴリズムにしたがって解析を行い、規則／知識表

現／判断基準などを抽出することを指します。具体的には、予測モデルや入力データをグループ化（クラスタリング）する基準などを出力できます。この出力されたモデルを利用することで、未知のデータに対する予測や与えられたデータのグループ化ができます。機械学習の手法には、重回帰分析モデル／決定木／k-means／ディープラーニングなど、さまざまな種類があります。

● 教師なし学習と教師あり学習

　教師なし／あり学習とは、教師データがない／ある機械学習のことを指します。教師データは、**学習データ**や訓練データとも呼ばれます。以降は学習データと呼ぶこととします。学習データは、機械学習のモデルの訓練に利用し、訓練された機械学習のモデルに新たなデータを入力することで、訓練の結果にしたがった予想を出力できます。この新たなデータは、モデルの精度測定時には**テストデータ**と呼ばれます。また、機械学習モデル運用時に入力するデータには、一般的な呼称がないのですが、本書では適用データと呼ぶことにします。教師あり機械学習モデルにおける学習データと適用データの違いは、予測対象の答えを持っている／いないの違いです。学習データは機械学習モデルを訓練するために答えを与える必要がありますが、適用データは答えを予想するために入力するのでそもそも答えを持っていません。またテストデータの場合は、学習データと同様に答えを持っていますが、適用データと同様に機械学習モデルに入力せずに、テストのためだけに利用します。教師なし機械学習モデルにおいては、予測対象が存在しないため学習データと適用データの違いはありません。またここで、機械学習モデルの入力に選ばれた列のことを説明変数や特徴量（Feature）と呼びます。

　前述の通り、教師なし学習は、学習データを入力することで、新たなデータが出力されます。たとえば、クラスタリングといった教師なし学習の場合は、入力された学習データの値からデータ間の距離を計算し、その距離に基づいてデータをグループ化し、最終的に入力された各データのグループ番号を出力します。学習データと同じ基準の変換を適用データに用いたい場合には、学習済みの教師なし機械学習モデルに適用データを入力することで実現できます。一方、教師あり学習は、学習データによって機械学習モデルを訓練し、適用データを学習済みの教師あり機械学習モデルに入力することで、適用データに対応する予測結果が出力されます。たとえば、重回帰モデルといった教師あり学習モデルの場合は、学習データから予測をするための1次関数の係数を学習し、適用データを入力して、入力値を1次関数に適用させ、適用データごとの予測値を出力します。図1.2に教師なし学習と教師あり学習についてまとめます。

図1.2 教師なし／あり機械学習

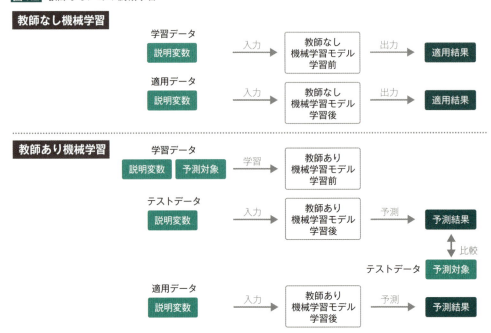

　本書では、細かな機械学習の知識について詳しく述べません。機械学習について専門的な解説している書物は数多く出ているので、それらを参照してください。

● データ分析のための3つの前処理

　それでは、本節の冒頭で挙げた3種類のデータ分析の準備として行われる前処理の目的とその内容をそれぞれ簡単に解説します。

「1. 指標、表、グラフ作成」のための前処理

　指標の計算、表やグラフに簡単に変換できるようなデータを準備するのが目的です。必要な列（Column）をすべて持ち、扱いやすい単位で集約された行（Row）が必要な範囲分存在するデータを作成します。たとえば、多数の店舗を経営している会社であれば、管理している各店の月次平均売上や最大売上を知りたいでしょう。このような集計分析の前処理として、店ごとの月次の売上レコードを作成しておけば、知りたい情報を取得するのが簡単になるでしょう。さらに売上に関連する月ごとの年齢別の客数などの指標を準備しておくことで、売上と指標の関係性を簡単に集計できます。

「2. 教師なし学習」へ入力するための前処理

　教師なし機械学習モデルに利用する説明変数を持つデータを準備することが目的です。これは、1と同様に必要な列（Column）と必要な範囲の行（Row）の集合のデータを準備することに該当します。また、これだけではなく、機械学習モデルの種類に応じて機械学習モデルが扱いやすいデータ型に変換しておく必要があります。たとえば、性別の列を文字列からカテゴリ型に変換することで、機械学習モデルが性別は男性と女性の2種類の値しかないと理解できるようになります。また、前述のクラスタリングを行う場合には、データ間の距離を計算する必要がありますが、数値の大きさが利用する列によって大きく異なると、特定の列の値が大きな影響を与えてしまいます。この問題を解決するためには、列の値のスケールを揃える前処理である正規化を行う必要があります（正規化については、**第8章「8-3 カテゴリ化による非線形な変化」**で詳しく解説します）。

「3. 教師あり学習」へ入力するための前処理

　教師あり機械学習モデルに利用する学習データ、テストデータ、適用データの3種類のデータを準備することが目的です。学習データとテストデータの準備は、適用データと同様の処理に加えて、予測対象のデータを追加すれば実現できます。また、学習データとテストデータは本質的には同じデータであり、準備したデータを分割することで、学習データとテストデータにすることができます（データ分割については、**「第5章 分割」**で詳しく解説します）。

　さらに、2と同様に機械学習モデルの種類に応じて機械学習モデルが扱いやすいデータに変換する前処理も必要になります。たとえば、入力が性別と年齢、出力がキャンペーンの反応予測であるロジスティック回帰モデルがあるとします。ロジスティック回帰モデルとは、ロジット変換を施した0／1のフラグに対する1次関数の線形モデルのことです。このロジスティック回帰モデルに、性別と年齢が入力として選択されている場合、「年齢が高いほど反応する」、「女性の方が反応する」という傾向は表現できます。しかし、「年齢が30代に近い人ほど反応する」、「女性の30代が特別よく反応する」という傾向を表現することはできません。この問題を解決するには、年齢をカテゴリ型に変換する前処理（**第8章「8-2 対数化による非線形な変化」**で解説）や年齢と性別を組み合わせた新たなカテゴリ型の値に変換する前処理（**第9章「9-4 カテゴリ値の組み合わせ」**で解説）が必要になります。

以上のように、前処理には大きく3つの目的があり、あとに続く処理に応じて準備したいデータが異なるので、必要な前処理も異なります。必要となる前処理は多種多様ですが、まずはデータ分析の目的を明確にし、その目的を達成するための分析が1~3のどれに該当するのか判断し、さらに確認したい集計内容や利用する機械学習モデルの特性を考慮することで、必要となる前処理を知ることができます。またその中でもよく利用される基本的な前処理が存在します。ほとんどの前処理は、基本となる前処理を組み合わせることで実現することができます。

1-3
前処理の流れ

前節では前処理の役割について解説しましたが、ここでは前処理の流れについて解説します。前処理の流れを把握するために、データの何を対象として変換するかによって、前処理を下記の2つに分類しましょう。

- データ構造を対象とした前処理
- データ内容を対象とした前処理

◉ データ構造を対象とした前処理

データ構造を対象とした前処理は、複数の行にまたがったデータ全体におよぶ処理です。大きなデータの操作となる処理が多く、データの前処理の中でも早い段階で実施されることが多いです。特定のデータを抜き出す抽出処理や、データ同士を結合したり、あるルールに基づき複数の行を1行に集約したりします。具体的な例は下記の通りです。

- ランダムサンプリングによって、ランダムに行を抽出（**第2章「2-3 データ値に基づかないサンプリング」**で解説」）
- 購買レコードと商品マスタを商品IDをキーに結合して、商品情報を付与した購買レコードを生成（**第4章「4-1 マスタテーブルの結合」**で解説）
- 教師あり機械学習モデルのために、学習データとテストデータを分割（**第5章「5-1 レコードデータにおけるモデル検証用のデータ分割」**で解説）
- キャンペーンに反応するデータが少ないので、アップサンプリングによってデータ

を増やす（**第6章「6-2 オーバーサンプリングによる不均衡データの調整」**で解説）

● データ内容を対象とした前処理

　データ内容を対象とした前処理は、行ごとのデータ値に応じた処理です。処理の内容としては、データ構造を対象とした前処理と違って行ごとに独立で処理できる小規模なデータ操作となるので、データの前処理の流れの中でも後半で実施されることが多く、また条件を変えて繰り返し検討されることも多いです。日時のデータ列を月のデータ列に変換したり、数値の列を組み合わせて計算して新たな数値列を生成したりします。具体的な例は下記の通りです。

- 年齢の数値を年代を表す10刻みのカテゴリ型データに変換（**第8章「8-2 対数化による非線形な変化」**で解説）
- 日付のデータを曜日のデータに変換（**第10章「10-2 年／月／日／時刻／分／秒／曜日への変換」**で解説）
- 2地点の緯度／経度から地点間の距離を計算（**第12章「12-2 2点間の距離、方角の計算」**で解説）

● 前処理の順番

　処理の対象が異なる2つの前処理があることを説明しました。これをふまえて前処理の大まかな順番について解説します。

　前節でも述べたように、必要となる前処理は後続の分析内容によって大きく異なります。すべてが当てはまるわけではないですが、典型的なパターンは存在します。図1.3に前処理の典型的なパターンとその順番を示します。

図1.3 前処理の典型的なパターン

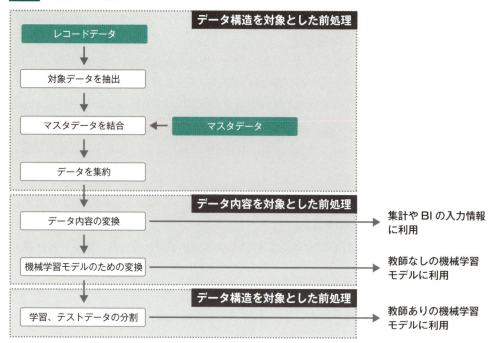

　典型的なパターンでは、まず対象データの抽出によってデータ量を減らします。これは、マスタデータの結合やデータ内容の変換を抽出前に行った場合、最終的に利用しないデータに対しても前処理を行ってしまい、無駄に計算コストが高くなってしまうからです。ただし、結合するマスタデータが持っているデータ集約後の値の条件やサンプルサイズによってデータの抽出対象を変える場合には、データの抽出処理をあとで行うこともあります。

　抽出後には、結合／集約を行い、分析に必要なデータ要素を揃えます。そのあとデータ内容を対象とした前処理に進みます。

　集計やBI（Business Intelligence）ツールの入力情報に利用する場合は、データ型の変更などの必要最低限のデータ内容の変換を行えば前処理は完了です。一方、機械学習モデルのための変換の場合は、モデルの特性に応じてさまざまな前処理が必要となります。機械学習モデルの結果を受けて、何度も追加／変更するので、最後の方で実施するのが良いでしょう。

　教師ありの機械学習モデルのための前処理の場合は、さらに学習データとテストデータへの分割が必要となります。この処理は、適用データの場合には必要ありません。共通に処理できる前処理を把握しておきましょう。

本書では、Part2でデータ構造を対象とした前処理、Part3でデータ内容を対象とした前処理を解説し、Part4では実践的な課題を例に前処理の流れについて解説します。

1-4
3つのプログラミング言語

前処理を実現するには、さまざまなツールがあります。Excelや分析専用の有償ソフトウェアもその中の1つですが、本書では多くのデータサイエンティストが好んで利用する3つのプログラミング言語をツールとして取り上げます。

次に挙げる3つのプログラミング言語は、基本的には無料で利用できるプログラミング言語です。ただし、SQLを実行するためのデータベースには一部有償なものもあります。

- SQL（BigQuery、Redshiftといったデータベースに対するデータ操作言語）
- R
- Python

これらは、どれも前処理に利用できるプログラミング言語です。しかし、その特徴は大きく異なります。表1.1にその特徴をまとめます。

表1.1 3つのプログラミング言語の特徴

	SQL (DataBase)	R	Python (3系)
動作環境	データベース上 （メモリ上にのらないデータサイズも扱える）	Rプロセス上 （基本的にはメモリにのるデータサイズを扱う）	Pythonプロセス上 （基本的にはメモリにのるデータサイズを扱う）
記述量	多い	やや少ない	普通
処理速度	早い	やや遅い	早い
分散処理	適切なSQLを書けば自動で行われる	可能ではあるが、記述コストが大きくかかる	可能ではあるが、記述コストが大きくかかる
システム化環境	充実している	あまり充実していない	充実している
計算機能	一部関数で実現されているのみ、機械学習はほぼ不可	充実している	充実している
描画機能	なし	充実している	充実している

表1.1の内容は状況によることが多く、必ずしもこの通りではありませんので、参考にする程度に留めてください。Rで高速に処理するコードを書ける人もいるでしょう、Pythonで簡潔にコードを書ける人もいるでしょう。よって、この中の1つの言語だけで前

処理をすべて実現することは不可能ではありません。しかし、複数の言語を使い分けることによって、より効率的に前処理を実現することができます。

● プログラミング言語の使い分け

各言語の特徴を活かすことを考えると、下記のような使い分けになることが多いです。

1. データサイズが大きいデータから抽出処理をするときに、R／Pythonではメモリ上に展開できるデータサイズしか通常扱うことができないが、SQLではデータベースのリソースを活用して大きなデータサイズを利用することが可能なため、SQLで実現する

2. データを縦持ちから横持ちに変換する（「**第7章 展開**」で解説）ときに、SQLで記述する場合は非常に長くなるが、R／Pythonでは1コマンドで実現可能なため、R／Pythonで実現する

3. アドホックな分析をするときに、Rでは実行結果を記録しつつ、分析作業を進めることができ、アドホック分析の実現が容易なため、Rで実現する（Pythonも Jupyter Notebookというツールを用いれば実現可能）

4. 前処理をシステム化するときに、SQLやPythonは、システム化環境が充実しており、他システムとの連携も容易なため、SQLとPythonで実現する

このように、同じ処理でもプログラミング言語によって向き／不向きがあり、特に前処理のフェーズによって向いているプログラミング言語が異なる傾向があります。一般的には、「データ構造を対象とした前処理」をSQLで行い、レポーティングやアドホックな分析をするときの「データ内容を対象とした前処理」はR、システム化するときの「データ内容を対象とした前処理」はPythonといった使い分けが多いです。

ここまでの考えを読んで、プログラミング言語の使い分けについて納得できないという方もいるでしょう。

- 「SQLこそすべての基本、SQLで書くべきだ！」
- 「多数の分析パッケージがあるRこそ至高の言語、Rを使うべきだ！」
- 「すべてのシステムはPythonで書ける、Pythonこそ究極の言語だ！」
- 「アルゴリズムを1からC言語で書く者こそ真のデータサイエンティストだ！」

など……。本書では、このような議論については取り扱いませんので、物足りないという方はぜひSNSで終わらない戦いを楽しんでください。ご健闘をお祈りします。

1-5
パッケージ／ライブラリ

本節では、本書の例題で利用するパッケージ／ライブラリについて説明します。

● 分析に利用するパッケージ／ライブラリ

RやPythonを用いて分析をする場合には、パッケージ／ライブラリ[2]を利用するのが必須です。この項では、本書の例題のほとんどで利用するRとPythonのライブラリを説明します。なお、例題の解答コードではパッケージ／ライブラリ読み込み部分のコードを省略することがあります。

分析に利用するRパッケージ

Rでは数多くのパッケージが公開／提供されていますが、本書ではその中でも多くの人に利用されているHadley Wickham様（神と言っても良いかもしれません）が作ったパッケージ群であるtidyverseパッケージ群を利用して前処理を実現していきます。tidyverseは、データの読み込み／前処理／可視化／モデリングに利用するパッケージをまとめて読み込んでくれます。本書では、特にtidyverseの中のパッケージの1つであるdplyrパッケージを利活用します（tidyverseのバージョンは1.2.1です）。下記のようにしてパッケージのインストールと読み込みを行います。

パッケージのインストール方法

```
# tidyverseパッケージ群をインストール（インストールしてある場合には必要なし）
install.packages('tidyverse')
```

パッケージの読み込み方法

```
# tidyverseパッケージ群を読み込み
library(tidyverse)
```

---

[2] 外部の便利なモジュール群のことを、Rではパッケージ、Pythonではライブラリと呼ぶことが多いです。

第1章 前処理とは

分析に利用するPythonライブラリ

　もともとPythonは分析用のプログラミング言語として生まれたものではありませんでした。しかし、プログラミング言語としての人気が高く、NumPyとPandasというライブラリの登場をきっかけに、データ分析にもよく使われるようになりました。本書でもNumPyとPandasを中心に利用していきます（SciPyを直接使うことによって処理が早くなるケースが多々ありますが、SciPyはコードが難しくなりやすいので本書では扱いません）。本書では、NumPyのバージョンは1.14.1、Pandasのバージョンは0.22.0を利用しています。次のようにしてライブラリのインストールと読み込みを行います。

ライブラリのインストール方法

```
# 下記のコマンドをターミナルで実施（事前にpip3コマンドを呼び出せるようにしておく）
# pip3コマンドを利用して、NumPyをPythonにインストール
pip3 install numpy
# pip3コマンドを利用して、PandasをPythonにインストール
pip3 install pandas
```

ライブラリの読み込み方法

```
# NumPyライブラリ読み込み（as npは、プログラムで呼び出すときの省略名設定）
import numpy as np
# Pandasライブラリ読み込み（as pdは、プログラムで呼び出すときの省略名設定）
import pandas as pd
```

1-6
データセット

　本書の例題で利用するデータセットについて説明します。本書では、例題に応じて下記の4つのデータセットを取り扱います。

1. ホテルの予約レコード
2. 工場の製造レコード

3. 月ごとの指標レコード

4. 文章データセット

各データセットの内容は箇条書きで表します。カッコ内はプログラム上での名称を示しています。「：」のあとはデータ型の初期状態を示しています。また、これらのデータセットは、以下のURLからダウンロードできます。

> https://github.com/ghmagazine/awesomebook

● ホテルの予約レコード

ホテルの予約情報をまとめたデータセットです。予約レコード（図1.4）、ホテルマスタ（図1.5）と顧客マスタ（図1.6）の3つのテーブルによって構成されています。ホテルマスタと予約レコードは、ホテルIDでデータを結合できます。顧客マスタと予約レコードは、顧客IDでデータを結合できます。本書のメインのデータセットとして利用しています。

- 予約レコード（reserve_tb）
  - 予約ID（reserve_id）：文字列
  - ホテルID（hotel_id）：文字列
  - 顧客ID（customer_id）：文字列
  - 予約日時（reserve_datetime）：文字列
  - チェックイン日（checkin_date）：文字列
  - チェックイン時刻（checkin_time）：文字列
  - チェックアウト日（checkout_date）：文字列
  - 宿泊人数（people_num）：整数
  - 合計金額（total_price）：整数

図1.4 予約レコード

reserve_id	hotel_id	customer_id	reserve_datetime	checkin_date	checkin_time	checkout_date	people_num	total_price
r1	h_75	c_1	2016-03-06 13:09:42	2016-03-26	10:00:00	2016-03-29	4	97200
r2	h_219	c_1	2016-07-16 23:39:55	2016-07-20	11:30:00	2016-07-21	2	20600
r3	h_179	c_1	2016-09-24 10:03:17	2016-10-19	09:00:00	2016-10-22	2	33600
r4	h_214	c_1	2017-03-08 03:20:10	2017-03-29	11:00:00	2017-03-30	4	194400
r5	h_16	c_1	2017-09-05 19:50:37	2017-09-22	10:30:00	2017-09-23	3	68100

- ホテルマスタ（hotel_tb）
  - ホテルID（hotel_id）：文字列

- 基本料金（base_price）：整数
- 大エリア名（big_area_name）：文字列
- 小エリア名（small_area_name）：文字列
- 世界測地系におけるホテル立地の緯度（hotel_latitude）：小数
- 世界測地系におけるホテル立地の経度（hotel_longitude）：小数
- ビジネスホテルフラグ（is_business）：フラグ

図1.5 ホテルマスタ

hotel_id	base_price	big_aria_name	small_aria_name	hotel_latitude	hotel_longitude	is_business
h_1	26100	D	D-2	43.06457	141.5114	TRUE
h_2	26400	A	A-1	35.71532	139.9394	TRUE
h_3	41300	E	E-4	35.28157	136.9886	FALSE
h_4	5200	C	C-3	38.43129	140.7956	FALSE
h_5	13500	G	G-3	33.59729	130.5339	TRUE

- 顧客マスタ（customer_tb）：文字列
  - 顧客ID（customer_id）：文字列
  - 年齢（age）：整数
  - 性別（sex）：文字列
  - 日本測地形における自宅立地の緯度（home_latitude）：小数
  - 日本測地形における自宅立地の経度（home_longitude）：小数

図1.6 顧客マスタ

customer_id	age	sex	home_latitude	home_longitude
c_1	41	man	35.09219	136.5123
c_2	38	man	35.32508	139.4106
c_3	49	woman	35.12054	136.5112
c_4	43	man	43.03487	141.2403
c_5	31	man	35.10266	136.5238
c_6	52	man	34.44077	135.3905

● 工場の製造レコード

　ある工場の製造物の内容と製造結果をまとめたデータセットです。製造レコード（図1.7）のテーブル1つによって構成されています。本書では、データ補完などの例題に利用しています。

- 製造レコード（production_tb）
  - 製造物の品種（type）：文字列

　　　　○ 製造目標の長さ（length）：小数
　　　　○ 製造目標の厚み（thickness）：小数
　　　　○ 製造障害フラグ（fault_flg）：フラグ

図1.7 製造レコード

	type	length	thickness	fault_flg
1	E	-72.148771	-10.83181509	False
2	E	-92.941864	-11.56728219	False
3	C	144.103774	8.39900550	False
4	C	33.280723	2.48928480	False
5	C	105.296397	7.90080243	False

● 月ごとの指標レコード

　月別の小売店の売上などの指標をまとめたデータセットです。小売店の月ごとの指標レコード（図1.8）のテーブルよって構成されています。本書では、時系列データの例題に利用しています。

- 店の月ごと指標レコード（monthly_index_tb）
  - 対象年月（year_month）：文字列
  - 1ヶ月間の売上金額（sales_amount）：整数
  - 1ヶ月間の顧客数（customer_number）：整数

図1.8 月ごと指標レコード

year_month	sales_amount	customer_number
2010-01	7191240	6885
2010-02	6253663	6824
2010-03	6868320	7834
2010-04	7147388	8552
2010-05	8755929	8171

● 文章データセット

　著作権切れなどの文学作品の文章のデータセットです。本書では、文字列の前処理の例題に利用しています（ビジネス文章ではないですが、文章内容が異なっていても前処理の内容に大きな違いはありません）。

　データの内容ですが、"txt" フォルダ配下に、文章別に分割されたテキストファイルが保存されています。そのテキストファイルのファイル名がタイトルの省略名、ファイルの中身は文章です。

018 第1章 前処理とは

1-7
データの読み込み

　各プログラミング言語によるデータの読み込み方法について説明します。例題で扱うレコードデータは、SQLではデータベースに格納されているものとし、R／Pythonではcsvファイルから読み込むものとします。なお、例題の解答コードではデータ読み込み部分は省略します。

　文章データは「第11章 文字型」でのみ扱い、R／Pythonのコードでのみ読み込みます。前処理とデータ読み込みが一体となっているため、ここでは説明しません。

サンプルコード▶load_data/ddl

SQLによるデータの読み込み

　SQLでデータを扱うには、まずレコードデータを格納するための空のテーブルを作成します。空のテーブルを作成するときに、データ型や分散key（**第2章「2-2 条件指定による抽出」**で解説）を定義する必要があります。テーブルを定義するSQLをDDL（Data Definition Language）と呼びます。予約レコードのテーブルのDDLを下記に示します。なお、本書ではDDLの細かな説明は行いません。DDLを詳しく学びたい場合には、AWSの公式ドキュメント[3]を参考にしてください。

ddl_reserve.sql（抜粋）

```
-- 作成するテーブルの名前をwork.reserve_tbとして指定
CREATE TABLE work.reserve_tb
(
  -- reserve_idの列を設定（データ型は文字列、NULL値をとらない制約を追加）
  reserve_id TEXT NOT NULL,

  -- hotel_idの列を設定（データ型は文字列、NULL値をとらない制約を追加）
  hotel_id TEXT NOT NULL,
```

---

[3]　https://aws.amazon.com/jp/redshift/

```
-- customer_idの列を設定（データ型は文字列、NULL値をとらない制約を追加）
customer_id TEXT NOT NULL,


-- reserve_datetimeの列を設定（データ型はタイムスタンプ）
-- NULL値をとらない制約を追加
reserve_datetime TIMESTAMP NOT NULL,


-- checkin_dateの列を設定（データ型は日付、NULL値をとらない制約を追加）
checkin_date DATE NOT NULL,


-- checkin_timeの列を設定（データ型は文字列、NULL値をとらない制約を追加）
checkin_time TEXT NOT NULL,


-- checkout_dateの列を設定（データ型は日付、NULL値をとらない制約を追加）
checkout_date DATE NOT NULL,


-- people_numの列を設定（データ型は整数、NULL値をとらない制約を追加）
people_num INTEGER NOT NULL,


-- total_priceの列を設定（データ型は整数、NULL値をとらない制約を追加）
total_price INTEGER NOT NULL,


-- 主キー（テーブルの中で一意の値となる列）をreserve_idとして設定
PRIMARY KEY(reserve_id),


-- 外部キー（他のテーブルと同じ内容を示す列）をhotel_idに設定
-- 対象はホテルマスタのホテルID
-- 対象のKeyを持っているテーブルは作成済みである必要がある
-- 対象のKeyはPRIMARY KEYに指定されている必要がある
FOREIGN KEY(hotel_id) REFERENCES work.hotel_tb(hotel_id),
```

```
  -- 外部キー（他のテーブルと同じ内容を示す列）をcustomer_idに設定
  -- 対象は顧客マスタの顧客ID
  FOREIGN KEY(customer_id) REFERENCES work.customer_tb(customer_id)
)
-- データの分散方法をKEY（指定した列の値に応じて分散）に設定
DISTSTYLE KEY


-- 分散KEYをcheckin_dateに設定
DISTKEY (checkin_date);
```

　RedshiftにはTIME型は存在しないので、checkin_timeは文字列にするか、日付固定の
TIMESTAMP型にするしかありません。

　DDLを作成したあとは、データをテーブルにロードします。データをロードするため
には、事前にAWSのS3（クラウドストレージサービス）にロードするファイルをアップ
ロードする必要があります。アップロードしたあと、Redshiftにデータをロードするため
にCOPYコマンドを利用します。これで、データがテーブル上に格納されます。予約レ
コードのテーブルのCOPYコマンドは下記のようになります。なお、AWSのS3へのアッ
プロード方法は本書では説明しません。分からない方は、AWSの公式ドキュメント[4]を
参考に実施してください。

ddl_reserve.sql（抜粋）

```
-- データをロードするテーブルをwork.reserve_tbに指定
COPY work.reserve_tb


-- データのロード元となるcsvファイルをS3上にあるreserve.csvに指定
FROM 's3://awesomebk/reserve.csv'


-- S3にアクセスするためのAWSの認証情報を設定
CREDENTIALS 'aws_access_key_id=XXXXX;aws_secret_access_key=XXXXX'


-- 利用するリージョン（クラウドサービスの地域）を指定
```

---

[4]　https://aws.amazon.com/jp/s3/

1-7 データの読み込み　　021

```
REGION AS 'us-east-1'


-- CSVファイルの1行目には列名が入っているので、それをデータロードしないように設定
CSV IGNOREHEADER AS 1


-- DATE型に変換するときのフォーマットを指定
DATEFORMAT 'YYYY-MM-DD'


-- TIMESTAMP型に変換するときのフォーマットを指定
TIMEFORMAT 'YYYY-MM-DD HH:MI:SS';
```

　データをテーブルにロードしたあとは、SQLで簡単にテーブルからデータを取り出すことができます。予約レコードのテーブルの取得は下記のようになります。なお、本書の例題では、データベース上にすべてのデータがテーブルとして準備されているものとして解説します。

```
-- SELECTでデータを選択
-- *ですべての列を選択できる
-- FROMで取得するテーブルをwork.reserve_tbに指定
SELECT * FROM work.reserve_tb
```

Rによるデータの読み込み

　Rでは、csvファイルをRの**data.frame**[5]として、直接読み込むことができます。Rのdata.frameとは、SQLのテーブルと同様にデータを行単位や列単位で扱うことができるプログラミング上のデータ形式です。

data_loader.R（抜粋）

```
# read.csvを利用して、reserve.csvファイルをdata.frameとして読み込み
# fileEncodingで読み込みファイルの文字コードを設定
# headerをTRUEにすることでcsvファイルの1行目を列名として読み込むよう設定
# stringsAsFactorsをFALSEにすることで、文字列をカテゴリ型（第9章で解説）に変更しない
```

---

[5]　本書では、R は data.frame、Python は DataFrame と呼びます。

022　第 **1** 章　**前処理とは**

```r
reserve_tb <- read.csv('data/reserve.csv', fileEncoding='UTF-8',
header=TRUE, stringsAsFactors=FALSE))
```

Pythonによるデータの読み込み

　Pythonでは、Pandasを利用することで、csvファイルをPandasのDataFrameとして、直接読み込むことができます。PandasのDataFrameとは、Rと同様にデータを行単位や列単位で扱うことができるプログラミング上のデータ形式です。

data_loader.py（抜粋）

```python
# Pandasのread_csvを利用してcustomer.csvファイルをDataFrameとして読み込み
# encodingで読み込みファイルの文字コードを設定
reserve_tb = pd.read_csv('data/reserve.csv', encoding='UTF-8')
```

Part 2
データ構造を
対象とした前処理

第2章	抽出
第3章	集約
第4章	結合
第5章	分割
第6章	生成
第7章	展開

まずはデータ全体に対する前処理です。データ構造
を操作する前処理は早い段階で行われることが多
く、大量のデータを扱います。この操作を誤ると
データ分析も間違った方向へ進むことになるので注
意が必要な前処理と言えます。

024　第**2**章　抽出

第**2**章 **抽出**

　最初に解説する前処理は、データの抽出です。単純な作業に思えますが、適切な抽出作業は、無駄な処理を減らせたり、扱うデータサイズを小さくしたりすることができるため、重要です。本書では、次の4種類の抽出について解説します。

1. データ列を指定して抽出
2. 条件指定によるデータ行の抽出
3. データ値に基づかないサンプリング
4. 集約**ID**に基づくサンプリング

　これらを行う場合のプログラミング言語の選択についてです。データサイズがメモリ上に余裕でのるサイズであれば、**R**／**Python**で問題ありませんが、抽出前のデータはデータサイズが大きいことが一般的なので、**SQL**で実現する方が良いでしょう。

2-1
データ列指定による抽出

`SQL`
`R`
`Python`

　レコードデータはさまざまな列を持っていますが、すべての列を分析に利用することはまれです。たとえば、顧客分析における氏名データの「高柳慎一」や「市川太祐」などには価値がありません。彼らの価値がないからではなく、氏名のほとんどは固有の値となるため傾向を把握するために利用できないからです。また、セキュリティの観点からマスキング[1]されて意味のないデータになっていることも多いです。このような列を排除し、必要な列のみに絞り込むことによって、1行あたりのデータサイズを減らし、後続のデータ分析をやりやすくすることが、データ列抽出の役割です。特に例示したような文字型の列の

---

[1]　万が一情報が流出してしまった際などに備えてデータを改ざんすること。たとえば住所を都道府県までにするなど。

場合は、数字型の列に比べてデータサイズが大きくなるので、必要なければ可能な限り排除しましょう。

データ列の抽出

対象のデータセットは、ホテルの予約レコードです。予約テーブルを、reserve_id、hotel_id、customer_id、reserve_datetimeに絞り込みましょう（図2.1）。

図2.1 データ列の抽出

```
reserve_id hotel_id customer_id    reserve_datetime  checkin_date checkin_time checkout_date people_num total_price
        r1     h_75         c_1 2016-03-06 13:09:42    2016-03-26     10:00:00    2016-03-29          4       97200
        r2    h_219         c_1 2016-07-16 23:39:55    2016-07-20     11:30:00    2016-07-21          2       20600
        r3    h_179         c_1 2016-09-24 10:03:17    2016-10-19     09:00:00    2016-10-22          2       33600
        r4    h_214         c_1 2017-03-08 03:20:10    2017-03-29     11:00:00    2017-03-30          4      194400
        r5     h_16         c_1 2017-09-05 19:50:37    2017-09-22     10:30:00    2017-09-23          3       68100
        r6    h_241         c_1 2017-11-27 18:47:05    2017-12-04     12:00:00    2017-12-06          3       36000
        r7    h_256         c_1 2017-12-29 10:38:36    2018-01-25     10:30:00    2018-01-28          1      103500
        r8    h_241         c_1 2018-05-26 08:42:51    2018-06-08     10:00:00    2018-06-09          1        6000
        r9    h_217         c_2 2016-03-05 13:31:06    2016-03-25     09:30:00    2016-03-27          3       68400
       r10    h_240         c_2 2016-06-25 09:12:22    2016-07-14     11:00:00    2016-07-17          4      320400
```

↓ 必要な列のみ抽出

```
reserve_id   hotel_id customer_id    reserve_datetime  checkin_date checkin_time checkout_date
        r1       h_75         c_1 2016-03-06 13:09:42    2016-03-26     10:00:00    2016-03-29
        r2      h_219         c_1 2016-07-16 23:39:55    2016-07-20     11:30:00    2016-07-21
        r3      h_179         c_1 2016-09-24 10:03:17    2016-10-19     09:00:00    2016-10-22
        r4      h_214         c_1 2017-03-08 03:20:10    2017-03-29     11:00:00    2017-03-30
        r5       h_16         c_1 2017-09-05 19:50:37    2017-09-22     10:30:00    2017-09-23
        r6      h_241         c_1 2017-11-27 18:47:05    2017-12-04     12:00:00    2017-12-06
        r7      h_256         c_1 2017-12-29 10:38:36    2018-01-25     10:30:00    2018-01-28
        r8      h_241         c_1 2018-05-26 08:42:51    2018-06-08     10:00:00    2018-06-09
        r9      h_217         c_2 2016-03-05 13:31:06    2016-03-25     09:30:00    2016-03-27
       r10      h_240         c_2 2016-06-25 09:12:22    2016-07-14     11:00:00    2016-07-17
```

サンプルコード▶002_selection/01

SQLによる前処理

SQLでは、SELECT句のあとに必要な列名を指定することで、列を絞り込むことができます。

SQL Awesome　　　　　　　　　　　　　　　　　　　　　　　　　　　　　sql_1.sql

```sql
SELECT
  -- reserve_idを選択（ASを利用して名前をrsv_timeに変更）
  reserve_id AS rsv_time,

  -- hotel_id,customer_id,reserve_datetimeを選択
```

```
hotel_id, customer_id, reserve_datetime,

-- checkin_date, checkin_time, checkout_dateを選択
checkin_date, checkin_time, checkout_date


FROM work.reserve_tb
```

Point

抽出した列にASを付けることで、一時的に列名を変更できます。列名を短縮したり、抽出したデータの意味合いが変わったときに意味に合わせて変更すると良いでしょう。

Rによる前処理

　Rで列を抽出する方法は多数あります。data.frameの機能とdplyrパッケージの機能のどちらでも列を抽出でき、列の指定方法にもさまざまなパターンが提供されています。しかし、これらの一部のコードの書き方では、どの列を抽出したのか分かりにくかったり、元のデータに新たなデータ列が追加されると抽出するデータ列がずれたりします。ただ動くだけのコードではない、Awesomeなコードを身に付けましょう。

R Not Awesome

r_1_not_awesome.R（抜粋）

```
# reserve_tbの2次元配列の1次元目を空にすることで、すべての行を抽出
# reserve_tbの2次元配列の2次元目に数値ベクトルを指定することで、複数の列を抽出
reserve_tb[, c(1, 2, 3, 4, 5, 6, 7)]
```

　data.frameの2次元配列の1次元目に行番号、2次元目に列番号を指定することで、指定した行／列を抽出できます。行／列番号は数値で指定します。複数の行／列を抽出する場合は、行／列番号を数値ベクトルによって指定します。

Point

数値ベクトルによって抽出する列を指定するのはAwesomeなコードではありません。なぜなら、データに新たな列が追加されたり、列の順番が変更されたりしたら、このコードの動作は変わってしまいます。たとえば、新たなデータ列がdata.frame内に追加されたら列番号はずれてしまいます。また、数値では指定した列がどれなのか分かりにくく、コードの可読性も低くなります。面倒くさがらないことは、Awesomeへの道の第一歩となります。

R Awesome

r_2_awesome.R（抜粋）

```
# reserve_tbの2次元配列の2次元目に文字ベクトルを指定することで、指定した名前の列を抽出
reserve_tb[, c('reserve_id', 'hotel_id', 'customer_id', 'reserve_datetime',
               'checkin_date', 'checkin_time', 'checkout_date')]
```

　data.frameでは、行／列番号を数値ベクトルではなく、文字ベクトルによっても指定できます。

■Point

文字ベクトルによって抽出する列を指定することで数値ベクトルでの問題点を解決できます。データに新たな列が追加されたり、列の順番が変更されたりしても、このコードの動作は変わりません。また、文字によって指定した列も簡単に分かり、コードの可読性が高くなります。これがAwesomeなコードです。

R Awesome

r_3_awesome.R（抜粋）

```
# dplyrパッケージを利用し、%>%によって、reserve_tbを次の行の関数に渡す
reserve_tb %>%

  # select関数の引数に抽出する列名を入力することによって、列を抽出
  select(reserve_id, hotel_id, customer_id, reserve_datetime,
         checkin_date, checkin_time, checkout_date) %>%


  # Rのdata.frameに変換（以降の例題では省略）
  as.data.frame()
```

　dplyrは%>%によって出力を次の入力に渡すことができます。たとえば、df %>% f1()は、f1関数にdfを入力したf1(df)となります。同様に、df %>% f1() %>% f2()は、f2(f1(df))ということになります。この%>%をパイプと呼びます。このパイプによって、複雑な前処理でも簡潔に可読性の高いコードにすることができます。また、dplyrの実体はC++で実装されていて、とても高速です。dplyrを使わないでRで前処理を実現するのは、ジャンプをしないでマリオをプレイするぐらい難しいものです。積極的に活用しましょう。

028　第2章　抽出

　dplyrのselect関数の引数に抽出する列名を指定することで、データ列抽出を実現できます。複数の列を抽出する場合は、列名をカンマでつなげてください。

　dplyrで処理をした場合、dplyrのdata.frame型に暗黙的に変換されてしまいます。Rのdata.frame型と互換性があるので基本的には問題ありませんが、Rのdata.frame型に戻したい場合は、as.data.frame関数を使うことによって戻すことができます。

■ Point

コードでは、dplyrのselect関数を利用して、列を抽出しています。先ほどのサンプルと同様に、変化に強く、可読性も高いAwesomeなコードです。さらにdplyrを使っているので、select関数のあとにパイプを付ければ、簡単に新たな処理を追加できます。

R Not Awesome

r_4_not_awesome.R（抜粋）

```
reserve_tb %>%

  # select関数の引数に抽出する列名を入力することによって、列を抽出
  # starts_with関数を利用して、先頭にcheckが付いている列を抽出
  select(reserve_id, hotel_id, customer_id, reserve_datetime,
          starts_with('check'))
```

　dplyrのselect関数の引数内では、列名で指定する他に、関数を利用して列を指定できます。starts_with関数もその1つです。starts_with関数は、先頭に特定の文字列が付く列名をすべて取得します。コードでは、checkを指定し、checkin_date, checkin_time, checkout_dateの列を取得しています。

　starts_with関数のような列名を取得する関数には、次のようなものがあります。

- starts_with(string): 指定した文字列が前方一致した列を取得
- ends_with(string): 指定した文字列が後方一致した列を取得
- contains(string): 指定した文字列を含む列を取得
- matches(string): 指定した正規表現でマッチした列を取得

2-1 データ列指定による抽出 　029

Part 2

2
抽出

Point

starts_with関数を活用したコードは、先ほどのコードより短くなり、一見Awesomeなコードに見えますが、そうではありません。なぜなら、一度見ただけでは指定した列名が分からなくなり、さらにcheckが付いた列が新たに追加された場合、抽出結果が変わってしまうからです。このような関数は、一時的に結果を確認したい場合のみに利用し、長く使用されるコードへの利用は避ける方が良いでしょう。

Pythonによる前処理

　Pythonで列を抽出する場合、PandasのDataFrameの機能を利用する方法が簡単です。ただし、列の指定方法もさまざまなパターンが提供されており、可読性が高く、データの変更にも強いAwesomeなコードを実現するには、適切な指定方法を選ぶことが大事です。

Python Not Awesome　　　　　　　python_2_not_awesome.py（抜粋）

```
# iloc関数の2次元配列の1次元目に:を指定することで、全行を抽出
# iloc関数の2次元配列の2次元目に抽出したい行番号の配列を指定することで、列を抽出
# 0:6は、[0, 1, 2, 3, 4, 5]と同様の意味
reserve_tb.iloc[:, 0:6]
```

　DataFrameには、行／列を抽出できるloc／iloc／ix関数の3つが提供されています。これらの関数は、1次元目に抽出する行、2次元目に抽出する列を指定することで行／列を抽出できます。抽出する行／列は、loc関数の場合は行／列名で指定し、iloc関数の場合は行／列番号で指定し、ix関数の場合は行／列名または行／列番号のどちらでも指定できます。すべての行／列を抽出する場合には、:を指定します。一見、ix関数が便利に思えますが、ix関数は名前と番号のどちらの条件で抽出されたのか分かりにくいため最近では非推奨の関数となっています。ix関数を利用するのは避けましょう。

Point

列番号による抽出列の指定はアンチパターンです。できる限り避けましょう。

Python Awesome　　　　　　　　　　python_3_awesome.py（抜粋）

```
# reserve_tbの配列に文字配列を指定することで、指定した列名の列を抽出
reserve_tb[['reserve_id', 'hotel_id', 'customer_id',
```

030　第2章　抽出

```
                'reserve_datetime', 'checkin_date', 'checkin_time',
                'checkout_date']]
```

■Point
R同様に抽出する列を列名で指定する方がAwesomeです。

Python Awesome
python_4_awesome.py（抜粋）

```python
# loc関数の2次元配列の2次元目に抽出したい列名の配列を指定することで、列を抽出
reserve_tb.loc[:, ['reserve_id', 'hotel_id', 'customer_id',
                    'reserve_datetime', 'checkin_date',
                    'checkin_time', 'checkout_date']]
```

■Point
先ほどの例と同様に、抽出する列を列名で指定する方がAwesomeです。

Python Awesome
python_5_awesome.py（抜粋）

```python
# drop関数によって、不要な列を削除
# axisを1にすることによって、列の削除を指定
# inplaceをTrueに指定することによって、reserve_tbの書き換えを指定
reserve_tb.drop(['people_num', 'total_price'], axis=1, inplace=True)
```

　drop関数は指定した行／列を削除できる関数です。オプションでaxis=0とした場合は行の削除となり、axis=1とした場合は列の削除になります。オプションのinplaceは、Falseとした場合は関数の返り値として行／列を削除したDataFrameを返します。Trueとした場合は返り値を返さずに、呼び出し元のDataFrameの行／列を削除し、更新します。

■Point
このコードは、DataFrameから抽出しない列を削除することで抽出を実現しているコードです。コードで指定している列名は、削除する列名です。抽出する列名を指定しているコードと比較して、抽出した列を把握しづらく、コードの可読性は下がってしまいます。しかし、inplaceオプション引数をTrueにすることで、抽出する列名を指定しているコードより処理を軽くすることができます。なぜなら、抽出元のDataFrameから必要のない列を削除することで、コピー処理が必要なくなり、必要なメモリ量も減らせるからです。よって、こ

のコードは可読性はやや低いですが、処理を軽くしたAwesomeなコードです。

2-2
条件指定による抽出

`SQL`
`R`
`Python`

　ビッグデータの時代だと言われても、ビッグなデータをそのまま扱うことはまれでしょう。分析によって必要となるデータの条件や数が異なるからです。必要なデータを抽出するためには、列値（Column value）の条件指定によってデータを絞り込むことが一般的です。抽出によってデータ数を減らすことができれば、計算コストが小さくなるのでなるべく減らしたいのですが、データ数をどの程度まで減らして良いかの判断は難しい問題です。

　必要なデータ数は後続の処理に応じて異なります。たとえば、機械学習の予測モデルのための前処理を考えてみても、利用する機械学習モデルの種類によって学習するのに十分なデータ量もデータ形式も大きく異なります。そのため、分析をした結果をふまえて、絞り込み条件を再度変更することが多々あります。よって、絞り込み条件は簡単に変更できるようにしておく必要があります。

　SQLにおいては、条件の指定方法にも注意する必要があります。指定方法によって、通常より高速にデータを抽出できるからです。そのキー（Awesome Point）となるのは、インデックスです。インデックスとは、索引のことです。データの中身を確認しなくても、事前にデータを条件別に分ける機能です。

　ここでは、table_aという簡単なサンプルデータでインデックスの効果について解説します。table_aは、checkin_date、checkout_dateという列を持っていて、checkin_dateに**インデックス**が付与されています。イメージとしては、checkin_dateの日付によって、データが分割されていると考えてください。

　たとえば、checkin_dateが2016-10-12から2016-10-13までのデータを抽出する場合について考えてみましょう。checkin_dateにインデックスが付与されていない場合は、table_aのすべてのデータのcheckin_dateの値を確認してデータを抽出することになります（図2.2）。一方、checkin_dateにインデックスが付与されている場合は、checkin_dateが2016-10-12から2016-10-13までのデータのみを対象にcheckin_dateの値を確認せずに抽出できます（図2.3）。

第2章 抽出

図2.2 インデックスが効いていない場合

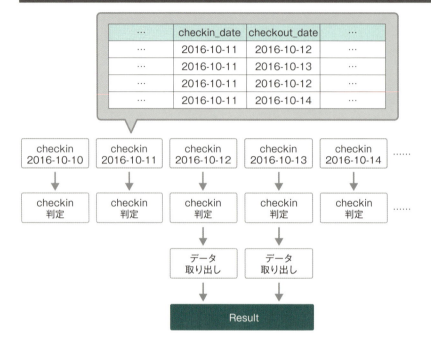

図2.3 インデックスが効いている場合

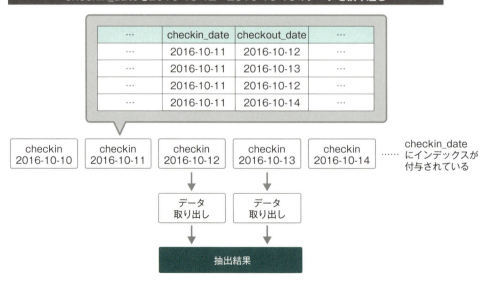

2-2 条件指定による抽出　033

Part 2

2
抽出

　インデックスが付与されている場合の方が、アクセスするデータの量が少ないことが分かります。この差は、全体のデータ数が多いほど、大きくなります。たとえば、データが4年分（1,461日分）あった場合、インデックスが付与されていないときは1,461日分のデータを確認する必要があります。一方、インデックスが付与されているときは、データの中身を確認せずに、2日分のデータがある範囲が分かっています。結果、アクセスするデータの量だけでも、約700倍（1,461日÷2日）の差があり、さらにインデックスが効いているときはcheckin_dateの値を確認する必要もないので、大きな速度差となります。SQLにおいて、データ行の抽出を行う際には、必ずインデックスを意識するようにしましょう。

Q 条件によるデータ行の抽出

　対象のデータセットは、ホテルの予約レコードです。予約テーブルから、checkin_dateが2016-10-12から2016-10-13までのデータ行を抽出しましょう（図2.4）。インデックスは、checkin_dateに付与されています。

図2.4 条件によるデータ行（Row）の抽出

reserve_id	hotel_id	customer_id	reserve_datetime	checkin_date	checkin_time	checkout_date	people_num	total_price
r281	h_260	c_66	2017-11-14 08:52:36	2017-12-07	10:30:00	2017-12-08	1	41000
r282	h_295	c_67	2016-03-03 22:28:11	2016-03-30	10:30:00	2016-04-02	4	67200
r283	h_166	c_67	2016-06-02 03:04:10	2016-06-29	11:00:00	2016-06-30	3	49800
r284	h_160	c_67	2016-07-27 17:57:18	2016-08-18	09:00:00	2016-08-20	4	99200
r285	h_121	c_67	2016-09-27 06:13:19	2016-10-12	12:00:00	2016-10-14	4	184000
r286	h_182	c_67	2017-04-05 16:06:26	2017-04-22	10:00:00	2017-04-25	1	46500
r287	h_175	c_67	2017-10-06 08:09:29	2017-10-15	11:30:00	2017-10-17	3	114000
r288	h_40	c_68	2016-05-17 11:01:40	2016-06-14	12:30:00	2016-06-16	3	53400
r289	h_71	c_68	2016-06-24 01:29:46	2016-07-23	11:30:00	2016-07-24	2	46000
r290	h_117	c_68	2017-01-17 22:15:27	2017-01-22	10:30:00	2017-01-24	1	29400

↓ checkin_dataが
2016-10-12から2016-10-13までの
予約レコードを抽出

reserve_id	hotel_id	customer_id	reserve_datetime	checkin_date	checkin_time	checkout_date	people_num	total_price
r285	h_121	c_67	2016-09-27 06:13:19	2016-10-12	12:00:00	2016-10-14	4	184000

サンプルコード▶002_selection/02

SQLによる前処理

　SQLで行を条件で絞り込むときは、WHERE句を利用します。SQLの基本中の基本であり、最も重要な句と言っても良いでしょう。

034　第2章　抽出

SQL Not Awesome
a_sql_not_awesome.sql

```
SELECT *
FROM work.reserve_tb


-- WHERE句によって、抽出するデータの条件を指定
-- checkin_dateが、2016-10-12以降のデータに絞り込み
WHERE checkin_date >= '2016-10-12'


  -- 複数の条件を指定する場合に、WHERE句以降にAND句を追加
  -- checkin_dateが、2016-10-13以前のデータに絞り込み
  AND checkin_date <= '2016-10-13'
```

　WHERE句を利用することで抽出するデータの条件指定ができます。WHERE句のあとにANDをつなぐことによって、複数条件を指定できます。
　WHERE句の条件を指定するには下記のような方法があります。

- col_a < 30：col_aが30未満
- col_a <= 30：col_aが30以下
- col_a = 30：col_aと等しい
- col_a <> 'hogehoge', col_a != 'hogehoge'：col_aが'hogehoge'と等しくない
- col_a BETWEEN a AND b：col_aが、aとbの間に存在する
- col_a In ['a', 'b', 'c']：col_aが'a', 'b', 'c'のいずれかと一致
- col_a LIKE '_abc%'：col_aが、指定した文字列と一致（_は任意の1文字、%は任意の0個以上の文字列）
- 条件1 AND 条件2：条件1と条件2を同時に満たす
- 条件1 OR 条件2：条件1または、条件2を満たす
- NOT：条件の否定

2-2 条件指定による抽出 035

Part 2

2
抽
出

■Point

checkin_dateの2つの条件を別々の条件式で指定しています。処理としては問題ないですが、同じ列の値に対する条件が別々に書かれているので、コードの可読性がAwesomeではありません。

SQL Awesome

a_sql_2_awesome.sql

```sql
SELECT *
FROM work.reserve_tb

-- checkin_dateが、2016-10-12から2016-10-13までのデータに絞り込み
WHERE checkin_date BETWEEN '2016-10-12' AND '2016-10-13'
```

■Point

BETWEENを利用することで、1つの条件でcheckin_dateが2016-10-12から2016-10-13までのデータに絞り込むことができています。checkin_dateに対する条件が一目で分かるAwesomeなコードです。

Rによる前処理

Rで行を抽出する方法は、データ列の抽出同様にさまざまな方法がありますが、filter関数を利用することでシンプルな記述を実現できます。dplyrパッケージを活用した可読性の高いAwesomeなコードを身に付けましょう。

抽出条件を指定する方法は多数ありますが、方法次第では冗長なコードとなってしまい、分析ミスを誘発します。簡潔な条件の指定方法を利用しましょう。

R Not Awesome

a_r_1_not_awesome.R（抜粋）

```r
# checkin_dateの条件式によって、判定結果のTRUE/FALSEのベクトルを取得
# 条件式を&でつなぐことによって、判定結果がともにTRUEの場合のみTRUEとなるベクトルを取得
# reserve_tbの2次元配列の1次元目にTRUE/FALSEのベクトルを指定し、条件適合する行を抽出
# reserve_tbの2次元配列の2次元目を空にすることで、すべての列を抽出
reserve_tb[reserve_tb$checkin_date >= '2016-10-12' &
           reserve_tb$checkin_date <= '2016-10-13', ]
```

data.frame(*)の2次元配列にTRUE/FALSEのベクトルを与えることで、TRUEの行／列のみ抽出できます。条件によって行／列を抽出するには、条件式によってTrue/Falseのベクトルを作成し、そのベクトルを2次元配列に指定します。条件式を同時に満たしたい場合は&、条件式をいずれか満たしたい場合は|によってつなぐことで、複数条件を考慮した結果のTRUE/FALSEのベクトルを作成できます。

- data.frameの実態はベクトルのリストで、正確には2次元配列とは違いますが、本書ではR以外のプログラマにとって馴染みの深い2次元配列という用語を利用して説明しています。

▌Point

条件式を記述するために何度もreserve_tbを記述する必要があり、読みやすいコードとは言えません。またTRUE/FALSEのベクトルによる抽出は、行／列番号の指定による抽出より遅くなります。データ量が多くなると、その差は大きくなります。可読性、計算コストの面からAwesomeなコードとは呼べません。

R Not Awesome

a_r_2_not_awesome.R（抜粋）

```
# which関数に条件式を指定して、判定結果がTRUEとなる行番号のベクトルを取得
# intersect関数によって、引数の行番号のベクトルに共に出現する行番号のみに絞り込み
# reserve_tbの2次元配列の1次元目に行番号のベクトルを指定し、条件適合する行を抽出
reserve_tb[
  intersect(which(reserve_tb$checkin_date >= '2016-10-12'),
            which(reserve_tb$checkin_date <= '2016-10-13')), ]
```

　which関数を利用すると、TRUE/FALSEのベクトルからTRUEとなる要素のインデックスのベクトルに変換できます。TRUE/FALSEのベクトルだと、ベクトルの長さがデータの行／列数になりますが、番号のベクトルに変換することによって、ベクトルの長さをTRUEとなる行／列のデータ数までに減らすことができます。

　intersect関数はすべての引数の数値ベクトルに存在する数値のみに絞り込みます。よって、条件式を同時に満たす行／列番号を抽出するのに利用できます。条件式のいずれかを満たす場合に抽出を行うには、intersect関数の代わりにunion関数を利用します。union関数は、引数の数値ベクトルに存在するすべての数値を取り出します。

2-2 条件指定による抽出　037

Part 2

2
抽
出

intersect関数とunion関数の例

- intersect(c(1,3,5),c(1,2,5))の結果は、c(1,5)
- union(c(1,3,5),c(1,2,5))の結果は、c(1,2,3,5)

Point

行番号によってデータを絞り込んでいるので、計算コストの面は問題ありませんが、前述の
コード以上に利用する関数が増え、可読性が低くなってしまい、Awesomeなコードとは言
えません。

R Not Awesome

a_r_3_not_awesome.R（抜粋）

```
reserve_tb %>%


  # filter関数にcheckin_dateの条件式を指定し、条件適合する行を抽出
  filter(checkin_date >= '2016-10-12' & checkin_date <= '2016-10-13')
```

dplyrのfilter関数の引数に条件式を指定することで、条件が適合する行を抽出できま
す。複数の条件を同時に満たす必要がある場合は、&で条件をつなぎます。複数の条件
のいずれかの条件を満たせば良い場合は、|で条件をつなぎます。

Point

このコードはかなりAwesomeなコードですが、1つだけAwesomeではない点があります。
checkin_dateの条件を2つに分けて指定している点です。これでは可読性が少し悪くなっ
てしまいます。

R Awesome

a_r_4_awesome.R（抜粋）

```
reserve_tb %>%


  # as.Date関数によって、文字列を日付型に変換
  # （第9章「9-1 カテゴリ型への変換」で解説）
  # between関数によって、checkin_dateの値の範囲指定
  filter(between(as.Date(checkin_date),
               as.Date('2016-10-12'), as.Date('2016-10-13')))
```

between関数は、指定した列の値に対して、範囲条件を指定できます。1番目の引数に列の値、2,3番目の引数に指定する条件の範囲値を指定します。between関数は、文字列には対応していないので、データ型を日付型に変換する必要があります。日付型への変換については、**第8章「8-1 数値型への変換」**で詳しく解説します。

■ Point

between関数を利用することによって、checkin_dateの範囲指定の条件を一度で指定しており、簡潔なコードになっています。計算コストも低く、Awesomeなコードです。

Pythonによる前処理

PythonではRと同様に抽出条件を指定する方法が多数ありますが、やはり望ましい指定方法が存在します。インターネット上の多くのサンプルコードでは、DataFrameの配列内に同じDataFrameを利用した条件式を指定するコードが記述されていますが、可読性が低くなりお勧めできません。query関数を利用するとシンプルな記述で複雑な条件を指定できます。query関数を利用したAwesomeなコードを身に付けましょう。

Python **Not Awesome**

a_python_1_not_awesome.py（抜粋）

```python
# 配列に条件式を指定することで、条件に適合した行を抽出
# DataFrameの特定の列に対する不等式によって、判定結果のTrue/Falseの配列を取得
# 条件式を&でつなぐことによって、判定結果がともにTrueの場合のみTrueとなる配列を取得
reserve_tb[(reserve_tb['checkout_date'] >= '2016-10-13') &
           (reserve_tb['checkout_date'] <= '2016-10-14')]
```

DataFrameの配列に、行に対する指定条件の判定結果となるTrue/Falseの配列を指定することで行を抽出しています。True/Falseの配列は、DataFrameの特定の列に対する不等式によって作成しています。今回は、2つの条件を同時に満たす必要があるので、条件式を&でつないでいます。どちらかの条件を満たす場合には、&に代わり|で条件式をつなぐ必要があります。

■ Point

コードの可読性が低く、reserve_tbの名前が変わった場合、3箇所も書き換えなければなりません。また、checkout_dateの名前が変わったとしても2箇所書き換える必要があります。変更に弱いコードは、Awesomeとは言えません。

2-2 条件指定による抽出　039

Part 2

2
抽出

Python Not Awesome
a_python_2_not_awesome.py（抜粋）

```python
# loc関数の2次元配列の1次元目に条件を指定することで、条件に適合した行を抽出
# loc関数の2次元配列の2次元目に:を指定することで、全列を抽出
reserve_tb.loc[(reserve_tb['checkout_date'] >= '2016-10-13') &
               (reserve_tb['checkout_date'] <= '2016-10-14'), :]
```

　loc関数の2次元配列の1次元目に、指定条件の判定結果のTrue/Falseの配列を指定することで行を抽出しています。

■ Point

loc関数の場合でも、先ほど同様です。行に対する抽出をしていることが分かりやすくなりますが、それ以外はreserve_tbが何度も出現する冗長なコードになっています。Awesomeなコードには程遠いです。

Python Awesome
a_python_3_awesome.py（抜粋）

```python
reserve_tb.query('"2016-10-13" <= checkout_date <= "2016-10-14"')
```

　query関数を利用すると、条件式を文字列で書くことによって、条件に合ったデータの行を抽出できます。条件をandでつなげるときは&、orでつなげるときは | を利用します。また、@var_nameのように@のあとに参照したい変数名を書くことによって、Pythonのメモリ上の変数を利用できます。

■ Point

query関数を利用することによって、わずか1行で実現できています。SQLに慣れている人にも読みやすく、Awesomeです。

インデックスを間接的に利用したデータ行（Row）の抽出

対象のデータセットは、ホテルの予約レコードです。予約テーブルから、checkout_dateが2016-10-13から2016-10-14までのデータ行を抽出しましょう（図2.5）。インデックスは、checkin_dateに付与されています。ただし、予約レコードは最小1泊、最大3泊までの予約しかありません（checkin_dateとcheckout_dateの差が、最小1日間、最大3日間という意味です）。

図2.5 インデックスを間接的に利用したデータ行（Row）の抽出

reserve_id	hotel_id	customer_id	reserve_datetime	checkin_date	checkin_time	checkout_date	people_num	total_price
r510	h_262	c_119	2017-10-09 06:13:30	2017-10-11	10:00:00	2017-10-14	4	228000
r511	h_96	c_120	2016-04-21 10:11:10	2016-05-08	10:00:00	2016-05-09	2	14800
r512	h_249	c_120	2016-07-27 09:59:43	2016-08-21	10:00:00	2016-08-23	3	292200
r513	h_57	c_120	2016-09-03 08:27:54	2016-09-17	12:00:00	2016-09-18	1	41000
r514	h_74	c_120	2016-10-06 03:12:04	2016-10-11	12:30:00	2016-10-14	2	28800
r515	h_83	c_120	2016-11-14 12:11:19	2016-12-13	12:30:00	2016-12-16	3	559800
r516	h_238	c_120	2017-05-10 02:14:43	2017-05-13	09:30:00	2017-05-14	1	8800
r517	h_210	c_120	2017-10-05 17:54:51	2017-10-30	11:30:00	2017-11-01	3	58200
r518	h_202	c_120	2018-04-23 10:01:46	2018-05-11	10:00:00	2018-05-12	4	58000
r519	h_285	c_121	2016-04-13 03:45:02	2016-04-24	10:30:00	2016-04-27	1	35700
r520	h_253	c_121	2016-05-08 17:34:58	2016-05-20	09:30:00	2016-05-22	4	41600

↓ checkout_dataが2016-10-13から2016-10-14までの予約レコードを抽出

reserve_id	hotel_id	customer_id	reserve_datetime	checkin_date	checkin_time	checkout_date	people_num	total_price
r514	h_74	c_120	2016-10-06 03:12:04	2016-10-11	12:30:00	2016-10-14	2	28800

この例題はインデックス活用に関する問題なのでSQLのみ解説します。R／Pythonで書く場合は、先ほどの問題と考え方に変わりありません。

SQLによる前処理

SQLにおいて、インデックスを活用することが重要だと前述しましたが、インデックスが付与されていない列に対する条件でも活用できる場合があります。それは、インデックスが付与されている列と条件を指定する列の値に何らかの関係がある場合です。条件に適合する行が抜け漏れない範囲で、インデックスが付与されている列の値の条件を追加することで、アクセスするデータ量を減らすことができます。インデックスを間接的に利用したAwesomeなコードを身に付けましょう。

SQL **Not Awesome**

b_sql_1_not_awesome.sql

```sql
SELECT *
FROM work.reserve_tb
WHERE checkout_date BETWEEN '2016-10-13' AND '2016-10-14'
```

■ Point

インデックスが効いておらず、すべてのデータを対象にcheckout_dateの日付範囲をチェックすることになります。インデックスを活用せずに、無駄にアクセスするデータ量が多くなり、Awesomeではありません。

SQL **Awesome**

b_sql_2_awesome.sql

```sql
SELECT *
FROM work.reserve_tb

-- インデックスを効かせるために、checkin_dateでも絞り込み
WHERE checkin_date BETWEEN '2016/10/10' AND '2016/10/13'
  AND checkout_date BETWEEN '2016/10/13' AND '2016/10/14'
```

■ Point

抽出したいデータのcheckout_dateの範囲が2016-10-13〜2016-10-14であり、宿泊数が最小1日／最大3日、さらにチェックインはチェックアウトより必ず前にあるので、抽出するデータのcheckin_dateは、2016-10-10（2016-10-13より3日前）〜'2016-10-13（2016-10-14より1日前）の間になることが分かります。この条件を加えることによって、インデックスを活用し、アクセスするデータ量を減らしているAwesomeなコードです。

インデックスの間接的な利用は他のケースでも利用できます。たとえば、会員ランクB以上の人のデータを抽出したい場合おいて、会員ランクにはインデックスが付与されておらず、会員フラグ（会員か非会員を見分けるフラグ）にインデックスが付与されていた場合です。会員フラグを絞り込み条件に指定することで、非会員のデータにアクセスせずにデータを取り出すことができます。このようにインデックスを間接的に用いたデータの抽出は、条件の対象となっている列とインデックスとなっている列が包含関係にあるときに利用できます。

2-3 データ値に基づかないサンプリング

`SQL` `R` `Python`

　データ分析する際に、抽出したデータ数が多過ぎて扱いに困る場合があります。このような場合には、**サンプリング**によってデータ数を減らすのが有効です。サンプリングには、恣意的なサンプリングとランダムサンプリングが存在します。恣意的なサンプリングとは、自らサンプリングする対象の条件を決める手法であり、前節と同等です。一方、ランダムサンプリングとは、乱数によって対象のデータを抽出する手法です。通常、サンプリングというと、ランダムサンプリングを意味します。本節では、行単位でランダムサンプリングを行う方法について解説します。

　サンプリングを実現するコードを書くことは簡単です。しかし、記述方法によっては、計算コストが跳ね上がってしまうことがあります。計算コストの低いコードの記述方法を学びましょう。

Q ランダムサンプリング

　対象のデータセットは、ホテルの予約レコードです。ランダムサンプリングによって、予約テーブルから約50%の行を抽出しましょう（図2.6）。

図2.6 ランダムサンプリング

```
reserve_id hotel_id customer_id    reserve_datetime checkin_date checkin_time checkout_date people_num total_price
     r1010    h_183       c_247 2016-11-07 08:25:24   2016-11-07     10:00:00    2016-11-09          2       39600
     r1011     h_85       c_247 2017-03-24 11:31:14   2017-04-09     10:30:00    2017-04-11          2       86000
     r1012    h_109       c_247 2017-09-18 16:41:17   2017-10-10     09:00:00    2017-10-11          2       21000
     r1013    h_184       c_247 2017-12-13 19:32:16   2017-12-14     11:00:00    2017-12-17          1       59700
     r1014    h_256       c_248 2016-01-04 03:04:01   2016-01-11     12:00:00    2016-01-12          3      103500
     r1015    h_168       c_248 2016-03-17 09:53:12   2016-04-07     12:00:00    2016-04-09          2       53200
     r1016    h_100       c_249 2016-01-11 21:58:45   2016-02-03     11:30:00    2016-02-04          2        9600
     r1017    h_217       c_249 2016-02-27 18:48:30   2016-03-20     09:30:00    2016-03-21          4       45600
     r1018    h_238       c_249 2016-08-14 06:05:12   2016-08-21     12:00:00    2016-08-24          2       52800
     r1019    h_296       c_249 2017-02-15 00:34:54   2017-02-15     11:00:00    2017-02-16          1       17200
     r1020    h_284       c_249 2017-07-19 01:21:41   2017-07-25     11:30:00    2017-07-26          1       10000
```

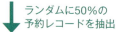
ランダムに50%の予約レコードを抽出

```
reserve_id hotel_id customer_id    reserve_datetime checkin_date checkin_time checkout_date people_num total_price
     r1010    h_183       c_247 2016-11-07 08:25:24   2016-11-07     10:00:00    2016-11-09          2       39600
     r1012    h_109       c_247 2017-09-18 16:41:17   2017-10-10     09:00:00    2017-10-11          2       21000
     r1015    h_168       c_248 2016-03-17 09:53:12   2016-04-07     12:00:00    2016-04-09          2       53200
     r1017    h_217       c_249 2016-02-27 18:48:30   2016-03-20     09:30:00    2016-03-21          4       45600
```

サンプルコード▶002_selection/03

SQLによる前処理

　データベースによっては、サンプリング用の関数が提供されていませんが、乱数を発生させるRANDOM関数を利用することでランダムサンプリングを実現できます。ただし、効率の悪い記述をすると極端に計算コストが高くなってしまうので注意が必要です。利用機会が多い前処理なので、確実にAwesomeなコードを身に付けましょう。

SQL Not Awesome   sql_1_not_awesome.sql

```sql
SELECT *
FROM work.reserve_tb

-- データ行ごとに乱数を生成し、乱数の小さい順にデータを並び替え
ORDER BY RANDOM()

-- サンプリングする件数をLIMIT句で指定
-- 事前にカウントしたデータ数を入力し、抽出する割合をかけ、ROUNDによって四捨五入
LIMIT ROUND(120000 * 0.5)
```

　RANDOM関数は0.00-1.00の間の値をランダムに生成します。コードでは、生成した乱数に基づいてすべてのデータを並び替え、そのあとLIMIT句によって先頭から指定した件数のデータを取得することで、サンプリングを実現しています。LIMIT句に指定する件数は、サンプリングする対象のデータ数に対して、抽出する割合をかけ、ROUND関数によって四捨五入し、計算しています。

　データ数は、SELECT COUNT(*) FROM work.reserve_tbで確認できます。集約処理については、詳しくは「**第3章 集約**」で説明します。LIMIT句の中では、サブクエリは使えません。sql (ROUND((SELECT COUNT(*) FROM work.reserve_tb)*0.5))といった書き方はできないので、数値で入力する必要があります。

■Point

すべてのデータの並び替えを行っているため、データ数が増えると大きく計算コストが増加し、最悪の場合計算に必要なメモリ量が足りずに実行不可能になってしまいます。データの並び替え処理は、分散処理することが難しく、処理の最後にはすべてのデータを1つのサーバに集めて並び替える必要があるからです。

044 第2章 抽出

データ数が多いときのデータの並び替えは、有名なアンチパターンです。当然、Awesome
には程遠いコードとなります。しかし、記述が簡単なせいか、多くのWebサイトではサン
プルコードとして紹介しているので騙されないでください。それは、計算リソースを無駄に
使わせることを企んでいるとある組織による罠なのかもしれません。

| SQL Awesome | sql_2_awesome.sql |

```sql
SELECT *
FROM work.reserve_table


-- 乱数を生成し、0.5以下のデータ行のみ絞り込み
WHERE RANDOM() <= 0.5
```

　データ行ごとに乱数を生成し、乱数値に条件式（乱数値が0.5以下）を適用し、サンプ
リングを実現しています。この方法は、サンプリングの割合を条件式の値によって設定
できますが、データ件数は指定できません。そのため、乱数のばらつきによっては、
データ件数が狙いより多くなったり、少なくなったりしてしまいます。しかし、元の
データ件数が多い場合は、データ件数が狙いより大きくずれることはないので、気にす
る必要はありません。また、サンプリング件数を指定できないので、切りの良い数字に
できませんが、これも気にする必要はありません。なぜなら、サンプリング件数を切り
の良い数字にすることに重要な意味はないからです。

　どうしてもサンプリングを切りの良い数字にしたい場合には、必要な件数より多めの
割合を抽出して、そのあとにORDER BY RANDOM()とLIMIT句によって件数を絞るの
が良いでしょう。LIMIT句だけでも実現できないことはないですが、SELECT句で最初
の方に選ばれたデータ（たとえば、データベースに登録されたのが古いデータなど）が
選択されやすくなってしまい、偏りのあるサンプリングになってしまうので避ける方が
無難です。

Point
並び替え（ORDER BY）を利用していないので、計算コストが低く、データ量が増えても分
散処理で対応できるコードです。可読性も高く、Awesomeなコードです。

2-3 データ値に基づかないサンプリング   045

Rによる前処理

　Rのサンプリング方法は数多くありますが、前処理ではdplyrパッケージを活用することが多いです。ここでもdplyrパッケージの関数でサンプリングを実現するのが良いでしょう。

R Awesome

r_awesome.R（抜粋）

```
# reserve_tbから50%サンプリング
sample_frac(reserve_tb, 0.5)
```

　　sample_frac関数には、行単位でランダムサンプリングを行う関数です。引数の1つ目に対象となるdata.frame、2つ目に抽出する割合を指定します。割合ではなく、件数で指定する場合は、sample_n関数を利用します。sample_n関数は、2つ目の引数に抽出する割合ではなく、件数を指定します（sample_n(reserve_tb, 100)で、100件のサンプリングになります）。

Point

dplyrパッケージによって、高速かつ可読性の高いAwesomeなコードを実現しています。また、SQLとは違い、Rはサンプリング元のデータをメモリ上に持っている前提なので、並び替えによる計算コストやメモリ使用量はあまり気にする必要がありません。

Pythonによる前処理

　Pythonでサンプリングを行うときは、Pandasライブラリのsample関数を利用するのが一般的です。シンプルで便利な関数なので、積極的に利用しましょう。

Python Awesome

python_awesome.py（抜粋）

```
# reserve_tbから50%サンプリング
reserve_tb.sample(frac=0.5)
```

　　sample関数は、行単行のサンプリング関数です。呼び出し元のDataFrameをサンプリングします。引数のfracにサンプリングする割合を指定することで、割合によるサンプリングを行います。サンプリング件数で指定する場合は、引数nにサンプリングする件数を指定します（reserve_tb.sample(n=100)で、100件のサンプリングになります）。

> ■Point
> sample関数によって、高速にかつ可読性の高いAwesomeなコードを実現しています。また R同様にPythonでも、サンプリング元のデータをメモリ上に持っている前提なので、並び替えによる計算コストやメモリ使用量はあまり気にする必要がありません。

2-4
集約IDに基づくサンプリング

`SQL` `R` `Python`

サンプリングにおいて、公平なサンプリングをすることは最も重要なことです。偏りのあるサンプリングをしてしまうと、そのあとの分析でこの偏りをデータによる傾向とミスリードしてしまうからです。公平なサンプリングを行うには、分析対象の単位とサンプリングする単位を揃える必要があります。

まず、1行で1回の宿泊予約を表す予約レコードを50%サンプリングしたあとのデータを元に、予約人数別の予約数の割合について考えることにします。この場合は、サンプリングしたあとの分析結果は、サンプリングする前の分析結果と大きく異なりません。これは分析対象の単位が1予約であり、サンプリングする単位も1予約だからです。

次に、1行で1回の宿泊予約を表す予約レコードを50%サンプリングしたあとのデータを元に、年間予約回数別の顧客数の割合について考えることにします。この場合は、サンプリングしたあとの分析結果とサンプリングする前の分析結果とが大きく異なり、全体的に年間予約回数が少ない人の割合が増えてしまいます。

具体的に、年間予約数が2件の顧客について考えてみましょう。サンプリングによってこの顧客のレコードが残る可能性は次のように示すことができます。

- 予約レコードが2件残る可能性：25%（50% × 50%）
- 予約レコードが1件残る可能性：25%（50% × 50% × 2パターン）
- 残らない可能性：25%（50% × 50%）

つまり、年間予約数が2件の顧客が100人いたら、ランダムサンプリング後には、年間予約数が2件の顧客25人、年間予約数が1件の顧客50人、年間予約件数が0件となる顧客は25人となりますが、予約レコードが残らないため、25人の顧客はいないものとなって

2-4 集約IDに基づくサンプリング　047

しまうのです（図2.7）。当然これでは、サンプリング後のデータを用いて分析を行うと間違えた分析結果になってしまいます。これは、分析対象の単位が1顧客でありながら、サンプリングする単位が1予約となっており、分析対象の単位とサンプリングする単位が揃っていないことが原因です。

図2.7 偏ったサンプリング

抽出なし

reseve_id	customer_id	…
r522	c_87	…
r523	c_87	…

50%×50%＝25%

r_522のみ抽出

reseve_id	customer_id	…
r522	c_87	…
r523	c_87	…

50%×50%＝25%

r_523のみ抽出

reseve_id	customer_id	…
r522	c_87	…
r523	c_87	…

50%×50%＝25%

r_522、r_523の両方抽出

reseve_id	customer_id	…
r522	c_87	…
r523	c_87	…

50%×50%＝25%

　解決する方法は2つあります。1つは非常に簡単な方法で、予約レコードを顧客単位で集約してから、サンプリングする方法です。しかし、この方法には問題点が1つあります。サンプリングで間引かれる顧客についても集約処理が発生してしまい、無駄な処理が発生してしまう点です。もう1つの方法は、予約テーブルの顧客IDに対してランダムサンプリングを行い、サンプリングした顧客IDの予約レコードのみを抽出する方法です。サンプリングの実現方法は少し難しくなりますが、この方法であれば、無駄な処理が発生しません。もちろん、分析対象の単位とサンプリングする単位が共に顧客単位となり、公平なサンプリングも実現できています。

　このように、公平なサンプリングのために、分析対象の単位とサンプリングする単位を揃えることは必要不可欠です。無駄な処理をしないためには、ここで集約ID単位のサンプリングを身に付ける必要があります。

IDごとのサンプリング

　対象のデータセットは、ホテルの予約レコードです。顧客単位のランダムサンプリングによって、予約テーブルから約50%の行を抽出しましょう（図2.8）。

図2.8 IDごとのサンプリング

reserve_id	hotel_id	customer_id	reserve_datetime	checkin_date	checkin_time	checkout_date	people_num	total_price
r1	h_75	c_1	2016-03-06 13:09:42	2016-03-26	10:00:00	2016-03-29	4	97200
r2	h_219	c_1	2016-07-16 23:39:55	2016-07-20	11:30:00	2016-07-21	2	20600
r3	h_179	c_1	2016-09-24 10:03:17	2016-10-19	09:00:00	2016-10-22	2	33600
r4	h_214	c_1	2017-03-08 03:20:10	2017-03-29	11:00:00	2017-03-30	4	194400
r5	h_16	c_1	2017-09-05 19:50:37	2017-09-22	10:30:00	2017-09-23	3	68100
r6	h_241	c_1	2017-11-27 18:47:05	2017-12-04	12:00:00	2017-12-06	3	36000
r7	h_256	c_1	2017-12-29 10:38:36	2018-01-25	10:30:00	2018-01-28	1	103500
r8	h_241	c_1	2018-05-26 08:42:51	2018-06-08	10:00:00	2018-06-09	1	6000
r9	h_217	c_2	2016-03-05 13:31:06	2016-03-25	09:30:00	2016-03-27	3	68400
r10	h_240	c_2	2016-06-25 09:12:22	2016-07-14	11:00:00	2016-07-17	4	320400
r11	h_183	c_2	2016-11-19 12:49:10	2016-12-08	11:00:00	2016-12-11	1	29700
r12	h_268	c_2	2017-05-24 10:06:21	2017-06-20	09:00:00	2017-06-21	4	81600
r13	h_223	c_2	2017-10-19 03:03:30	2017-10-21	09:30:00	2017-10-23	1	137000
r14	h_133	c_2	2018-02-18 05:12:58	2018-03-12	10:00:00	2018-03-15	2	75600
r15	h_92	c_2	2018-04-19 11:25:00	2018-05-04	12:30:00	2018-05-05	2	68800
r16	h_135	c_2	2018-07-06 04:18:28	2018-07-08	10:00:00	2018-07-09	4	46400
r17	h_115	c_3	2016-05-10 12:20:32	2016-05-17	10:00:00	2016-05-19	2	164000
r18	h_132	c_3	2016-10-22 02:18:48	2016-11-12	12:00:00	2016-11-13	1	20400
r19	h_23	c_3	2017-01-11 22:54:09	2017-02-08	10:00:00	2017-02-10	3	390600
r20	h_292	c_3	2017-02-23 07:10:30	2017-03-03	11:00:00	2017-03-04	2	18200
r21	h_153	c_3	2017-04-06 18:12:10	2017-04-16	09:00:00	2017-04-19	3	126900
r22	h_12	c_3	2017-07-24 19:15:54	2017-08-08	09:00:00	2017-08-09	4	26800
r23	h_61	c_3	2017-12-16 23:31:04	2018-01-09	09:00:00	2018-01-12	1	224400
r24	h_34	c_3	2018-04-27 08:51:07	2018-05-07	09:30:00	2018-05-10	4	102000
r25	h_277	c_4	2016-03-28 07:17:34	2016-04-07	10:30:00	2016-04-10	1	39300
r26	h_132	c_4	2016-05-11 17:48:07	2016-06-05	11:30:00	2016-06-06	1	20400

ランダムに50%の顧客の予約レコードを抽出

reserve_id	hotel_id	customer_id	reserve_datetime	checkin_date	checkin_time	checkout_date	people_num	total_price
r1	h_75	c_1	2016-03-06 13:09:42	2016-03-26	10:00:00	2016-03-29	4	97200
r2	h_219	c_1	2016-07-16 23:39:55	2016-07-20	11:30:00	2016-07-21	2	20600
r3	h_179	c_1	2016-09-24 10:03:17	2016-10-19	09:00:00	2016-10-22	2	33600
r4	h_214	c_1	2017-03-08 03:20:10	2017-03-29	11:00:00	2017-03-30	4	194400
r5	h_16	c_1	2017-09-05 19:50:37	2017-09-22	10:30:00	2017-09-23	3	68100
r6	h_241	c_1	2017-11-27 18:47:05	2017-12-04	12:00:00	2017-12-06	3	36000
r7	h_256	c_1	2017-12-29 10:38:36	2018-01-25	10:30:00	2018-01-28	1	103500
r8	h_241	c_1	2018-05-26 08:42:51	2018-06-08	10:00:00	2018-06-09	1	6000
r17	h_115	c_3	2016-05-10 12:20:32	2016-05-17	10:00:00	2016-05-19	2	164000
r18	h_132	c_3	2016-10-22 02:18:48	2016-11-12	12:00:00	2016-11-13	1	20400
r19	h_23	c_3	2017-01-11 22:54:09	2017-02-08	10:00:00	2017-02-10	3	390600
r20	h_292	c_3	2017-02-23 07:10:30	2017-03-03	11:00:00	2017-03-04	2	18200
r21	h_153	c_3	2017-04-06 18:12:10	2017-04-16	09:00:00	2017-04-19	3	126900
r22	h_12	c_3	2017-07-24 19:15:54	2017-08-08	09:00:00	2017-08-09	4	26800
r23	h_61	c_3	2017-12-16 23:31:04	2018-01-09	09:00:00	2018-01-12	1	224400
r24	h_34	c_3	2018-04-27 08:51:07	2018-05-07	09:30:00	2018-05-10	4	102000

サンプルコード▶002_selection/04

SQLによる前処理

　SQLを用いて集約ID単位のサンプリングを行うには、トリッキーな方法が必要になります。それは、集約IDごとに一意の乱数を生成し、生成した乱数と閾値との大小判定によってデータ行を抽出する方法です。この方法であれば、あるデータ行が抽出された場合には、そのデータ行と同じ集約IDを保持しているデータ行も同じ乱数の値なので、必ず抽出されます。結果、集約ID単位のサンプリングが実現されます。

SQL Awesome
sql_awesome.sql

```sql
-- WITH句によって、一時テーブルreserve_tb_randomを生成
WITH reserve_tb_random AS(
  SELECT
    *,

    -- customer_idに対して一意の値となる乱数の生成
    -- 生成した乱数をcustomer_idごとにまとめて、1番目の値を取り出す
    FIRST_VALUE(RANDOM()) OVER (PARTITION BY customer_id) AS random_num

  FROM reserve_tb
)
-- *ですべての列を抽出しているが、random_numを外したい場合は列を指定する必要がある
SELECT *
FROM reserve_tb_random

-- 50%サンプリング、customer_idごとに設定された乱数が0.5以下の場合に抽出
WHERE random_num <= 0.5
```

　WITH句は、()内の結果を一時テーブルとして保存できます。 SQLをまとめて実行する際には便利です。ただし、あまりにもWITH句を1つのコード内で使いすぎると読む方が大変になるので注意が必要です。筆者は、ついWITH句を活用し過ぎたSQLを書いてしまいがちなので、みなさんはそのようなことがないようにしてください。

050　第2章　抽出

　FIRST_VALUE関数は、Window関数の1つです。FIRST_VALUE関数で指定された列値を、PARTITION BYに指定された列値ごとにまとめ、読み込み順で並べたときの最初の値を返します。OVERのあとの()内にORDER BYを指定すれば、任意の並び順にすることもできます。Window関数については、「**第3章 集約**」で詳しく説明します。

■Point
FIRST_VALUE関数を利用して、customer_idごとに一意に乱数を生成することで、前節と同様にサンプリングできるようにしています。サンプリングで間引く前に集約処理をする必要もなく、Awesomeなコードです。

Rによる前処理

　Rによる集約ID単位のサンプリングについてです。まず集約IDのユニークな値のリストを取り出し、取り出したユニークな集約IDリストを対象にサンプリングしてサンプリング対象のIDを決定してから、対象データの抽出を行うことで実現します。文章で書くと分かりにくいですが、実際のコードを見て理解しましょう。

R Awesome
r_awesome.R（抜粋）

```r
# reserve_tbから顧客IDのベクトルを取得し、重複を排除した顧客IDベクトルを作成
all_id <- unique(reserve_tb$customer_id)


reserve_tb %>%


  # sample関数を利用し、ユニークな顧客IDから50%サンプリングし、抽出対象のIDを取得
  # 抽出対象のIDと一致する行のみをfilter関数によって抽出
  filter(customer_id %in% sample(all_id, size=length(all_id)*0.5))
```

　unique関数は、引数で渡されたベクトルの重複を排除したベクトルを返してくれます（unique(c('a', 'a', 'a', 'b', 'c', 'c'))は、c('a', 'b', 'c')を返します）。
　sample関数は、ベクトルのサンプリングを行う関数です。1つ目の引数にサンプリング元のベクトルを指定し、2つ目のsize引数にサンプリングする件数を指定します。sample_frac関数ではなくsample関数を利用している理由は、sample_fracがdata.frameしかサンプリングできないからです。

2-4 集約IDに基づくサンプリング　051

filter関数は%in%を利用することで、指定したベクトル内の値のいずれかと一致する列値を持つデータのみ抽出できます。

Point

SQLと同様に顧客IDごとに乱数を振ってからサンプリングをする方法もありますが、Rの場合にはuniqueなどの関数が充実しており、こちらのコードの方が可読性良くAwesomeに書けます。

Pythonによる前処理

Rと同様に顧客IDのサンプリングを行ってから、対象データのサンプリングを行うと簡潔に記述できます。

Python Awesome

python_awesome.py(抜粋)

```python
# reserve_tb['customer_id'].unique()は、重複を排除したcustomer_idを返す
# sample関数を利用するためにpandas.Series(pandasのリストオブジェクト)に変換
# sample関数によって、顧客IDをサンプリング
target = pd.Series(reserve_tb['customer_id'].unique()).sample(frac=0.5)


# isin関数によって、customer_idがサンプリングした顧客IDのいずれかに一致した行を抽出
reserve_tb[reserve_tb['customer_id'].isin(target)]
```

unique関数によって、呼び出し元のSeries (pandas.Series) の値の重複を排除した値のpandas.Seriesを取得できます。Seriesとは、DataFrameの1列におおよそ該当しますが、呼び出せる関数や挙動が一部違うので区別して利用しましょう(1列のDataFrameとSeriesは似ていますが異なります)。

isin関数によって、引数で渡したリスト内の値のいずれかと一致する列値のみ抽出できます。また、DataFrameの要素を配列で指定することによって、該当するデータ行のみを抽出できます。query関数は、inのサポートをしていないので、利用していません。

Point

2行で集約IDに基づくサンプリングを実現しており、可読性の高いAwesomeなコードです。処理内容を1から考えるのは難しいですが、コードの書き方のパターンを覚えてしまい、いつでも実現できるようにしましょう。

第3章 集約

　データ分析において、データの集約は重要な前処理の1つです。なぜなら、集約処理によってデータの価値を大きく損失せずに、分析の単位を変更できるからです。たとえば、期末テストの点数を科目別にして平均点を計算すれば、テストの科目別の難易度を簡単に把握できます。また、期末テストの点数を生徒別にして平均点を計算すれば、生徒の学力が簡単に把握できます。それはもう残酷に。つまり、集約とは、データの価値をなるべく損失せずに圧縮し、データの単位（データ行の意味）を変換できる処理なのです。

　集約処理は人間にもシステムにとっても価値があります。人間が把握できるデータ量には限界があり、人間が俯瞰的にデータを把握するのに集約処理はとても役立ちます。また、分析単位をレコードデータの単位より大きな単位で行う場合（たとえば、予約レコードを顧客単位で分析する際など）には、レコードデータを大きな単位へ変換する処理が必要となりますが、集約処理を利用することによって情報損失の少ない変換処理が可能となり、システムにとっても役立ちます。

　集約を実現する方法は、大きく2つに分かれます。1つは、GroupByによって集約する単位を指定して、集約関数（count関数、sum関数など）を利用する方法です。この方法は、さまざまな条件を表現できる一方で、記述量が多くなってしまいます。もう1つは、Window関数に対応した集約関数を利用する方法です。一部のデータベースやプログラムでは、Window関数の機能が提供されていないことも覚えておいてください。Window関数については、「**3-6 順位の算出**」と**第4章「4-3 過去データの結合」**で詳しく解説します。

　プログラミング言語の選択についてです。結合を含めた集約を行うときは、中間データ[1]のサイズが大きくなるので、結合と集約をまとめて実行できるSQLを選択する方が良いでしょう。またSQLは他のプログラミング言語より、Window関数を利用した処理を簡潔に書けるのでお勧めです。

---

[1] 中間データとは、処理途中のデータを指します。集約処理は結合処理のあとに行う場合が多いです。集約処理後の出力データのサイズは大きくなりにくく問題にはあまりなりません。しかし、結合処理後の中間データのサイズは入力サイズと結合条件によっては指数的に大きくなってしまいます。ただし、データベースやプログラミング言語によっては、すべてのデータを結合処理する前に実行可能な集約処理を事前に行ってくれるため、結合処理と集約処理を同時に記述することで、中間データサイズの最大サイズを小さくすることができます。結合処理については、「**第4章 結合**」で詳しく解説します。

3-1 データ数、種類数の算出　053

3-1
データ数、種類数の算出

SQL
R
Python

　最も基本的な集約処理として、データ数の**カウント（集計）**があります。これは、対象となるデータのレコード数（行数）をカウントする処理です。この他にもよく利用するカウント処理として、データのユニークカウントがあります。ユニークカウントとは、対象となるデータから同じ値のレコードを排除したあとにレコード数（行数）をカウントする処理です。つまり、データの値の種類数をカウントします。

Q　カウントとユニークカウント

　対象のデータセットは、ホテルの予約レコードです。予約テーブルから、ホテルごとに予約件数と予約したことがある顧客数を算出しましょう（図3.1）。

図3.1　ユニークカウント

reserve_id	hotel_id	customer_id	reserve_datetime	checkin_date	checkin_time	checkout_date	people_num	total_price
r590	h_279	c_143	2017-06-30 12:31:49	2017-07-17	10:30:00	2017-07-18	1	6300
r605	h_279	c_146	2018-01-02 12:57:34	2018-01-03	10:30:00	2018-01-05	1	12600
r623	h_279	c_150	2016-10-17 02:35:42	2016-11-08	11:00:00	2016-11-10	1	12600
r652	h_171	c_157	2016-05-25 03:39:44	2016-06-08	12:00:00	2016-06-09	4	102000
r1318	h_279	c_324	2016-05-30 23:46:44	2016-06-14	12:00:00	2016-06-17	3	56700
r1554	h_171	c_378	2017-09-24 23:27:35	2017-10-01	10:30:00	2017-10-03	3	153000
r1759	h_171	c_435	2016-05-27 02:28:14	2016-05-30	12:30:00	2016-06-01	3	153000
r1888	h_171	c_467	2016-01-11 23:25:08	2016-01-25	11:00:00	2016-01-28	1	76500
r2401	h_171	c_602	2016-12-10 10:04:22	2016-12-30	12:30:00	2017-01-01	3	153000
r2404	h_171	c_602	2018-02-01 13:37:42	2018-02-03	12:00:00	2018-02-05	4	204000
r2996	h_279	c_757	2016-03-20 16:50:54	2016-03-29	12:00:00	2016-03-31	4	50400
r3394	h_279	c_846	2016-05-08 08:41:22	2016-05-26	10:30:00	2016-05-28	2	25200
r3456	h_171	c_862	2017-07-17 09:42:18	2017-08-06	12:30:00	2017-08-07	2	51000
r3732	h_171	c_928	2018-09-03 04:12:14	2018-09-17	12:00:00	2018-09-19	1	51000
r3763	h_171	c_936	2018-08-07 19:37:39	2018-09-03	11:00:00	2018-09-04	3	76500
r3867	h_171	c_961	2017-10-03 00:13:55	2017-10-20	11:30:00	2017-10-22	4	204000
r3927	h_171	c_976	2017-08-11 00:18:53	2017-08-26	10:00:00	2017-08-28	1	51000

↓ hotel_idごとにカウント処理

hotel_id	rsc_cut	cus_cut
h_171	11	10
h_279	6	6

サンプルコード▶003_aggregation/01

SQLによる前処理

　SQLでの集約処理は、GROUP BY句を利用して集約単位を指定し、SELECT句に集約関数を指定することで実現できます。データ数を算出する集約関数はCOUNT関数で

す。また、distinctを使うことによって重複している値を排除できるので、COUNT関数と組み合わせることによって、ユニークカウントを実現できます。データ数のカウントは集約の中でも基本的な処理です、必ず理解しましょう。

SQL Awesome　　　　　　　　　　　　　　　　　sql_awesome.sql

```
SELECT
    -- 集約単位のホテルIDの抽出
    hotel_id,

    -- COUNT関数にreserve_idを指定しているので、reserve_idがNULLでない行数をカウント
    COUNT(reserve_id) AS rsv_cnt,

    -- customer_idにdistinctを付け、重複を排除
    -- 重複を排除したcustomer_idの数をカウント
    COUNT(distinct customer_id) AS cus_cnt

FROM work.reserve_tb

-- GROUP BY句で集約する単位をhotel_idに指定
GROUP BY hotel_id
```

　GROUP BY句では集約する単位を指定します。集約単位は参照しているテーブルの列の中から選びます。集約単位は複数選ぶこともできます。このコードでは、hotel_idを選択し、ホテルごとに集約しています。SELECT内で利用している列で、GROUP BYで選択されていない列は、必ず集約関数が適用されている必要があります。

　データ数を算出する場合には、COUNT関数を利用します。COUNT関数の引数に列名を渡すと、指定した列の値がNULLでない場合のみカウントし、列名の代わりに＊を指定すると、すべてのレコード件数をカウントします。また、列名の前にdistinctを指定すると、重複している値が排除されるので、ユニークなカウントを実現できます。

3-1 データ数、種類数の算出 055

Part 2

3
集約

▮Point
集約処理は集約単位が同じであればまとめて行えます。このコードもホテル単位の集約処理である予約数のカウント処理と顧客数のカウント処理をまとめて実行しているAwesomeなコードです。

▮Rによる前処理

　Rでの集約処理は、dplyrパッケージのgroup_by関数で集約単位を指定し、dplyrパッケージのsummarise関数内で集約関数を指定することで実現できます。apply系の関数を使うなど、他の実現方法もありますが、計算速度／可読性ともにdplyrパッケージを利用するコードの方が優れています。

ℝ Awesome
r_awesome.R（抜粋）

```
reserve_tb %>%

  # group_by関数によって、集約単位をhotel_idに指定
  group_by(hotel_id) %>%

  # summarise関数を使って集約処理を指定
  # n関数を使って、予約数をカウント
  # n_distinct関数にcustomer_idを指定して、customer_idのユニークカウント
  summarise(rsv_cnt=n(),
            cus_cnt=n_distinct(customer_id))
```

　dplyrパッケージのgroup_by関数とsummarise関数で集約処理を実現できます。group_by関数では集約単位を指定できますが、カンマ (,) を使って列名をつなげば複数指定できます。summarise関数の引数は、イコール (=) の左に新たな列名を記述し、イコール (=) の右に集約処理を記述します。また、カンマ (,) を使って集約処理をつなげればまとめて行うことができます。

　n関数はレコード数を算出する集約関数です。また、n_distinct関数は指定した列のユニークカウントを算出する集約関数です。ベクトルの長さを計算するlength関数や、ベクトルの重複値を排除するunique関数を利用して算出することもできますが、可読性の観点からdplyrパッケージが提供している関数を利用することをお勧めします。

056 第**3**章 集約

> ■**Point**
> dplyrパッケージのgroup_by関数とsummarise関数を利用することによって、集約処理を
> まとめて実行し、可読性高く、計算効率の良いAwesomeなコードです。

Pythonによる前処理

Pythonでの集約処理は、DataFrameからgroupby関数を呼び出し、引数に集約単位を
設定し、さらに集約関数を呼び出すことで実現できます。データ数を算出する集約関数
は、size関数です。また、ユニークカウントを行う集約関数は、nunique関数です。同じ
集約単位に対する複数の処理を行う場合には、agg関数を利用することで、同時に集約処
理を実現できます。

Python **Not Awesome**　　　　　　　　　　python_1_not_awesome.py（抜粋）

```python
# groupby関数でreserve_idを集約単位に指定し、size関数でデータ数をカウント
# groupby関数の集約処理によって行番号(index)がとびとびになっているので、
# reset_index関数によって、集約単位に指定したhotel_idを集約した状態から列名に戻し、
# 新たな行名を現在の行番号を直す
rsv_cnt_tb = reserve_tb.groupby('hotel_id').size().reset_index()


# 集約結果の列名を設定
rsv_cnt_tb.columns = ['hotel_id', 'rsv_cnt']


# groupbyでhotel_idを集約単位に指定し、
# customer_idの値をnunique関数することで顧客数をカウント
cus_cnt_tb = \
  reserve_tb.groupby('hotel_id')['customer_id'].nunique().reset_index()


# 集約結果の列名を設定
cus_cnt_tb.columns = ['hotel_id', 'cus_cnt']


# merge関数を用いて、hotel_idを結合キーとして結合（「第4章 結合」で解説）
pd.merge(rsv_cnt_tb, cus_cnt_tb, on='hotel_id')
```

3-1 データ数、種類数の算出　057

Part 2

3
集約

　DataFrameのgroupby関数にhotel_idを指定することで、ホテル単位で予約レコードをまとめ、size関数で予約数のカウント、nunique関数で顧客数のユニークカウントをしています。集約した列に名前を付けるときは、集約後にcolumnsを設定する必要があります。

　groupby関数を利用すると、行番号の代わりにgroupby関数で指定された列の値ごとに行がまとまります。つまり、インデックスが行番号からhotel_idに変わります。後段の処理で予期せぬ不具合を招くこともあるので、集約処理が終わったら必要に応じて、reset_index関数でインデックスを集約後の行番号に直しましょう。

　reset_index関数は、インデックスを新たな行番号に直す関数です。reset_index関数を呼び出す前のインデックスは新たな列としてDataFrameに追加されます。オプション引数のdropをTrueにすると、新たな列として追加しません。

■ Point

このコードでは、予約数の集計結果と顧客数の集計結果が別々のDataFrameとして出力されています。そのため、集計結果をまとめるために、結合処理を行っています。このような処理方法は、Awesomeなコードになり得ません。なぜなら、同じ集約単位の処理を別々に行った結果、無駄な計算処理が発生しており、可読性も下がっています。さらに集計結果をまとめるために重い結合処理も必要となってしまっているからです。

Python Awesome

python_2_awesome.py（抜粋）

```python
# agg関数を利用して、集約処理をまとめて指定
# reserve_idを対象にcount関数を適用
# customer_idを対象にnunique関数を適用
result = reserve_tb \
  .groupby('hotel_id') \
  .agg({'reserve_id': 'count', 'customer_id': 'nunique'})


# reset_index関数によって、列番号を振り直す（inplace=Trueなので、直接resultを更新）
result.reset_index(inplace=True)
result.columns = ['hotel_id', 'rsv_cnt', 'cus_cnt']
```

agg関数は引数にdictionaryオブジェクトを指定することで、集約処理をまとめて指定できます。dictionaryオブジェクトは、keyに対象の列名、valueに集約関数名を設定します。

■Point
agg関数を利用することで、集約処理がまとまり、集約処理の繰り返しや無駄な結合処理をしていません。またコードも短くなり、読みやすくなっています。このことを、Awesomeの騎士の間では、こう言います。"May the agg be with groupby."

3-2 合計値の算出

`SQL` `R` `Python`

　数値データが分析対象の場合、対象データの**合計値**を知りたい場面がよくあります。たとえば、毎月の合計売上金額を出したい、店舗ごとの売上金額を出したい、などがあるでしょう。合計は数値データを対象とする集計処理の中で、最も単純であり、非常に有用です。

 合計値

　対象のデータセットはホテルの予約レコードです。予約テーブルから、ホテルごとの宿泊人数別の合計予約金額を算出しましょう（図3.2）。

3-2 合計値の算出

図3.2 合計値の算出

reserve_id	hotel_id	customer_id	reserve_datetime	checkin_date	checkin_time	checkout_date	people_num	total_price
r92	h_2	c_16	2016-10-17 10:01:09	2016-10-18	11:30:00	2016-10-20	4	211200
r210	h_1	c_49	2016-07-09 23:28:18	2016-08-05	12:00:00	2016-08-08	2	156600
r330	h_1	c_76	2016-12-25 12:02:22	2016-12-30	10:00:00	2017-01-01	4	208800
r959	h_2	c_237	2016-08-10 04:24:45	2016-08-23	09:00:00	2016-08-26	2	158400
r1168	h_2	c_284	2016-12-09 21:45:40	2016-12-29	09:30:00	2016-12-30	2	52800
r1448	h_2	c_353	2016-09-29 20:11:03	2016-10-21	12:00:00	2016-10-22	1	26400
r1510	h_1	c_371	2016-03-11 17:44:52	2016-03-19	11:30:00	2016-03-20	3	78300
r1742	h_2	c_428	2016-06-01 05:59:23	2016-06-09	09:00:00	2016-06-12	4	316800
r1762	h_1	c_437	2016-06-20 15:26:53	2016-07-09	09:00:00	2016-07-11	1	52200
r1901	h_1	c_469	2016-10-28 06:16:14	2016-11-21	10:30:00	2016-11-22	1	26100
r2155	h_1	c_535	2016-12-02 21:56:33	2016-12-08	12:30:00	2016-12-11	1	78300
r2250	h_1	c_561	2018-04-14 10:23:17	2018-04-30	09:30:00	2018-05-01	4	104400
r2496	h_2	c_624	2016-03-17 14:01:12	2016-04-03	11:00:00	2016-04-04	1	26400
r2533	h_1	c_632	2017-02-07 21:36:39	2017-02-08	12:30:00	2017-02-09	4	104400
r2835	h_2	c_714	2016-05-11 04:56:56	2016-06-04	09:30:00	2016-06-07	1	79200
r2975	h_2	c_750	2016-12-07 03:34:23	2016-12-09	12:00:00	2016-12-10	4	105600
r3066	h_2	c_771	2016-04-09 12:47:40	2016-04-11	10:30:00	2016-04-13	2	105600
r3222	h_1	c_808	2017-04-12 14:07:48	2017-04-19	11:30:00	2017-04-21	3	156600
r3386	h_1	c_845	2016-02-13 18:48:17	2016-03-01	11:00:00	2016-03-03	3	156600
r3583	h_2	c_889	2016-11-27 11:25:45	2016-12-20	09:30:00	2016-12-22	1	52800
r3653	h_2	c_909	2017-02-07 23:06:03	2017-02-15	09:30:00	2017-02-16	2	52800

↓ ホテルごとの宿泊人数別に`total_price`の合計を計算

hotel_id	people_num	price_sum
h_1	1	156600
h_1	2	156600
h_1	3	391500
h_1	4	417600
h_2	1	184800
h_2	2	369600
h_2	4	633600

サンプルコード▶003_aggregation/02

SQLによる前処理

　SQLでは、合計の集約関数はSUM関数として提供されています。あとは先ほどの例題と同様です。

SQL Awesome　　　　　　　　　　　　　　　　　　　　sql_awesome.sql

```sql
SELECT
  hotel_id,
  people_num,

  -- SUM関数にtotal_priceを指定し、売上合計金額を算出
```

第 **3** 章 集約

```
  SUM(total_price) AS price_sum


FROM work.reserve_tb


-- 集約単位をhotel_idとpeople_numの組み合わせに指定
GROUP BY hotel_id, people_num
```

Point

簡潔に書いてあるAwesomeなコードです。集約関数を利用した場合、列名を指定しないと
自動で付けられてしまうので、列名を指定しましょう。

Rによる前処理

Rでは、合計の集約関数はsum関数として提供されています。

R Awesome
r_awesome.R（抜粋）

```
reserve_tb %>%

  # group_byにhotel_idとpeople_numの組み合わせを指定
  group_by(hotel_id, people_num) %>%

  # sum関数をtotal_priceに適用して、売上合計金額を算出
  summarise(price_sum=sum(total_price))
```

Point

簡潔に書いてあるAwesomeなコードです。

Pythonによる前処理

Pythonでは、合計の集約関数はsum関数として提供されています。

Python Awesome
python_awesome.py（抜粋）

```
# 集約単位をhotel_idとpeople_numの組み合わせを指定
# 集約したデータからtotal_priceを取り出し、sum関数に適用することで売上合計金額を算出
```

3-3 極値、代表値の算出　061

Part 2

3
集約

```
result = reserve_tb \
  .groupby(['hotel_id', 'people_num'])['total_price'] \
  .sum().reset_index()

# 売上合計金額の列名がtotal_priceになっているので、price_sumに変更
result.rename(columns={'total_price': 'price_sum'}, inplace=True)
```

　rename関数によって、列名を変更できます。columnsの引数には、変更前の列名を
key、変更後の列名をvalueとしてdictionaryオブジェクトを指定します。

■Point
集約処理が1つの場合は、agg関数を使わない方が簡潔に書けます。また、列名の設定も、
書き換える列が多い場合は直接DataFrameのcolumnsを書き換える方が分かりやすいです
が、書き換える列が少ない場合はrenameの方が良いでしょう。よって、集約処理の数に応
じたAwesomeなコードです。

3-3
極値、代表値の算出

SQL
R
Python

　数値データのデータ分析をしたことがある人の中で、**平均値**を利用したことがない人は
いないでしょう。異なるデータ群（集合）を比較する際に、同じ列の数値データの平均値
同士を比較することは分析の基本です。平均はロジックが単純で理解しやすく、数値デー
タの特徴を表すのに非常に有効です。ただし、データの分布（ばらつき具合）を把握しな
いで、平均値の結果を鵜呑みにすると間違った認識をしてしまいます。

　たとえば、データ数が100個で、その平均値が100だと分かっているとしてます。しか
し、この情報だけでは「100が100個」、「50が50個、150が50個」、「1が99個、9901が1
個」のどのパターンなのか分かりません。このように平均値が同じでも、データの分布が
異なれば、データの特性は大きく異なります。

　したがって、平均値だけではデータの特徴を表現しきれないため、平均値以外にも**極値**

（最小値、最大値）、**代表値**（中央値[2]、パーセンタイル値[3]）や、さらには次節で解説するデータのばらつき具合の指標（分散、標準偏差）を確認することがデータの特徴を把握するために必要です。

　平均値は中央値やパーセンタイル値と比較して優れている点が1つあります。それは計算コストが低いことです。平均値はすべてのデータの合計値をデータ数で割ることで計算できます。この計算は並列処理が可能で、さらに合計値とデータ数をデータを読むごとに更新すれば良いだけなので、必要とするメモリ量も少ないです。一方で、中央値やパーセンタイル値を計算する場合は、ある程度のデータを数値の大小順に並び替え、把握しておく必要があります。その結果、並び替えた結果を把握するために多くのメモリ量を必要とし、さらに並び替えの計算にも時間がかかってしまいます。データ数が膨大なときは、中央値やパーセンタイル値を計算することは困難になると覚えておきましょう。

 代表値

　対象のデータセットはホテルの予約レコードです。予約テーブルから、ホテルごとの予約金額の最大値、最小値、平均値、中央値、20パーセンタイル値（近似値でも可）を算出しましょう（図3.3）。

図3.3 代表値の算出

reserve_id	hotel_id	customer_id	reserve_datetime	checkin_date	checkin_time	checkout_date	people_num	total_price
r92	h_2	c_16	2016-10-17 10:01:09	2016-10-18	11:30:00	2016-10-20	4	211200
r210	h_1	c_49	2016-07-09 23:28:18	2016-08-05	12:00:00	2016-08-08	2	156600
r330	h_1	c_76	2016-12-25 12:02:22	2016-12-30	10:00:00	2017-01-01	4	208800
r959	h_2	c_237	2016-08-10 04:24:45	2016-08-23	09:00:00	2016-08-26	2	158400
r1168	h_2	c_284	2016-12-09 21:45:40	2016-12-29	09:30:00	2016-12-30	2	52800
r1448	h_2	c_353	2016-09-29 20:11:03	2016-10-21	12:00:00	2016-10-22	1	26400
r1510	h_1	c_371	2016-03-11 17:44:52	2016-03-19	11:30:00	2016-03-20	3	78300
r1742	h_2	c_428	2016-06-01 05:59:23	2016-06-09	09:00:00	2016-06-12	4	316800
r1762	h_1	c_437	2016-06-20 15:26:53	2016-07-09	09:00:00	2016-07-11	1	52200
r1901	h_1	c_469	2016-10-28 06:16:14	2016-11-21	10:30:00	2016-11-22	1	26100
r2155	h_1	c_535	2016-12-02 21:56:33	2016-12-08	12:30:00	2016-12-11	1	78300
r2250	h_1	c_561	2018-04-14 10:23:17	2018-04-30	09:30:00	2018-05-01	1	104400
r2496	h_2	c_624	2016-03-17 14:01:12	2016-04-03	11:00:00	2016-04-04	1	26400
r2533	h_1	c_632	2017-02-07 21:36:39	2017-02-08	12:30:00	2017-02-09	4	104400
r2835	h_2	c_714	2016-05-11 04:56:56	2016-06-04	09:30:00	2016-06-07	1	79200
r2975	h_2	c_750	2016-12-07 03:34:23	2016-12-09	12:00:00	2016-12-10	4	105600
r3066	h_2	c_771	2016-04-09 12:47:40	2016-04-11	10:30:00	2016-04-13	2	105600
r3222	h_1	c_808	2017-04-12 14:07:48	2017-04-19	11:30:00	2017-04-21	3	156600
r3386	h_1	c_845	2016-02-13 18:48:17	2016-03-01	11:00:00	2016-03-03	3	156600
r3583	h_2	c_889	2016-11-27 11:25:45	2016-12-20	09:30:00	2016-12-22	1	52800
r3653	h_2	c_909	2017-02-07 23:06:03	2017-02-15	09:30:00	2017-02-16	2	52800

---

[2] 　中央値とは、値の大きさで並び替えたときに、中央に位置する値です。50%タイル値と同じ意味です。
[3] 　パーセンタイル値とは、値の大きさで並び替えたときに、指定した順位に位置する値です。たとえば、5%タイル値とは小さい値から数えて全体の5%の個数番目に相当する位置の値のことです。

3-3 極値、代表値の算出　　063

Part 2

3
集約

hotel_idごとに
total_priceの代表値を計算

hotel_id	price_max	price_min	price_avg	price_median	price_20per
h_1	208800	26100	112230	104400	73080
h_2	316800	26400	108000	79200	52800

サンプルコード▶003_aggregation/03

SQLによる前処理

　SQLでは、最大値はMAX関数、最小値はMIN関数、平均値はAVG関数、中央値は
MEDIAN関数、パーセンタイルはPERCENTILE_CONT関数が提供されています。

SQL **Awesome**　　　　　　　　　　　　　　　　　　　　sql_awesome.sql

```
SELECT
  hotel_id,

  -- total_priceの最大値を算出
  MAX(total_price) AS price_max,

  -- total_priceの最小値を算出
  MIN(total_price) AS price_min,

  -- total_priceの平均値を算出
  AVG(total_price) AS price_avg,

  -- total_priceの中央値を算出
  MEDIAN(total_price) AS price_med,

  -- PERCENTILE_CONT関数に0.2を指定し、20パーセントタイル値を算出
  -- ORDER BY句にtotal_priceを指定し、パーセンタイル値の対象列とデータの並べ方を指定
  PERCENTILE_CONT(0.2) WITHIN GROUP(ORDER BY total_price) AS price_20per

FROM work.reserve_tb
GROUP BY hotel_id
```

PERCENTILE_CONT関数は引数に何パーセンタイル値を算出するかを指定します。WITHIN GROUPは定型的な記述です。ORDER BYでは、パーセンタイル値の対象列の指定とパーセンタイル値を取得する際のデータの並び順を指定しています。

■Point

一度のGROUP BY句でまとめて集約処理を行っており、可読性が高く、処理に無駄もないAwesomeなコードです。また、PERCENTILE_CONT関数の算出処理が重い場合には、APPROXIMATE PERCENTILE_DISC関数を利用することで、算出処理を軽くすることができます。このAPPROXIMATE PERCENTILE_DISC関数はパーセンタイル値を近似的に出す関数で、多少の誤差が出ますが、その代わりに高速に計算できます。

Rによる前処理

Rでは、最大値はmax関数、最小値はmin関数、平均値はmean関数、中央値はmedian関数、パーセンタイルはquantile関数として提供されています。

R Awesome
r_awesome.R（抜粋）

```
reserve_tb %>%
  group_by(hotel_id) %>%


  # quantile関数にtotal_priceと対象の値を指定して20パーセンタイル値を算出
  summarise(price_max=max(total_price),
            price_min=min(total_price),
            price_avg=mean(total_price),
            price_median=median(total_price),
            price_20per=quantile(total_price, 0.2))
```

quantile関数は通常25%区切りのタイル値をとりますが、2つ目の引数に数値を指定することで、任意のパーセンタイル値を取得できます。

reserve_tb %>% summary()のようにsummary関数を呼び出すことで、平均値、分散値、4分位（25%単位のタイル値）などの代表値が自動で計算され、標準出力されます。データの全体感を把握するのに便利です。

3-3 極値、代表値の算出　065

Part 2

3
集約

> ### ■ Point
> 集約処理をまとめて実行し、可読性が高く、効率的な処理も実現しており Awesome です。

Python による前処理

　Python では、最大値は max 関数、最小値は min 関数、平均値は mean 関数、中央値は median 関数を利用します。ここまではすべて Pandas ライブラリですが、パーセンタイルは NumPy ライブラリの percentile 関数を利用します。同じ集約単位の集約処理が複数あるので、agg 関数を使いましょう。

Python Awesome

python_awesome.py（抜粋）

```python
# total_priceを対象にmax/min/mean/median関数を適用
# Pythonのラムダ式をagg関数の集約処理に指定
# ラムダ式にはnumpy.percentileを指定しパーセンタイル値を算出（パーセントは20を指定）
result = reserve_tb \
  .groupby('hotel_id') \
  .agg({'total_price': ['max', 'min', 'mean', 'median',
                        lambda x: np.percentile(x, q=20)]}) \
  .reset_index()
result.columns = ['hotel_id', 'price_max', 'price_min', 'price_mean',
                  'price_median', 'price_20per']
```

　agg 関数内では、パーセンタイル値の集計処理を文字列では指定できないので、ラムダ式を利用して指定しています。ラムダ式とは、lambda x: を記述したあとに x を処理する関数を書く記述式のことです。このときの x は、同じ hotel_id で集約された total_price のリストが渡されます。このようにラムダ式を利用することで、柔軟な集約関数の設定ができます。

　パーセンタイルの計算には、NumPy ライブラリの percentile 関数を利用しています。引数の q では、対象のパーセントを指定しています。

　reserve_tb.describe() のように describe 関数を呼び出すことで、R 同様に代表値を自動で計算し標準出力してくれます。

066　第3章　集約

■Point

ラムダ式を使うことによって、agg関数にまとめて集約処理を設定しているAwesomeな
コードです。とはいえ、ラムダ式を使うと少しコードがごちゃごちゃして見づらくなるの
で、準備されている関数を利用できる場合は、ラムダ式を使用するのは避けましょう。

3-4
ばらつき具合の算出

`SQL` `R` `Python`

　分散値／標準偏差値は、数値データのばらつき具合を表します。前節のデータの代表値
とともに算出することで、数値データの全体の傾向をより表現できるため有用です。利用
するときに、1つ注意すべき点があります。分散値、標準偏差値の計算式には、（データ
数 − 1）の値で割算する部分があり、データ数が1のときは0で割ることになり、分散値／
標準偏差値としてNullなどの不正な値が採用されてしまう点です。そのため、データ数
が1のときは別の値が入るように設定することが望ましいです。データ数1のときは、
データのバラツキがまったくないということを意味するので、通常は分散値／標準偏差値
のどちらの場合も0にしてください。

　分散値／標準偏差値は高校の数学でも学びますし、データのばらつきが分かる基本的な
指標なのにも関わらず、データ分析の基礎集計のときにまったく確認しない人が一定数い
ます。データはパートナーの心と同様に不安定でバラつきがあるものです。分散値／標準
偏差値とパートナーの気持ちを気にする癖を付けましょう。

Q 分散値と標準偏差値

　対象のデータセットはホテルの予約レコードです。予約テーブルから、各ホテルの
予約金額の分散値と標準偏差値を算出しましょう（図3.4）。ただし、予約が1件しか
ない場合は、分散値と標準偏差値を0としましょう。

3-4 ばらつき具合の算出　067

図3.4 分散値と標準偏差値の算出

reserve_id	hotel_id	customer_id	reserve_datetime	checkin_date	checkin_time	checkout_date	people_num	total_price
r92	h_2	c_16	2016-10-17 10:01:09	2016-10-18	11:30:00	2016-10-20	4	211200
r210	h_1	c_49	2016-07-09 23:28:18	2016-08-05	12:00:00	2016-08-08	2	156600
r330	h_1	c_76	2016-12-25 12:02:22	2016-12-30	10:00:00	2017-01-01	4	208800
r959	h_2	c_237	2016-08-10 04:24:45	2016-08-23	09:00:00	2016-08-26	2	158400
r1168	h_2	c_284	2016-12-09 21:45:40	2016-12-29	09:30:00	2016-12-30	2	52800
r1448	h_2	c_353	2016-09-29 20:11:03	2016-10-21	12:00:00	2016-10-22	1	26400
r1510	h_1	c_371	2016-03-11 17:44:52	2016-03-19	11:30:00	2016-03-20	3	78300
r1742	h_2	c_428	2016-06-01 05:59:23	2016-06-09	09:00:00	2016-06-12	4	316800
r1762	h_1	c_437	2016-06-20 15:26:53	2016-07-09	09:00:00	2016-07-11	1	52200
r1901	h_1	c_469	2016-10-28 06:16:14	2016-11-21	10:30:00	2016-11-22	1	26100
r2155	h_1	c_535	2016-12-02 21:56:33	2016-12-08	12:30:00	2016-12-11	1	78300
r2250	h_1	c_561	2018-04-14 10:23:17	2018-04-30	09:30:00	2018-05-01	4	104400
r2496	h_2	c_624	2016-03-17 14:01:12	2016-04-03	11:00:00	2016-04-04	1	26400
r2533	h_1	c_632	2017-02-07 21:36:39	2017-02-08	12:30:00	2017-02-09	4	104400
r2835	h_2	c_714	2016-05-11 04:56:56	2016-06-04	09:30:00	2016-06-07	1	79200
r2975	h_2	c_750	2016-12-07 03:34:23	2016-12-09	12:00:00	2016-12-10	4	105600
r3066	h_2	c_771	2016-04-09 12:47:40	2016-04-11	10:30:00	2016-04-13	2	105600
r3222	h_1	c_808	2017-04-12 14:07:48	2017-04-19	11:30:00	2017-04-21	3	156600
r3386	h_1	c_845	2016-02-13 18:48:17	2016-03-01	11:00:00	2016-03-03	3	156600
r3583	h_2	c_889	2016-11-27 11:25:45	2016-12-20	09:30:00	2016-12-22	1	52800
r3653	h_2	c_909	2017-02-07 23:06:03	2017-02-15	09:30:00	2017-02-16	2	52800

↓ hotel_idごとに
total_priceのばらつき具合を計算

hotel_id	price_var	price_std
h_1	3186549000	56449.53
h_2	8008704000	89491.36

サンプルコード▶003_aggregation/04

SQLによる前処理

　SQLでは、分散値はVARIANCE関数、標準偏差値はSTDDEV関数で計算できます。また、COALESCE関数を利用することで、データ数が1のときの分散値と標準偏差値を0に設定できます。

SQL Awesome　　　　　　　　　　　　　　　　　　sql_awesome.sql

```
SELECT

  hotel_id,


  -- VARIANCE関数にtotal_priceを指定し、分散値を算出

  -- COALESCE関数によって、分散値がNULLのときは0に変換

  COALESCE(VARIANCE(total_price), 0) AS price_var,



  -- データ数が2件以上の場合は、STDDEV関数にtotal_priceを指定し、標準偏差値を算出
```

```
  COALESCE(STDDEV(total_price), 0) AS price_std


FROM work.reserve_tb
GROUP BY hotel_id
```

　VARIANCE関数によって分散、STDDEV関数によって標準偏差を計算しています。データ数が1件の場合には、ともにNULLを返します。

　COALESCE関数は引数に指定された値の中でNULLでない値を返す関数です。引数に指定された順番が小さいほど優先されます。

■ Point

COALESCE関数を利用することで、データ数が1件の場合に分散値と標準偏差値に0を入れる、Awesomeなコードです。COALESCE関数はこの他にも利用できる機会がたくさんあるので覚えておきましょう。

Rによる前処理

　Rでは、分散値はvar関数、標準偏差値はsd関数で計算できます。集約処理時に条件に応じて値を変えることは難しいため、不正な値が入ったあとに修正する方法で、データ数が1件の場合に分散値と標準偏差値を0に変換します。

R Awesome

r_awesome.R（抜粋）

```
reserve_tb %>%
  group_by(hotel_id) %>%


  # var関数にtotal_priceを指定し、分散値を算出
  # sd関数にtotal_priceを指定し、標準偏差値を算出
  # データ数が1件だったときにNAとなるので、
  # coalesce関数を利用して、NAの場合に0に置換
  summarise(price_var=coalesce(var(total_price), 0),
            price_std=coalesce(sd(total_price), 0))
```

var関数によって分散、sd関数によって標準偏差を計算しています。データ数が1件だったときは、分散値と標準偏差値がNAになります。これを避けるために、coalesce関数を利用して0に置き換えています。coalesce関数はSQLと同様に引数に指定された値の中でNULLでない値を返す関数で、引数に指定された順番が小さいほど優先されます。また、replace_na関数を利用して、分散値と標準偏差値を計算したあとに、replace_na(list(price_var=0, price_std=0))と記述することでも実現できます。

replace_na関数はNAを置き換える列名と置き換える値を組み合わせたリストを引数に渡すことで、NAの値を指定した値に置き換えることができます。この他にも、result[is.na(result)] <- 0という書き方もできます。このコードは、NAとなっているすべての値を呼び出し、0に置き換えています。関係ないNAの値も一緒に0に置き換えられるので注意が必要です。

▊ Point

dplyrによって簡単に集約処理を実現し、dplyrでは設定が難しいデータ数に応じた値の変更は、coalesce関数によって実現しています。使い分けがうまいAwesomeなコードです。

Pythonによる前処理

Pythonでは、分散値はvar関数、標準偏差値はstd関数で計算できます。R同様に、不正な値が入ったあとに修正する方法で、データ数が1件の場合に分散値と標準偏差値を0に変換します。不正な値naの置換は、fillna関数で実現できます。

Python Awesome

python_awesome.py（抜粋）

```python
# total_priceに対して、var関数とstd関数を適用し、分散値と標準偏差値を算出
result = reserve_tb \
  .groupby('hotel_id') \
  .agg({'total_price': ['var', 'std']}).reset_index()
result.columns = ['hotel_id', 'price_var', 'price_std']

# データ数が1件だったときは、分散値と標準偏差値がnaになっているので、0に置き換え
result.fillna(0, inplace=True)
```

var関数によって分散、std関数によって標準偏差を計算しています。R同様に、データ数が1件だったときは、分散値と標準偏差値がNAになっています。これを、fillna関数によって0に置き換えています。置き換える範囲は、DataFrame内のすべてのNAなので、関係のない値まで置換されないよう注意してください。

> **Point**
> agg関数を利用して、スマートかつ同時に分散値と標準偏差値を算出しています。また、fillna関数を用いてデータが1件の場合に分散値と標準偏差値を0に変換しています。3行ですべての処理を実現しているAwesomeなコードです。よりAwesomeなコードにするには、fillna関数のvalues引数に、dictionaryオブジェクト（keyがNAを置換する列名、valueがNAを置換する値）を指定することで、特定の列のみ置換するようにします。これによって意図しないNAの置換を防ぐことができます。今回の例題であれば、result.fillna(values = {'price_var': 0, 'price_std': 0}, inplace=True)のように書きます。

3-5 最頻値の算出

`SQL` `R` `Python`

　代表値は数値データだけではなくカテゴリ値にも存在します。それは**最頻値**です。最頻値とは、最も多く出現している値のことです。数値でも、カテゴリ値に変換することによって最頻値を利用できます。たとえば、数値を四捨五入で整数化したり、100ごとのレンジで値をカテゴリ化（十の桁を切り捨てて、143→100、1233→1200などの変換）して、最頻値を利用します。

 最頻値

　対象のデータセットは、ホテルの予約レコードです。予約テーブルの予約金額を1000単位にカテゴリ化して最頻値を算出しましょう（図3.5）。

3-5 最頻値の算出

図3.5 最頻値の算出

reserve_id	hotel_id	customer_id	reserve_datetime	checkin_date	checkin_time	checkout_date	people_num	total_price
r1	h_75	c_1	2016-03-06 13:09:42	2016-03-26	10:00:00	2016-03-29	4	97200
r2	h_219	c_1	2016-07-16 23:39:55	2016-07-20	11:30:00	2016-07-21	2	20600
r3	h_179	c_1	2016-09-24 10:03:17	2016-10-19	09:00:00	2016-10-22	2	33600
r4	h_214	c_1	2017-03-08 03:20:10	2017-03-29	11:00:00	2017-03-30	4	194400
r5	h_16	c_1	2017-09-05 19:50:37	2017-09-22	10:30:00	2017-09-23	3	68100
r6	h_241	c_1	2017-11-27 18:47:05	2017-12-04	12:00:00	2017-12-06	3	36000
r7	h_256	c_1	2017-12-29 10:38:36	2018-01-25	10:30:00	2018-01-28	1	103500
r8	h_241	c_1	2018-05-26 08:42:51	2018-06-08	10:00:00	2018-06-09	1	6000
r9	h_217	c_2	2016-03-05 13:31:06	2016-03-25	09:30:00	2016-03-27	3	68400
r10	h_240	c_2	2016-06-25 09:12:22	2016-07-14	11:00:00	2016-07-17	4	320400
r11	h_183	c_2	2016-11-19 12:49:10	2016-12-08	11:00:00	2016-12-11	1	29700
r12	h_268	c_2	2017-05-24 10:06:21	2017-06-20	09:00:00	2017-06-21	4	81600
r13	h_223	c_2	2017-10-19 03:03:30	2017-10-21	09:30:00	2017-10-23	1	137000
r14	h_133	c_2	2018-02-18 05:12:58	2018-03-12	10:00:00	2018-03-15	2	75600
r15	h_92	c_2	2018-04-19 11:25:00	2018-05-04	12:30:00	2018-05-05	2	68800
r16	h_135	c_2	2018-07-06 04:18:28	2018-07-08	10:00:00	2018-07-09	4	46400
r17	h_115	c_3	2016-05-10 12:20:32	2016-05-17	10:00:00	2016-05-19	2	164000
r18	h_132	c_3	2016-10-22 02:18:48	2016-11-12	12:00:00	2016-11-13	1	20400
r19	h_23	c_3	2017-01-11 22:54:09	2017-02-08	10:00:00	2017-02-10	3	390600
r20	h_292	c_3	2017-02-23 07:10:30	2017-03-03	11:00:00	2017-03-04	2	18200

total_priceの1000単位の四捨五入後の
再頻値を算出

"68000"

サンプルコード▶003_aggregation/05

SQLによる前処理

データベースによっては、最頻値を算出する関数がありません。最頻度を計算するためには、一度出現回数を算出したあとに、出現回数が最大となるカテゴリ値を見付けるSQLを書く必要があります。

SQL Not Awesome　　　　　　　　　　　　　　　　　　sql_1_not_awesome.sql

```
WITH rsv_cnt_table AS(
  SELECT
    -- Round関数によって四捨五入し、total_priceを1000単位の値に変換
    ROUND(total_price, -3) AS total_price_round,

    -- COUNT関数で金額別の予約数を算出
    COUNT(*) AS rsv_cnt

  FROM work.reserve_tb
```

072　第**3**章　集約

```
  -- ASで新たに命名した列名total_price_roundを指定して、予約金額の1000単位で集約
  GROUP BY total_price_round
)
SELECT
  total_price_round
FROM rsv_cnt_table

-- ()内のクエリによって最頻値の値を取得し、WHERE句で最頻値と一致するものを抽出
WHERE rsv_cnt = (SELECT max(rsv_cnt) FROM rsv_cnt_table)
```

　ROUND関数は指定した桁数で四捨五入をする関数です。引数は対象の列と四捨五入後の有効桁数を小数第n位のnとして指定します（327.57なら、1を指定すると327.6、0を指定すると328、-1を指定すると330となります）。

　WHERE rsv_cnt = (SELECT max(rsv_cnt) FROM rsv_cnt_table)のように、()でSQLを記述し、その値をSQLの記述として利用する書き方をサブクエリと呼びます。このコードでは、サブクエリで取得した最大の予約数をWHERE句の条件の値として利用しています。データベースによりますが、以前はこのサブクエリを利用すると処理が遅くなりやすかったのでアンチパターンとされていましたが、現在ではシンプルな処理のサブクエリであれば大きな問題にはなりません。

■Point

計算は問題なくできていますが、WITH句もサブクエリも使った複雑なSQLになってしまっています。可読性が低く、Awesomeなコードとは言えません。

SQL Awesome

sql_2_awesome.sql

```
SELECT
  ROUND(total_price, -3) AS total_price_round
FROM work.reserve_tb
GROUP BY total_price_round

-- COUNT関数で算出した金額別の予約数を大きい順に並び替え（DESCを付けると昇順）
```

3-5 最頻値の算出　073

Part 2

3
集約

```
ORDER BY COUNT(*) DESC

-- LIMIT句で最初の1件のみ結果を取得
LIMIT 1
```

　LIMIT句によって取得する件数を制限できます。ただし、必要な計算処理が減るわけではないので注意してください。たとえば、ORDER BYがある場合は、並べ替え処理がすべて終わったあとに結果が返ってきます（ただし、データベースのオプティマイザがSQLからクエリの実行計画を賢く変換してくれている場合には、処理が早くなります）。

■Point
コードが短く、可読性の高いAwesomeなコードです。また、ORDER BYを使っていますが、集約後の並び替えなので、集約後のレコード数が膨大でない限りは現実的な時間で計算できます。ただし、レコード数が膨大にある場合は、処理量を考えると前述のNot Awesomeのコードを利用する方が好ましいです。時として、AwesomeとNot Awesomeは表裏一体なのです。

Rによる前処理

　SQLと同様に、Rには最頻値を計算する関数（mode）がありません。そのため、一度出現回数を算出したあとに、最大となるものを見付ける処理で実現します。単純な関数の組み合わせで実現できますが、組み合わせ数が多くなってしまいます。

R Not Awesome
r_not_awesome.R（抜粋）

```
# round関数で、total_priceを1000単位で四捨五入
# table関数で、算出した金額別の予約数を算出
# （ベクトルの属性情報（names）が算出した金額、ベクトルの値が予約数）
# which.max関数によって、予約数が最大のベクトル要素を取得
# names関数によって、予約数が最大のベクトル要素の属性情報（names）を取得
names(which.max(table(round(reserve_tb$total_price, -3))))
```

　round関数は指定した桁数で四捨五入を行う関数です。引数は対象の列と四捨五入後の有効桁数を小数第n位のnとして指定します。

table関数は渡された引数のベクトルの各値のデータ数を計算し、その結果のベクトルを返します。結果のベクトルは、ベクトルの属性情報（names）にカウントした各値、ベクトルの値にデータ数が設定されています。

which.max関数は渡されたベクトルの最大値となるベクトルの要素を取得できます。同様に、which.min関数は渡されたベクトルの最小値となるベクトルの要素を取得します。

names関数は渡されたベクトルの属性情報（names）を取得します。

■ Point

関数の組み合わせが多く、一見分かりにくく、Awesomeなコードとは言えません。しかし、処理に大きな無駄があるわけではないので、このコードにならってmode関数を自ら定義することで可読性の高いコードが実現できます。

Pythonによる前処理

Pythonでは、なんと最頻値を算出するmode関数が提供されています。SQLとRの解答を確認してからみると、普段当たり前だと思っていたことがこんなにもありがたいことだったのだと気付くことでしょう。これはプログラミングだけではなく、私生活にも点在しているので、日々の当たり前に感謝していきましょう。

Python Awesome

python_awesome.py（抜粋）

```python
# round関数で四捨五入したあとに、mode関数で最頻値を算出
reserve_tb['total_price'].round(-3).mode()
```

SQL、R同様にPythonにもround関数は存在し、呼び出し元の値を四捨五入します。引数は四捨五入後の有効桁数を小数第n位のnとして指定します。

mode関数は呼び出し元の値の最頻値を算出します。

■ Point

mode関数のおかげで簡潔なAwesomeコードとなっています。SQL、Rの解答例を書くのに疲れたのでもう一度言います。このPythonコードはAwesomeです！

3-6
順位の算出

　前処理において、まれに**順位付け**を利用することがあります。たとえば、対象のデータを絞る際に順位を利用したり、複雑な時系列の結合をする際に時間順に順位付けし、結合条件に利用することもできます。

　順位付けをする際には、計算コストに注意する必要があります。順位付けには並び替えを実施する必要があり、データ数が多いと計算コストが跳ね上がってしまうからです。しかし、順位付けを行う範囲を小分けにする（ユーザごとにログを時間順に並び変えるなど）ことで、計算コストを減らすことができます。このような、グループごとに並べ替えを行い順位付けをする計算は、**Window関数**を利用すると簡潔かつ計算パフォーマンス良く書けます。Window関数は集約関数の1つですが、通常の集約関数とは違う点があります。それは、行を集約せず、集約した値を計算してから各行に付与するという点です。

● 順位付けの関数

　同じ値をとる複数のデータが存在する際に、順位をどのように付けるのかは、順位付けを行うときの関数の種類およびパラメータの設定によって操作できます。表3.1は、選択した関数の種類およびパラメータの設定に応じて、予約回数と順位がどのようになるかを示しています。予約回数の多い順ほど、順位が小さくなるようにしています。

表3.1 順位付け関数と予約回数による順位表示

予約回数	min_rank(R) / min(Python) / RANK(SQL)	max (Python)	row_number(R) / first(Python) / ROW_NUMBER(SQL)	last (Python)	random (Python)	average (Python)	dense_rank(R)
6	1	1	1	1	1	1	1
3	2	5	2	5	5	3.5	2
3	2	5	3	4	3	3.5	2
3	2	5	4	3	4	3.5	2
3	2	5	5	2	2	3.5	2
2	6	6	6	6	6	6	3

　下記で順位付け関数の補足をします。

- min_rank / min / RANK：同値順位2〜5位の最小となる2位を選択
- max：同値順位2〜5位の最大となる5位を選択
- row_number /first / ROW_NUMBER：同値順位2〜5位の中から最初に読み込まれたものから小さな順位を選択
- last：同値順位2〜5位の中から最後に読み込まれたものから小さな順位を選択
- random：同値順位2〜5位の中から各データがランダムで順位を選択（重複はしない）
- average：同値順位2〜5位の平均となる3.5位を選択
- dense_rank：同値順位2〜5位の最小の順位2位を選択し、次の順位を3位とする

 時系列に番号を付与

対象のデータセットは、ホテルの予約レコードです。予約テーブルを利用して、顧客ごとに予約日時の順位を古い順に付けましょう。同じ予約日時の場合は、データ行の読み込み順に小さな順位を付けましょう（図3.6）。

図3.6 時系列順に番号を付与

reserve_id	hotel_id	customer_id	reserve_datetime	checkin_date	checkin_time	checkout_date	people_num	total_price
r1	h_75	c_1	2016-03-06 13:09:42	2016-03-26	10:00:00	2016-03-29	4	97200
r2	h_219	c_1	2016-07-16 23:39:55	2016-07-20	11:30:00	2016-07-21	2	20600
r3	h_179	c_1	2016-09-24 10:03:17	2016-10-19	09:00:00	2016-10-22	2	33600
r4	h_214	c_1	2017-03-08 03:20:10	2017-03-29	11:00:00	2017-03-30	4	194400
r5	h_16	c_1	2017-09-05 19:50:37	2017-09-22	10:30:00	2017-09-23	3	68100
r6	h_241	c_1	2017-11-27 18:47:05	2017-12-04	12:00:00	2017-12-06	3	36000
r7	h_256	c_1	2017-12-29 10:38:36	2018-01-25	10:30:00	2018-01-28	1	103500
r8	h_241	c_1	2018-05-26 08:42:51	2018-06-08	10:00:00	2018-06-09	1	6000
r9	h_217	c_2	2016-03-05 13:31:06	2016-03-25	09:30:00	2016-03-27	3	68400
r10	h_240	c_2	2016-06-25 09:12:22	2016-07-14	11:00:00	2016-07-17	4	320400
r11	h_183	c_2	2016-11-19 12:49:10	2016-12-08	11:00:00	2016-12-11	1	29700
r12	h_268	c_2	2017-05-24 10:06:21	2017-06-20	09:00:00	2017-06-21	4	81600
r13	h_223	c_2	2017-10-19 03:03:30	2017-10-21	09:30:00	2017-10-23	1	137000
r14	h_133	c_2	2018-02-18 05:12:58	2018-03-12	10:00:00	2018-03-15	2	75600
r15	h_92	c_2	2018-04-19 11:25:00	2018-05-04	12:30:00	2018-05-05	2	68800
r16	h_135	c_2	2018-07-06 04:18:28	2018-07-08	10:00:00	2018-07-09	4	46400

↓ customer_idごとに reserve_datetime順に log_noとして順位を付与

reserve_id	hotel_id	customer_id	reserve_datetime	checkin_date	checkin_time	checkout_date	people_num	total_price	log_no
r1	h_75	c_1	2016-03-06 13:09:42	2016-03-26	10:00:00	2016-03-29	4	97200	1
r2	h_219	c_1	2016-07-16 23:39:55	2016-07-20	11:30:00	2016-07-21	2	20600	2
r3	h_179	c_1	2016-09-24 10:03:17	2016-10-19	09:00:00	2016-10-22	2	33600	3
r4	h_214	c_1	2017-03-08 03:20:10	2017-03-29	11:00:00	2017-03-30	4	194400	4
r5	h_16	c_1	2017-09-05 19:50:37	2017-09-22	10:30:00	2017-09-23	3	68100	5
r6	h_241	c_1	2017-11-27 18:47:05	2017-12-04	12:00:00	2017-12-06	3	36000	6
r7	h_256	c_1	2017-12-29 10:38:36	2018-01-25	10:30:00	2018-01-28	1	103500	7
r8	h_241	c_1	2018-05-26 08:42:51	2018-06-08	10:00:00	2018-06-09	1	6000	8
r9	h_217	c_2	2016-03-05 13:31:06	2016-03-25	09:30:00	2016-03-27	3	68400	1
r10	h_240	c_2	2016-06-25 09:12:22	2016-07-14	11:00:00	2016-07-17	4	320400	2
r11	h_183	c_2	2016-11-19 12:49:10	2016-12-08	11:00:00	2016-12-11	1	29700	3
r12	h_268	c_2	2017-05-24 10:06:21	2017-06-20	09:00:00	2017-06-21	4	81600	4
r13	h_223	c_2	2017-10-19 03:03:30	2017-10-21	09:30:00	2017-10-23	1	137000	5
r14	h_133	c_2	2018-02-18 05:12:58	2018-03-12	10:00:00	2018-03-15	2	75600	6
r15	h_92	c_2	2018-04-19 11:25:00	2018-05-04	12:30:00	2018-05-05	2	68800	7
r16	h_135	c_2	2018-07-06 04:18:28	2018-07-08	10:00:00	2018-07-09	4	46400	8

サンプルコード▶003_aggregation/06_a

SQLによる前処理

　同じ予約日時の場合に、データ行の読み込み順に順位を付けるには、Window関数の一種であるROW_NUMBER関数を利用します。

　SQLのWindow関数は、GROUP BY句を利用せずに、集約単位、集約範囲や値の並び順を指定します。指定方法は下記の通りで、Window関数によってどれが設定できるかは異なります。

- PARTITION BY：集約単位を指定
- ORDER BY：集約した際の並び方を指定
- BETWEEN：自身の行を基準に集約対象の先頭のデータ行と最後尾のデータ行を設定
  - n PRECEDING：n件前
  - CURRENT ROW：自身の行
  - n FOLLOWING：n件後

SQL Awesome

sql_awesome.sql

```
SELECT
  *,

  -- ROW_NUMBERで順位を取得

  -- PARTITION by customer_idで顧客ごとに順位を取得するよう設定
```

078　第 **3** 章　集約

```
-- ORDER BY reserve_datetimeで順位を予約日時の古い順に設定
ROW_NUMBER()
  OVER (PARTITION BY customer_id ORDER BY reserve_datetime) AS log_no

FROM work.reserve_tb
```

　ROW_NUMBER関数によって順位を計算しています。PARTITION BYに列名を設定することで、順位を決める集約単位を設定できます。このコードでは、customer_idを設定することで顧客ごとに順位を付けています。また、ORDER BYに列名を設定することで、順位を決める方法を設定できます。そして、reserve_datetimeを設定することで予約日時の古い順に設定しています。OVERは定型記述なので気にしないでください。

■Point
Window関数のROW_NUMBER関数を利用することで、結合処理を利用せずに、可読性高く、処理効率の良いAwesomeなコードを実現しています。

Rによる前処理

　Rでは、同値の場合の順位の付け方によって利用する関数が異なります。この場合は、row_number関数を利用します。

R Awesome
r_awesome.R（抜粋）

```
# row_number関数で並び替えるために、データ型を文字列からPOSIXct型に変換
# (「第10章 日時型で解説」)
reserve_tb$reserve_datetime <-
  as.POSIXct(reserve_tb$reserve_datetime, format='%Y-%m-%d %H:%M:%S')

reserve_tb %>%

  # 集約単位の指定はgroup_by関数を利用
  group_by(customer_id) %>%

  # mutate関数によって、新たな列log_noを追加
```

3-6 順位の算出　079

```
# row_number関数によって、予約日時を基準とした順位を計算
mutate(log_no=row_number(reserve_datetime))
```

　mutate関数はdata.frameに新たな列を追加できる関数です。イコール（=）の左に新たな列名、右に新たな列の値を設定します。

　row_number関数は順位を算出する関数です。文字列を指定して順位を算出することはできません。日時のような文字列の場合は、大小を比較できる日時用のデータ型に変換する必要があります。日時用のデータ型については、「**第10章 日時型**」で詳しく解説します。

Point

dplyrパッケージはWindow関数を利用するときにも、簡潔に処理効率の良いコードが書けるようになっています。またmutate関数を使うことで、新たな列の追加が明示され分かりやすくなり、まさにAwesomeなコードでしょう。

Pythonによる前処理

　Pythonでは、rank関数を利用します。rank関数は文字列には対応していません。今回の例題では順位を付ける基準は予約日時なので、データ型を文字列からtimestamp型に変更しておく必要があります。

Python Awesome

phython_awesome.py（抜粋）

```
# rank関数で並び替えるために、データ型を文字列からtimestamp型に変換
# (「第10章 日時型」で解説)
reserve_tb['reserve_datetime'] = pd.to_datetime(
  reserve_tb['reserve_datetime'], format='%Y-%m-%d %H:%M:%S'
)


# log_noを新たな列として追加
# 集約単位の指定はgroup_byを利用
# 顧客ごとにまとめたreserve_datetimeを生成し、rank関数によって順位を生成
# ascendingをTrueにすることで昇順に設定(Falseだと降順に設定)
reserve_tb['log_no'] = reserve_tb \
```

```
.groupby('customer_id')['reserve_datetime'] \
.rank(ascending=True, method='first')
```

rank関数は順位付けを行う関数です。method引数によって、同じ値のデータが複数存在したときの順位の決定方法を指定できます。前述の順位付けの例の表を参考にしてください。また、ascending引数によって、並び方の昇順／降順が指定できます。

■ Point
事前のデータ型の変換は必要ですが、結合処理の必要なく、Window関数によって簡単に順位を算出できているAwesomeなコードです。assign関数を利用すると、DataFrameがコピーされるので気を付けましょう。

Q ランキング

対象のデータセットは、ホテルの予約レコードです。予約テーブルを利用して、ホテルごとの予約数に順位付けしましょう。同じ予約数の場合は、同予約数の全ホテルに最小の順位を付けましょう（図3.7）。

図3.7 ランキングの付与

```
      reserve_id hotel_id customer_id    reserve_datetime checkin_date checkin_time checkout_date  people_num  total_price
             r92      h_2        c_16 2016-10-17 10:01:09   2016-10-18     11:30:00    2016-10-20           4       211200
            r210      h_1        c_49 2016-07-09 23:28:18   2016-08-05     12:00:00    2016-08-08           2       156600
            r330      h_1        c_76 2016-12-25 12:02:22   2016-12-30     10:00:00    2017-01-01           4       208800
            r959      h_2       c_237 2016-08-10 04:24:45   2016-08-23     09:00:00    2016-08-26           2       158400
           r1168      h_2       c_284 2016-12-09 21:45:40   2016-12-29     09:30:00    2016-12-30           2        52800
           r1448      h_2       c_353 2016-09-29 20:11:03   2016-10-21     12:00:00    2016-10-22           1        26400
           r1510      h_1       c_371 2016-03-11 17:44:52   2016-03-19     11:30:00    2016-03-20           3        78300
           r1742      h_2       c_428 2016-06-01 05:59:23   2016-06-09     09:00:00    2016-06-12           4       316800
           r1762      h_1       c_437 2016-06-20 15:26:53   2016-07-09     09:00:00    2016-07-11           1        52200
           r1901      h_1       c_469 2016-10-28 06:16:14   2016-11-21     10:30:00    2016-11-22           1        26100
           r2155      h_1       c_535 2016-12-02 21:56:33   2016-12-08     12:30:00    2016-12-11           1        78300
           r2250      h_1       c_561 2018-04-14 10:23:17   2018-04-30     09:30:00    2018-05-01           4       104400
           r2496      h_2       c_624 2016-03-17 14:01:12   2016-04-03     11:00:00    2016-04-04           1        26400
           r2533      h_1       c_632 2017-02-07 21:36:39   2017-02-08     12:30:00    2017-02-09           4       104400
           r2835      h_2       c_714 2016-05-11 04:56:56   2016-06-04     09:30:00    2016-06-07           1        79200
           r2975      h_2       c_750 2016-12-07 03:34:23   2016-12-09     12:00:00    2016-12-10           4       105600
           r3066      h_2       c_771 2016-04-09 12:47:40   2016-04-11     10:30:00    2016-04-13           2       105600
           r3222      h_1       c_808 2017-04-12 14:07:48   2017-04-19     11:30:00    2017-04-21           3       156600
           r3386      h_1       c_845 2016-02-13 18:48:17   2016-03-01     11:00:00    2016-03-03           3       156600
           r3583      h_2       c_889 2016-11-27 11:25:45   2016-12-20     09:30:00    2016-12-22           1        52800
           r3653      h_2       c_909 2017-02-07 23:06:03   2017-02-15     09:30:00    2017-02-16           2        52800
```

hotel_idごとに予約数を算出

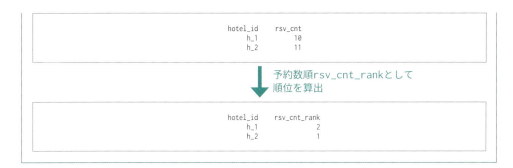

サンプルコード▶003_aggregation/06_b

SQLによる前処理

　SQLでは集約処理と同時にWindow関数の処理を書くことができます。この例題では、ホテルごとの予約数を算出すると同時に、その値を用いて順位を算出しています。

SQL Awesome　　　　　　　　　　　　　　　　　　　　　　sql_awesome.spl

```sql
SELECT
  hotel_id,

  -- RANK関数で予約数の順位を指定
  -- COUNT(*)をRANKの基準として指定(集約したあとの予約数に対して順位を付ける算出処理)
  -- DESCを付けることによって、降順を指定
  RANK() OVER (ORDER BY COUNT(*) DESC) AS rsv_cnt_rank

FROM work.reserve_tb

-- hotel_idを集約単位に指定、予約数を計算するための集約指定でRANK関数には関係なし
GROUP BY hotel_id
```

　RANK関数はROW_NUMBER同様に順位を算出する関数です。違いは、同じ値のデータが複数あったときの順位の付け方のみです。前述の順位付けの例を示した表3.1を参考にしてください。

082　第**3**章　集約

■ Point

このコードは、2段階の処理を1つのクエリにまとめています。1段階目の処理は、ホテルごとに予約数を計算する処理です。GROUP BY句を利用して、hotel_idごとに COUNT(*) を計算することで予約数を計算しています。2段階目の処理は、ホテルごとの予約数に基づいて順位を算出する処理です。これは、RANK関数のORDER BY句に COUNT(*) を指定することで、集約して計算した結果をそのまま順位計算に利用しています。コードはシンプルで読みやすい、1クエリで2度美味しい Awesome なコードです。

Rによる前処理

　この例題は、dplyrパッケージのパイプでつなげる処理（パイプライン）のすばらしさが分かります。パイプをさらさらと流れるようなコードを書いてみましょう。

R Awesome　　　　　　　　　　　　　　　　　　　　　　　　　　r_awesome.R（抜粋）

```
reserve_tb %>%

    # ホテルごとの予約回数の計算のために、hotel_idを集約単位に指定
    group_by(hotel_id) %>%

    # データの件数を計算し、ホテルごとの予約回数を計算
    summarise(rsv_cnt=n()) %>%

    # 予約回数をもとに順位を計算、desc関数を利用することで降順に変更
    # transmute関数によって、rsv_cnt_rankを生成し、
    # 必要なhotel_idとrsv_cnt_rankのみ抽出
    transmute(hotel_id, rsv_cnt_rank=min_rank(desc(rsv_cnt)))
```

　transmute関数はmutate関数と同様に新たな列を追加できますが、transmute関数は指定した列のみ残します。つまり、mutate関数とselect関数を組み合わせた機能を持っています。

　min_rank関数などの順位を計算する際に並び順を降順に変えるには、並び替え時に参照する列に対してdesc関数を適用させることで実現できます。

3-6 順位の算出 083

Part 2

3
集約

■ Point

このコードから、あなたにもパイプの中をデータが楽しそうにさらさらと処理の流れにそっ
て流れていくのが見えたことでしょう。dplyrパッケージを用いたパイプライン処理は、連
続した処理を可読性高く、さらに処理効率よく書くことができるのです。他のコードとは一
味違う、流れきらめくAwesomeなコードと言えるでしょう。

Python による前処理

　Pythonでは、SQLのように集約処理とWindow関数の適用を同時にできません。また、
Pythonにも pipe関数というパイプラインで連続する処理を記述する方法があるのですが、
Rのパイプライン記述ほど使い勝手は良くなく、利用している人もあまりいません。その
ためPythonでは、処理を2段階に分け、確実に前処理を完遂していく必要があります（関数
呼び出しをつなげていく方法もありますが、可読性の観点からやはりお勧めできません）。

Python Awesome

python_good.py（抜粋）

```python
# 予約回数を計算（「3-1 データ数、種類数の算出」の例題を参照）
rsv_cnt_tb = reserve_tb.groupby('hotel_id').size().reset_index()
rsv_cnt_tb.columns = ['hotel_id', 'rsv_cnt']


# 予約回数をもとに順位を計算
# ascendingをFalseにすることで降順に指定
# methodをminに指定し、同じ値の場合は取り得る最小順位に指定
rsv_cnt_tb['rsv_cnt_rank'] = rsv_cnt_tb['rsv_cnt'] \
  .rank(ascending=False, method='min')


# 必要のないrsv_cntの列を削除
rsv_cnt_tb.drop('rsv_cnt', axis=1, inplace=True)
```

■ Point

PythonとしてはAwesomeなコードなのですが、SQLやRと比較するとやや冗長なコード
になってしまっています。降順はオプションで対応できていますし、処理効率も悪いコード
ではありません。しかし、Pythonのコードを見てみると、Rと比較してややアドホックな
分析をしづらいケースがあることが分かりますね。

第4章 結合

　必要なデータが1つのテーブルにすべて入っていることはまれです。業務システムのデータベースは、データの種類ごとにテーブルが分かれているからです。一方、データ分析用のデータは1つのテーブルにまとまった横に長いデータが望ましく、そのようなデータを得るためにはテーブル同士を**結合**する処理が必要になります。本書では、次の3種類の結合について解説します。

1. マスタテーブルから情報を取得
2. 条件に応じて結合するマスタテーブルを切り替え
3. 過去データから情報を取得

4-1
マスタテーブルの結合

SQL
R
Python

　最もよく行われる結合は、レコードテーブルとマスタテーブルの結合です。

　マスタテーブルとは、マスタデータを集めたテーブルです。マスタデータとは、ある要素に対する共通のデータをまとめたデータです。たとえば、顧客マスタデータでは顧客ごとに顧客の氏名や年齢、性別、住所などがまとめられています。また、通常マスタデータ内には、マスタテーブル中でユニークとなるIDを持っています。このIDをレコードデータ内に持つことによって、レコードデータは対象のマスタデータをIDだけで表現できます。たとえば、顧客の購買テーブルに顧客マスタIDを持つことによって、購買した顧客を表すことができます。レコードデータにマスタデータの情報を付与したいときには、このIDを利用して結合します。

　レコードテーブルとマスタテーブルの結合処理は、結合処理（join）によって簡単に実現できますが、気を付けるポイントが1つあります。結合するテーブルの大きさをなるべく小さくして、利用するメモリ量を少なくすることです。

たとえば、マスタテーブルの結合処理と同時に、条件を指定してデータを絞り込むことはよくあります。手順にそって考えてしまうと、結合処理によって全体のデータを準備したあとに、そのデータを絞り込むといった処理を書いてしまいがちです。しかし、これでは必要のないデータまで結合処理の対象としてしまい、良い方法とは言えません。結合処理の前にデータを絞る方が良いでしょう。

プログラミング言語の選択ですが、データの抽出と同様にR／Pythonでは一度抽出前のデータをメモリ上にすべて乗せなければなりません。データサイズが大きい場合は、必ずSQLを利用しましょう。

 マスタテーブルの結合

対象のデータセットは、ホテルの予約レコードです。予約テーブルとホテルテーブルを結合して、宿泊人数が1人のビジネスホテルの予約レコードのみを取り出しましょう（図4.1）。

図4.1 マスタテーブルの結合

```
reserve_id hotel_id customer_id    reserve_datetime checkin_date checkin_time checkout_date people_num total_price
       r7    h_256         c_1     2017-12-29 10:38   2018-01-25     10:30:00    2018-01-28          1      103500
       r8    h_241         c_1     2018-05-26 08:42   2018-06-08     10:00:00    2018-06-09          1        6000
       r9    h_217         c_2     2016-03-05 13:31   2016-03-25     09:30:00    2016-03-27          3       68400
      r10    h_240         c_2     2016-06-25 09:12   2016-07-14     11:00:00    2016-07-17          4      320400
      r11    h_183         c_2     2016-11-19 12:49   2016-12-08     11:00:00    2016-12-11          1       29700
      r12    h_268         c_2     2017-05-24 10:06   2017-06-20     09:00:00    2017-06-21          4       81600
      r13    h_223         c_2     2017-10-19 03:03   2017-10-21     09:30:00    2017-10-23          1      137000
```

 people_numが1のレコードを抽出

```
reserve_id hotel_id customer_id       reserve_datetime checkin_date checkin_time checkout_date people_num total_price
       r7    h_256         c_1  2017-12-29 10:38:36    2018-01-25     10:30:00    2018-01-28          1      103500
       r8    h_241         c_1  2018-05-26 08:42:51    2018-06-08     10:00:00    2018-06-09          1        6000
      r11    h_183         c_2  2016-11-19 12:49:10    2016-12-08     11:00:00    2016-12-11          1       29700
      r13    h_223         c_2  2017-10-19 03:03:30    2017-10-21     09:30:00    2017-10-23          1      137000
```

```
hotel_id  base_price  big_area_name  small_area_name  hotel_latitude  hotel_longitude  is_business
   h_183        9900              G              G-4        33.59525         130.6336         TRUE
   h_217       11400              B              B-2        35.54470         139.7944         TRUE
   h_223       68500              C              C-2        38.32910         140.6982         TRUE
   h_240       26700              C              C-2        38.33080         140.7973        FALSE
   h_241        6000              A              A-1        35.81541         139.8390        FALSE
   h_256       34500              C              C-1        38.23729         140.6961         TRUE
   h_268       20400              B              B-1        35.43996         139.6991         TRUE
```

↓ is_businessがTRUEのレコードを抽出

第4章 結合

```
hotel_id  base_price  big_area_name  small_area_name  hotel_latitude  hotel_longitude  is_business
  h_183        9900              G              G-4         33.59525         130.6336         TRUE
  h_217       11400              B              B-2         35.54470         139.7944         TRUE
  h_223       68500              C              C-2         38.32910         140.6982         TRUE
  h_256       34500              C              C-1         38.23729         140.6961         TRUE
  h_268       20400              B              B-1         35.43996         139.6991         TRUE
```

```
reserve_id  hotel_id  customer_id   reserve_datetime  checkin_date  checkin_time  checkout_date  people_num  total_price
        r7     h_256          c_1  2017-12-29 10:38:36    2018-01-25      10:30:00     2018-01-28           1       103500
        r8     h_241          c_1  2018-05-26 08:42:51    2018-06-08      10:00:00     2018-06-09           1         6000
       r11     h_183          c_2  2016-11-19 12:49:10    2016-12-08      11:00:00     2016-12-11           1        29700
       r13     h_223          c_2  2017-10-19 03:03:30    2017-10-21      09:30:00     2017-10-23           1       137000
```

＋

```
hotel_id  base_price  big_area_name  small_area_name  hotel_latitude  hotel_longitude  is_business
  h_183        9900              G              G-4         33.59525         130.6336         TRUE
  h_217       11400              B              B-2         35.54470         139.7944         TRUE
  h_223       68500              C              C-2         38.32910         140.6982         TRUE
  h_256       34500              C              C-1         38.23729         140.6961         TRUE
  h_268       20400              B              B-1         35.43996         139.6991         TRUE
```

↓ hotel_idを
  キーに結合

```
reserve_id  hotel_id  customer_id   reserve_datetime  checkin_date  checkin_time  checkout_date  people_num  total_price
        r7     h_256          c_1  2017-12-29 10:38:36    2018-01-25      10:30:00     2018-01-28           1       103500
       r11     h_183          c_2  2016-11-19 12:49:10    2016-12-08      11:00:00     2016-12-11           1        29700
       r13     h_223          c_2  2017-10-19 03:03:30    2017-10-21      09:30:00     2017-10-23           1       137000

base_price  big_area_name  small_area_name  hotel_latitude  hotel_longitude  is_business
     34500              C              C-1         38.23729         140.6961         TRUE
      9900              G              G-4         33.59525         130.6336         TRUE
     68500              C              C-2         38.32910         140.6982         TRUE
```

サンプルコード▶004_join/01

SQLによる前処理

SQLで結合する場合は、JOIN句を利用します。JOIN句はすべての処理の中で最も計算量が多くなりやすい処理です。そのため、いかに結合処理を軽くするのかを考えることが、Awesomeなコードへの道しるべとなります。

SQL Not Awesome

sql_1_not_awesome.sql

```sql
-- 予約テーブルとホテルテーブルをすべて結合
WITH rsv_and_hotel_tb AS(
  SELECT
    -- 必要な列の抽出
    rsv.reserve_id, rsv.hotel_id, rsv.customer_id,
    rsv.reserve_datetime, rsv.checkin_date, rsv.checkin_time,
```

4-1 マスタテーブルの結合 087

```
    rsv.checkout_date, rsv.people_num, rsv.total_price,
    hotel.base_price, hotel.big_area_name, hotel.small_area_name,
    hotel.hotel_latitude, hotel.hotel_longitude, hotel.is_business

  -- 結合元となるreserve_tbを選択、テーブルの短縮名をrsvに設定
  FROM work.reserve_tb rsv

  -- 結合するhotel_tbを選択、テーブルの短縮名をhotekに設定
  INNER JOIN work.hotel_tb hotel
    -- 結合の条件を指定、hotel_idが同じレコード同士を結合
    ON rsv.hotel_id = hotel.hotel_id
)
-- 結合したテーブルから条件に適合するデータのみ抽出
SELECT * FROM rsv_and_hotel_tb

-- is_businessのデータのみ抽出
WHERE is_business is True

  -- people_numが1人のデータのみ抽出
  AND people_num = 1
```

JOIN句は結合処理ができます。FROM句で結合元のテーブルを、JOIN句に結合する
テーブルを、ON句で結合条件を設定します。結合条件の記述には、WHERE句と同様に
ANDやORを利用できます。結合条件を間違えると、大量にデータが複製されてしまう
ことがあるので気を付けてください。

このコードではINNER JOIN句を利用していますが、その他の代表的なJOIN句には次
のようなものがあります。

- **（INNER）JOIN**：ON句で一致したレコードの組み合わせを生成する結合処理（図4.2）

図4.2 （INNER）JOIN

id_a	id_b
a_1	b_1
a_2	b_2
a_3	b_3

id_a	id_c
a_1	c_1
a_2	c_2
a_4	c_3

↓ id_a で INNER JOIN

id_a	id_b	id_c
a_1	b_1	c_1
a_2	b_2	c_2

- **LEFT（OUTER）JOIN**：ON句で一致したレコードの組み合わせの他に、結合されなかったFROMで指定したテーブルのレコードも残す結合処理（図4.3。結合されなかった部分の列の値はNULL値が入る）

図4.3 LEFT（OUTER）JOIN

id_a	id_b
a_1	b_1
a_2	b_2
a_3	b_3

id_a	id_c
a_1	c_1
a_2	c_2
a_4	c_3

↓ id_a で LEFT JOIN

id_a	id_b	id_c
a_1	b_1	c_1
a_2	b_2	c_2
a_3	b_3	NULL

- **RIGHT（OUTER）JOIN**：ON句で一致したレコードの組み合わせの他に、JOIN句で指定したテーブルのレコードも残す結合処理（図4.4。結合されなかった部分の列の値にはNULL値が入る）

図4.4 RIGHT (OUTER) JOIN

id_a	id_b
a_1	b_1
a_2	b_2
a_3	b_3

id_a	id_c
a_1	c_1
a_2	c_2
a_4	c_3

↓ id_a で RIGHT JOIN

id_a	id_b	id_c
a_1	b_1	c_1
a_2	b_2	c_2
a_4	NULL	c_3

- **FULL (OUTER) JOIN**：ON句で一致したレコードの組み合わせの他に、FROM句とJOIN句で指定した両テーブルのすべてのレコードを残す結合処理（図4.5。結合されなかった部分の列の値はNULL値が入る）

図4.5 LEFT (OUTER) JOIN

id_a	id_b
a_1	b_1
a_2	b_2
a_3	b_3

id_a	id_c
a_1	c_1
a_2	c_2
a_4	c_3

↓ id_a で FULL JOIN

id_a	id_b	id_c
a_1	b_1	c_1
a_2	b_2	c_2
a_3	b_3	NULL
a_4	NULL	c_3

- **CROSS JOIN**：指定したテーブルのすべてのレコードの組み合わせを生成する結合処理（図4.6）

090 第**4**章 **結合**

図4.6 CROSS JOIN

id_a	id_b
a_1	b_1
a_2	b_2
a_3	b_3

id_a	id_c
a_1	c_1
a_2	c_2
a_4	c_3

CROSS JOIN

id_a	id_b	id_a	id_c
a_1	b_1	a_1	c_1
a_1	b_1	a_2	c_2
a_1	b_1	a_4	c_3
a_2	b_2	a_1	c_1
a_2	b_2	a_2	c_2
a_2	b_2	a_4	c_3
a_3	b_3	a_1	c_1
a_3	b_3	a_2	c_2
a_3	b_3	a_4	c_3

Point

予約テーブルとホテルテーブルをすべて結合してから、条件を指定してデータの抽出を行っているので、無駄な結合処理が発生してしまっています。コードも長くなってしまい、Awesomeなコードには程遠いです。結合処理は重い処理なので、可能な限り結合するデータの量を絞りましょう。

SQL Awesome

sql_2_awesome.sql

```
SELECT
  -- 必要な列の抽出
  rsv.reserve_id, rsv.hotel_id, rsv.customer_id,
  rsv.reserve_datetime, rsv.checkin_date, rsv.checkin_time, rsv.checkout_date,
  rsv.people_num, rsv.total_price,
  hotel.base_price, hotel.big_area_name, hotel.small_area_name,
  hotel.hotel_latitude, hotel.hotel_longitude, hotel.is_business

FROM work.reserve_table rsv
JOIN work.hotel_tb hotel
  ON rsv.hotel_id = hotel.hotel_id
```

4-1 マスタテーブルの結合　　091

```
-- ホテルテーブルからビジネスホテルのデータのみ抽出
WHERE hotel.is_business is True


  -- 予約テーブルからビジネスホテルのデータのみ抽出
  AND rsv.people_num = 1
```

■Point

このコードでは、JOIN句と同じクエリにWHERE句を指定しています。これにより、結合処理の前にデータを絞り込み、統合対象を減らしています。結合処理対象のデータ量が減った上にコードも短くなりAwesomeです。

Rによる前処理

Rには、merge関数という結合処理を行う関数がありますが、dplyrパッケージにもjoin関数という同様の関数があります。可読性、処理の速さともにjoin関数の方が優れているので、こちらを利用しましょう。

R Not Awesome

r_1_not_awesome.R（抜粋）

```
# reserve_tableとhotel_tbをhotel_idが等しいデータ同士で内部結合
inner_join(reserve_tb, hotel_tb, by='hotel_id') %>%


  # people_numが1かつis_businessがTrueのデータのみ抽出
  filter(people_num == 1, is_business)
```

　inner_join関数は内部結合をする関数です。引数の1,2番目に結合するテーブルを設定し、byに結合キーを設定します。結合条件はイコール（=）しか設定できません。複数の結合キーを設定したい場合は、by=c("key1", "key2")と書けば指定できます。また、テーブル間で列名が異なるキーを結合キーとして設定したい場合は、c("key1_a" = "key1_b")と書けば指定できます。

　dplyrパッケージはinner_join関数の他にも、left_join関数、right_join関数、full_join関数を提供しています。また、inner_join関数にbyの引数を渡さなければ、cross joinになります。

092　第**4**章　結合

> ■ Point
>
> 2行で簡潔に書けていますが、だまされてはいけません。このコードは、Awesomeではありません。全データを結合処理したあとに条件によるデータ抽出をしているため、無駄な結合処理が発生してしまっています。特にRはメモリ上にデータを持つので、中間データサイズが膨れ上がってしまうと、最悪の場合処理がエラーで落ちてしまいます。Awesomeになるには、見た目が良いだけの人にもコードにもだまされてはならないのです。

R Awesome　　　　　　　　　　　　　　　　　　　　　r_2_awesome.R（抜粋）

```r
inner_join(reserve_tb %>% filter(people_num == 1),
           hotel_tb %>% filter(is_business),
           by='hotel_id')
```

> ■ Point
>
> inner_join関数に渡す前に、両テーブルを条件による絞り込みによって小さくしています。たったこれだけで、パフォーマンスは前述のコードより良くなります。Awesomeです。

Pythonによる前処理

　Pythonでは、Pandasライブラリのmerge関数が結合処理の関数としてよく利用されます。しかし、merge関数は中間データが膨れやすかったり、処理が遅かったりと、現状では優れた関数ではありません。そのため、Rの結合処理以上に気を付けて使う必要があります。

Python Not Awesome　　　　　　　　　　　　python_1_not_awesome.py（抜粋）

```python
# reserve_tbとhotel_tbを、hotel_idが等しいもの同士で内部結合
# people_numが1かつis_businessがTrueのデータのみ抽出
pd.merge(reserve_tb, hotel_tb, on='hotel_id', how='inner') \
  .query('people_num == 1 & is_business')
```

merge関数は結合処理を行う関数です。引数の1,2番目に結合するテーブルを設定し、byに結合キーを設定します。結合条件はイコール（=）しか設定できません。複数の結合キーを設定したい場合は、on=['key1', 'key2']と書けば指定できます。また、テーブル間で列名が異なるキーを結合キーとして設定することはできません。事前に列名を揃えてください。howでは、結合処理の種類を設定します。howの引数に、'inner'、'left'、'right'、'outer'と指定することで、INNER JOIN、LEFT JOIN、RIGHT JOIN、FULL JOINが利用できます。また、howの引数を指定しない場合は、デフォルトで'inner'が指定されます。一方、CROSS JOINはサポートされていません。CROSS JOINを実現するためには、CROSS JOINする両テーブルにすべて同じ値の列を持たせるといった方法で実現する必要があります（「4-4 全結合」で解説します）。

■ Point

RのNot Awesomeなコードでも解説したとおり、結合前にデータを抽出せずに、無駄な結合処理が発生してしまっているコードです。

Python Awesome

python_2_awesome.py（抜粋）

```python
pd.merge(reserve_tb.query('people_num == 1'),
         hotel_tb.query('is_business'),
         on='hotel_id', how='inner')
```

■ Point

結合前にデータを抽出し、処理を軽くしているAwesomeなコードです。"結合処理前には、できる限りデータを小さくする"、Awesome100の教えの1つです。覚えておきましょう。

4-2
条件に応じた結合テーブルの切り替え

SQL
R
Python

　データ分析の前処理では、特殊な前処理を求められることがあります。値によって結合対象を切り替える結合処理もその1つです。

　たとえば、ホテルの予約サイトにおいてホテルごとに他のホテルをレコメンドをしたい

場合の前処理について考えてみましょう。レコメンドの候補となるお店の数は、あるホテルAに対してホテルA以外の店舗となるので、（全ホテル数−1）件となります。すべてのホテルの組み合わせ（AからBのレコメンドとBからAのレコメンドは異なるとします）に対してレコメンドを考えるとすると、全ホテル数×（全ホテル数−1）件の候補から、店舗ごとに優先順位を付ける必要があります。全ホテル数が1,000件程度だとしても、1,000×（1,000−1）＝約100万件の組み合わせに膨れ上がります。これならなんとか計算できますが、全ホテル数が10,000件になると、約1億件となり、計算するのは簡単ではありません。

この問題を解決するために、同じ町のホテルのみをレコメンド候補にするという方法があります。この方法は、ホテルのレコメンド候補数を減らすことができますが、またさらなる問題が発生してしまいます。町によっては十分な数のホテルが存在せず、レコメンド候補が足りないという問題です。しかし、この問題も充分な数のホテルが存在しない町に対しては、レコメンド候補の範囲を広げて、同じ市のホテルをレコメンド候補とすることで対応できます。そして、これを実現するためには、条件に応じた結合処理が必要となります。本節の解説は世の中にあまり浸透していないので批判される懸念もあり、削除することを考えていました。しかし、筆者の経験上は役立つことが多かったので、決意をして掲載しています。オブラートに包んだ批判は随時お待ちしています。

条件に応じた結合処理は、コードが複雑になってしまいますが、ロジックは簡単です。まず、結合元のテーブルに結合キー用の列として、条件式で参照するためのそれぞれ列の値が異なる新たな列を生成します。次に、結合するマスタテーブル2つの必要な共通列を取り出し、1つのテーブルにします。最後に、テーブル同士を結合し完了です。

 条件別に結合するマスタテーブルを切り替え

対象のデータセットは、ホテルの予約レコードです。ホテルテーブルのすべてのホテルに対して、レコメンド候補のホテルを紐付けたデータを作成しましょう。レコメンド候補のホテルは、同じ小地域（small_area_nameが等しい）のホテルが20件以上ある場合は、同じ小地域のホテルをレコメンド候補とします。同じ小地域のホテルが20件に満たない場合は、同じ大地域（big_area_nameが等しい）のホテルをレコメンド候補とします（図4.7、図4.8、図4.9）。

4-2 条件に応じた結合テーブルの切り替え

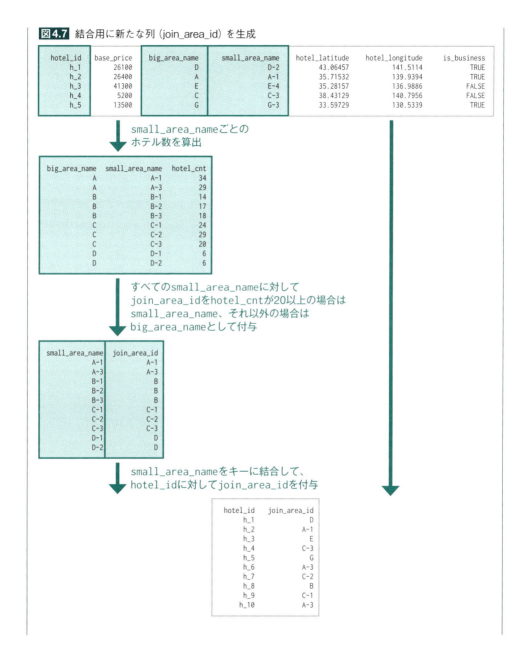

図4.7 結合用に新たな列（join_area_id）を生成

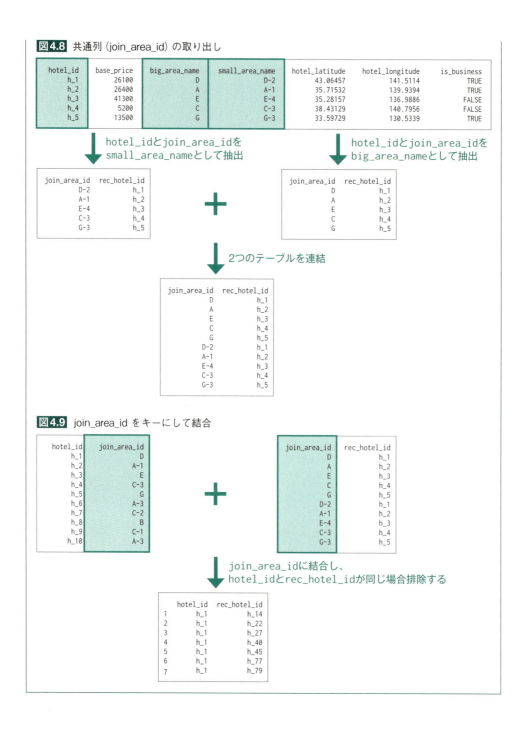

サンプルコード▶004_join/02

SQLによる前処理

SQLで条件に応じた結合を実現するには、WITH句を駆使して多段階の処理を書かなければなりません。どうしても複雑なコードになってしまいますが、列名を工夫して結合キーを分かりやすくするなど理解しやすいコードになるよう心がけましょう。

SQL Awesome   sql_awesome.sql

```sql
-- small_area_nameごとにホテル数をカウント、結合キーを判定するためのテーブル
WITH small_area_mst AS(
  SELECT
    small_area_name,

    -- 20件以上であればjoin_area_idをsmall_area_nameとして設定
    -- 20件未満であればjoin_area_idをbig_area_nameとして設定
    -- -1は、自ホテルを引いている
    CASE WHEN COUNT(hotel_id)-1 >= 20
      THEN small_area_name ELSE big_area_name END AS join_area_id

  FROM work.hotel_tb
  GROUP BY big_area_name, small_area_name
)
-- recommend_hotel_mstはレコメンド候補のためのテーブル
, recommend_hotel_mst AS(
  -- join_area_idをbig_area_nameとしたレコメンド候補マスタ
  SELECT
    big_area_name AS join_area_id,
    hotel_id AS rec_hotel_id
  FROM work.hotel_tb

  -- unionで、テーブル同士を連結
  UNION
```

```
  -- join_area_idをsmall_area_nameとしたレコメンド候補マスタ
  SELECT
    small_area_name AS join_area_id,
    hotel_id AS rec_hotel_id
  FROM work.hotel_tb
)
SELECT
  hotels.hotel_id,
  r_hotel_mst.rec_hotel_id

-- レコメンド元のhotel_tbを読み込み
FROM work.hotel_tb hotels

-- 各ホテルのレコメンド候補の対象エリアを判断するためにsmall_area_mstを結合
INNER JOIN small_area_mst s_area_mst
  ON hotels.small_area_name = s_area_mst.small_area_name

-- 対象エリアのレコメンド候補を結合する
INNER JOIN recommend_hotel_mst r_hotel_mst
  ON s_area_mst.join_area_id = r_hotel_mst.join_area_id

  -- レコメンド候補から自分ホテルを除く
  AND hotels.hotel_id != r_hotel_mst.rec_hotel_id
```

　CASE文によって、SQLでも条件分岐ができます。CASE WHENのあとに条件式を設定し、THENのあとには条件式を満たしたときの値を、ELSEのあとには条件式を満たさなかったときの値を設定し、ENDで閉じます。例題では、レコメンド候補のホテルの件数が20件以上あるときとないときで場合分けしています。UNION句はUNION句の前とあとのクエリ結果を連結できます。イメージとしては、表を縦に連結するイメージです。ただし、列の順番がずれていても、そのまま連結されてしまうのでUNION句を利用するときは注意しましょう。

4-2 条件に応じた結合テーブルの切り替え 099

Part 2

4 結合

■ Point

コードは一見複雑ですが、できる限り簡潔にかつ段階的に書かれているAwesomeなコードです。

最初にsmall_area_mstを生成し、small_area_nameごとにホテルの件数を確認し、small_area_name内のホテルがsmall_area_nameで結合するべきか、big_area_nameで結合するべきかを判定して、join_area_idとして保存しています。

次にrecommend_hotel_mstをbig_area_nameとsmall_area_nameを別々にjoin_area_idとしたレコメンド候補のホテルのテーブルとして準備しています。

最後にレコメンド元のホテルとして、hotel_tbを読み込み、small_area_mstと結合することによってjoin_area_idを付与し、recommend_hotel_mstとjoin_area_idを介して結合することによってレコメンド候補のホテルを取得しています。

■ Rによる前処理

　Rでは、SQLとは違い処理をすべてつなげる必要はないので、より段階的に書くことができます。またdplyrパッケージのパイプライン処理によって、処理の流れも分かりやすく書くことができます。ただし、データサイズが大きいときはメモリ量に気を付け、無駄な複製は極力減らしましょう。

R Awesome
r_awesome.R（抜粋）

```r
# small_area_nameごとにホテル数をカウント、結合キーを判定するためのテーブル
small_area_mst <-
  hotel_tb %>%
    group_by(big_area_name, small_area_name) %>%

    # -1は、自ホテルを引いている
    summarise(hotel_cnt=n() - 1) %>%

    # 集約処理完了後に、グループ化を解除
    ungroup() %>%

    # 20件以上であればjoin_area_idをsmall_area_nameとして設定
    # 20件未満であればjoin_area_idをbig_area_nameとして設定
    mutate(join_area_id=
```

```
                if_else(hotel_cnt >= 20, small_area_name, big_area_name)) %>%
    select(small_area_name, join_area_id)


# レコメンド元になるホテルにsmall_area_mstを結合することで、join_area_idを設定
base_hotel_mst <-
  inner_join(hotel_tb, small_area_mst, by='small_area_name') %>%
    select(hotel_id, join_area_id)


# 必要に応じて、メモリを解放(必須ではないがメモリ量に余裕のないときに利用)
rm(small_area_mst)


# recommend_hotel_mstはレコメンド候補のためのテーブル
recommend_hotel_mst <-
  bind_rows(
    # join_area_idをbig_area_nameとしたレコメンド候補マスタ
    hotel_tb %>%
      rename(rec_hotel_id=hotel_id, join_area_id=big_area_name) %>%
      select(join_area_id, rec_hotel_id),

    # join_area_idをsmall_area_nameとしたレコメンド候補マスタ
    hotel_tb %>%
      rename(rec_hotel_id=hotel_id, join_area_id=small_area_name) %>%
      select(join_area_id, rec_hotel_id)
  )


# base_hotel_mstとrecommend_hotel_mstを結合し、レコメンド候補の情報を付与
inner_join(base_hotel_mst, recommend_hotel_mst, by='join_area_id') %>%

  # レコメンド候補から自分を除く
  filter(hotel_id != rec_hotel_id) %>%
  select(hotel_id, rec_hotel_id)
```

if_else関数は条件に応じて返す値を変更できる関数です。1つ目の引数の条件に適合すれば2つ目の引数の値を返し、適合しなければ3つ目の引数の値を返します。

bind_rows関数は1つ目の引数のdata.frameと2つ目の引数のdata.frameを連結できます。SQLのUNION句と同様です。

■ Point

SQLとほぼ同様の処理をしていますが、1つだけ違う点があります。Rでは3つのテーブルを一度で結合できないので、いったんレコメンド元のホテルテーブルとレコメンド候補を見付けるためsmall_area_mstを結合して、base_hotel_mstを生成しています。コードは少し長いですが、ロジックが読み取りやすいAwesomeなコードです。

Pythonによる前処理

PythonもR同様に、処理を段階的に書くことができますが、R同様コード量は多くなります。query関数による絞り込みなどを利用し、可読性を高め分かりやすいコードを心がけましょう。

Python Awesome

python_awesome.py（抜粋）

```python
# ガベージコレクション(必要ないメモリの解放)のためのライブラリ
import gc

# small_area_nameごとにホテル数をカウント
small_area_mst = hotel_tb \
  .groupby(['big_area_name', 'small_area_name'], as_index=False) \
  .size().reset_index()
small_area_mst.columns = ['big_area_name', 'small_area_name', 'hotel_cnt']

# 20件以上であればjoin_area_idをsmall_area_nameとして設定
# 20件未満であればjoin_area_idをbig_area_nameとして設定
# -1は、自ホテルを引いている
small_area_mst['join_area_id'] = \
  np.where(small_area_mst['hotel_cnt'] - 1 >= 20,
           small_area_mst['small_area_name'],
```

```
                small_area_mst['big_area_name'])

# 必要なくなった列を削除
small_area_mst.drop(['hotel_cnt', 'big_area_name'], axis=1, inplace=True)

# レコメンド元になるホテルにsmall_area_mstを結合することで、join_area_idを設定
base_hotel_mst = pd.merge(hotel_tb, small_area_mst, on='small_area_name') \
                .loc[:, ['hotel_id', 'join_area_id']]

# 下記は必要に応じて、メモリを解放(必須ではないがメモリ量に余裕のないときに利用)
del small_area_mst
gc.collect()

# recommend_hotel_mstはレコメンド候補のためのテーブル
recommend_hotel_mst = pd.concat([
  # join_area_idをbig_area_nameとしたレコメンド候補マスタ
  hotel_tb[['small_area_name', 'hotel_id']] \
    .rename(columns={'small_area_name': 'join_area_id'}, inplace=False),

  # join_area_idをsmall_area_nameとしたレコメンド候補マスタ
  hotel_tb[['big_area_name', 'hotel_id']] \
    .rename(columns={'big_area_name': 'join_area_id'}, inplace=False)
])

# hotel_idの列名が結合すると重複するので変更
recommend_hotel_mst.rename(columns={'hotel_id': 'rec_hotel_id'},
                          inplace=True)

# base_hotel_mstとrecommend_hotel_mstを結合し、レコメンド候補の情報を付与
# query関数によってレコメンド候補から自分を除く
pd.merge(base_hotel_mst, recommend_hotel_mst, on='join_area_id') \
```

```
.loc[:, ['hotel_id', 'rec_hotel_id']] \
.query('hotel_id != rec_hotel_id')
```

　NumPyのwhere関数は条件に応じて返す値を変更できる関数です。1つ目の引数の条件に適合すれば2つ目の引数の値を返し、適合しなければ3つ目の引数の値を返します。

■Point

Pythonでも3つのテーブルを一度で結合できないので、Rと同様の処理の流れになっています。コードは長くなってしまいますが、処理を上から追えば理解できるAwesomeなコードでしょう。

4-3
過去データの結合

`SQL`
`R`
`Python`

　データ分析で扱うほとんどのデータは、日時データの列を持っています。POSデータ、Webのアクセスログ、株価などもすべて日時データの列を持っています。そして、基礎分析をするにしても、予測モデルを構築するにしても、**過去データ**を活用することは有用です。筆者は「過去データの前処理を制するものはデータの前処理を制す」ぐらい重要だと考えています。しかし、時系列の扱いはややこしく、簡単にバグ（意図しない変換処理になるなど）やリーク（予測モデルに使うデータに未来のデータが混ざってしまっているなど）を誘発するので注意が必要です。本節の問題は少し難しいかもしれませんが、みなさんが直面するだろう複雑な前処理を取り扱っています。

　それでは、ホテルの予約レコードのデータセットを例に、顧客が次に予約するホテルの価格帯を予測したい場合を考えてみましょう。顧客の過去に予約したホテルの価格帯が分かれば、これから予約するホテルの値段帯も予想できるという仮説があります。この仮説を利用して予測モデルを作るためには、予約レコードごとに、その予約の顧客の過去の予約レコード情報を結合したデータを準備する必要があります。

　具体的には、顧客Aの2017年8月10日の予約レコードには、顧客Aの2016年8月10日～2017年8月9日の予約レコードを結合し、結合した過去の予約レコードを集約して、過去1年のホテルの平均予約価格を計算し、情報として付与します。そうすると、顧客Aの

2017年8月10日の予約レコードには、予約したホテルの価格もあり、過去1年のホテルの平均予約価格も付与されているので、相関があるか分析できますし、予測モデルの説明変数として利用もできます。

　過去データの情報の付与は、結合処理で簡単に実現できますが、注意が必要です。何も考えずに単純に過去のデータを結合すると、前節と同様にデータ数が爆発に増えてしまいます。たとえば、あるユーザの過去履歴が100件あったとします。1つのデータごとにすべての過去のデータを結合すると、最新のデータは99件の過去データと結合、次に新しいデータは98件の過去データと結合となり、すべてのデータを結合した場合は、(99 + 98 + … + 1) = 4,950件となります。この問題への対策は下記のように2つあり、どちらも利用することが望ましいです。

1. 結合対象とする過去の期間を絞る
2. 結合した過去データに集約関数を利用して、データ数を増やさないようにする

　対策の1つは、結合対象とする過去の期間を絞ることです。たとえば、ホテルの価格帯を予測する場合には、5年以上前の予約履歴はあまり参考にはならなそうですし、直近3年のデータがあれば十分かもしれません。このように考えると、より良いデータに絞られ予測精度が上がり、同時にデータ量が減るため計算パフォーマンスの向上も期待できます。よって、結合対象のデータの期間を絞ることは合理的です。

　もう1つの対策は、結合した過去データに集約関数を利用して、データ数を増やさないようにすることです。たとえば、ホテルの価格帯を予測する場合には、過去データの予約金額の平均値があれば十分であり、レコードを結合した状態がなくても問題ありません。このように、結合した過去データは結合時点で集約しておくことが重要です。これを実現する方法として、JOIN句／関数を用いる方法の他に、Window関数を利用する方法があります。この方法は、JOIN句／関数を用いて書くより簡潔に書けることが多く、計算パフォーマンスも最適化されています。

n件前のデータ取得

　対象のデータセットは、ホテルの予約レコードです。予約テーブルのすべての行に、同じ顧客の2回前の予約金額の情報を付与しましょう。2回前の予約がない場合は、値なしとしましょう（図4.10）。

4-3 過去データの結合　　105

Part 2

4 結合

図4.10 2件前のデータを取得

reserve_id	hotel_id	customer_id	reserve_datetime	checkin_date	checkin_time	checkout_date	people_num	total_price
r1	h_75	c_1	2016-03-06 13:09:42	2016-03-26	10:00:00	2016-03-29	4	97200
r2	h_219	c_1	2016-07-16 23:39:55	2016-07-20	11:30:00	2016-07-21	2	20600
r3	h_179	c_1	2016-09-24 10:03:17	2016-10-19	09:00:00	2016-10-22	2	33600
r4	h_214	c_1	2017-03-08 03:20:10	2017-03-29	11:00:00	2017-03-30	4	194400
r5	h_16	c_1	2017-09-05 19:50:37	2017-09-22	10:30:00	2017-09-23	3	68100
r6	h_241	c_1	2017-11-27 18:47:05	2017-12-04	12:00:00	2017-12-06	3	36000
r7	h_256	c_1	2017-12-29 10:38:36	2018-01-25	10:30:00	2018-01-28	1	103500
r8	h_241	c_1	2018-05-26 08:42:51	2018-06-08	10:00:00	2018-06-09	1	6000
r9	h_217	c_2	2016-03-05 13:31:06	2016-03-25	09:30:00	2016-03-27	3	68400
r10	h_240	c_2	2016-06-25 09:12:22	2016-07-14	11:00:00	2016-07-17	4	320400
r11	h_183	c_2	2016-11-19 12:49:10	2016-12-08	11:00:00	2016-12-11	1	29700
r12	h_268	c_2	2017-05-24 10:06:21	2017-06-20	09:00:00	2017-06-21	4	81600
r13	h_223	c_2	2017-10-19 03:03:30	2017-10-21	09:30:00	2017-10-23	1	137000
r14	h_133	c_2	2018-02-18 05:12:58	2018-03-12	10:00:00	2018-03-15	2	75600
r15	h_92	c_2	2018-04-19 11:25:00	2018-05-04	12:30:00	2018-05-05	2	68800
r16	h_135	c_2	2018-07-06 04:18:28	2018-07-08	10:00:00	2018-07-09	4	46400

⬇ customer_idごとにtotal_priceの
2件前のデータを算出

reserve_id	hotel_id	customer_id	reserve_datetime	checkin_date	checkin_time	checkout_date	people_num	total_price	before_price
r1	h_75	c_1	2016-03-06 13:09:42	2016-03-26	10:00:00	2016-03-29	4	97200	NA
r2	h_219	c_1	2016-07-16 23:39:55	2016-07-20	11:30:00	2016-07-21	2	20600	NA
r3	h_179	c_1	2016-09-24 10:03:17	2016-10-19	09:00:00	2016-10-22	2	33600	97200
r4	h_214	c_1	2017-03-08 03:20:10	2017-03-29	11:00:00	2017-03-30	4	194400	20600
r5	h_16	c_1	2017-09-05 19:50:37	2017-09-22	10:30:00	2017-09-23	3	68100	33600
r6	h_241	c_1	2017-11-27 18:47:05	2017-12-04	12:00:00	2017-12-06	3	36000	194400
r7	h_256	c_1	2017-12-29 10:38:36	2018-01-25	10:30:00	2018-01-28	1	103500	68100
r8	h_241	c_1	2018-05-26 08:42:51	2018-06-08	10:00:00	2018-06-09	1	6000	36000
r9	h_217	c_2	2016-03-05 13:31:06	2016-03-25	09:30:00	2016-03-27	3	68400	NA
r10	h_240	c_2	2016-06-25 09:12:22	2016-07-14	11:00:00	2016-07-17	4	320400	NA
r11	h_183	c_2	2016-11-19 12:49:10	2016-12-08	11:00:00	2016-12-11	1	29700	68400
r12	h_268	c_2	2017-05-24 10:06:21	2017-06-20	09:00:00	2017-06-21	4	81600	320400
r13	h_223	c_2	2017-10-19 03:03:30	2017-10-21	09:30:00	2017-10-23	1	137000	29700
r14	h_133	c_2	2018-02-18 05:12:58	2018-03-12	10:00:00	2018-03-15	2	75600	81600
r15	h_92	c_2	2018-04-19 11:25:00	2018-05-04	12:30:00	2018-05-05	2	68800	137000
r16	h_135	c_2	2018-07-06 04:18:28	2018-07-08	10:00:00	2018-07-09	4	46400	75600

サンプルコード▶004_join/03_a

SQLによる前処理

　SQLでは、LAG関数によって過去の値を参照できます。JOIN句を使うことで実現することもできますが、コードが複雑になり処理も遅くなるので、利用する意味はありません。

SQL Awesome　　　　　　　　　　　　　　　　　　　　　　sql_awesome.sql

```
SELECT

    *,


    -- LAG関数を利用し、2件前のtotal_priceをbefore_priceとして取得

    -- LAG関数によって参照する際のグループをcustomer_idに指定
```

106 第4章 結合

```
-- LAG関数によって参照する際のグループ内のデータをreserve_datetimeの古い順に指定
LAG(total_price, 2) OVER
(PARTITION BY customer_id ORDER BY reserve_datetime) AS before_price

FROM work.reserve_tb
```

　LAG関数はWindow関数の1つで、n件前の値を取得する関数です。引数には、参照する列名とnを渡します。また、データをどのように並べ、n件前のデータを決定するのかを指定する必要があります。並び替えをするグループはPARTITION BYで指定でき、データの並び順はORDER BYで指定できます。また、LAG関数と似た関数として、n件後の値を取得するLEAD関数があります。

■Point
Window関数によってわずか1行で過去のデータを参照でき、処理も早くAwesomeなコードです。

Rによる前処理

　SQL同様に、Rでもlag関数が提供されており、join関数を利用する必要はありません。

R Awesome
r_awesome.R（抜粋）

```
reserve_tb %>%

  # group_byによって、customer_idごとにデータをグループ化
  group_by(customer_id) %>%

  # LAG関数を利用し、2件前のtotal_priceをbefore_priceとして取得
  # LAG関数によって参照する際のグループ内のデータをreserve_datetimeの古い順に指定
  mutate(before_price=lag(total_price, n=2,
                          order_by=reserve_datetime, default=NA))
```

Rでは、lag関数の逆（n件あとの値を取得する関数）のlead関数も提供されています。引数には、参照する列名とnを渡します。データの並び順は、関数のパラメータとしてorder_byに列名を指定できます。ただし、並び替えをするグループは、group_byで事前に指定しておく必要があります。lag関数のdefaultパラメータには該当データがない場合の値を指定できます。

■ Point

lag関数を利用することで、複雑になりやすい過去の値の参照を簡潔なコードで実現しているAwesomeなコードです。

Pythonによる前処理

Pythonでは、lag関数が提供されていません。しかし、join関数を使わなくても実現する方法があります。それは、shift関数を利用する方法です。shift関数とは、データ行を上下にn行ずらすことができる関数です。

Python Awesome

python_awesome.py（抜粋）

```python
# customerごとにreserve_datetimeで並び替え
# groupby関数のあとにapply関数を適用することによって、groupごとに並び替える
# sort_values関数によってデータを並び替え、axisが0の場合は行、1の場合は列を並び替え
result = reserve_tb \
  .groupby('customer_id') \
  .apply(lambda group:
        group.sort_values(by='reserve_datetime', axis=0, inplace=False))


# resultはすでに、customer_idごとにgroup化されている
# customerごとに2つ前のtotal_priceをbefore_priceとして保存
# shift関数は、periodsの引数の数だけデータ行を下にずらす関数
result['before_price'] = \
  pd.Series(result['total_price'].groupby('customer_id').shift(periods=2))
```

sort_values関数は引数のbyに指定された行／列名によって、データ行／列の並び替えを行います。axisが0の場合は、指定された列名の値によって行を並び替えます。axisが1の場合は、指定された行名の値によって列を並び替えます。

shift関数はデータ行を下にn行ずらす関数です。引数のperiodsにnを設定します。該当するデータがない場合は、NaNが入ります。

■ Point

lag関数が提供されていませんが、shift関数を利用することによって、lag関数相当の処理を実現しています。join関数を利用する場合と比較して、コードは短く、無駄な処理も減っているAwesomeなコードです。sort_values関数によって並び替えをしているので、計算処理の重さが気になりますが、重くはなりません。なぜなら顧客ごとの並び替え処理なので、並び替えをするグループが細かく分かれており、大量のデータを1つの順列に並び替える必要がないからです。

過去n件の合計値

対象のデータセットは、ホテルの予約レコードです。予約テーブルのすべての行に、自身の行から2件前までの3回の合計予約金額の情報を付与しましょう。過去の予約が3回未満の場合は、値なしとしましょう（図4.11）。

図4.11 2件前までの合計値を算出

reserve_id	hotel_id	customer_id	reserve_datetime	checkin_date	checkin_time	checkout_date	people_num	total_price
r1	h_75	c_1	2016-03-06 13:09:42	2016-03-26	10:00:00	2016-03-29	4	97200
r2	h_219	c_1	2016-07-16 23:39:55	2016-07-20	11:30:00	2016-07-21	2	20600
r3	h_179	c_1	2016-09-24 10:03:17	2016-10-19	09:00:00	2016-10-22	2	33600
r4	h_214	c_1	2017-03-08 03:20:10	2017-03-29	11:00:00	2017-03-30	4	194400
r5	h_16	c_1	2017-09-05 19:50:37	2017-09-22	10:30:00	2017-09-23	3	68100
r6	h_241	c_1	2017-11-27 18:47:05	2017-12-04	12:00:00	2017-12-06	3	36000
r7	h_256	c_1	2017-12-29 10:38:36	2018-01-25	10:30:00	2018-01-28	1	103500
r8	h_241	c_1	2018-05-26 08:42:51	2018-06-08	10:00:00	2018-06-09	1	6000
r9	h_217	c_2	2016-03-05 13:31:06	2016-03-25	09:30:00	2016-03-27	3	68400
r10	h_240	c_2	2016-06-25 09:12:22	2016-07-14	11:00:00	2016-07-17	4	320400
r11	h_183	c_2	2016-11-19 12:49:10	2016-12-08	11:00:00	2016-12-11	1	29700
r12	h_268	c_2	2017-05-24 10:06:21	2017-06-20	09:00:00	2017-06-21	4	81600
r13	h_223	c_2	2017-10-19 03:03:30	2017-10-21	09:30:00	2017-10-23	1	137000
r14	h_133	c_2	2018-02-18 05:12:58	2018-03-12	10:00:00	2018-03-15	2	75600
r15	h_92	c_2	2018-04-19 11:25:00	2018-05-04	12:30:00	2018-05-05	2	68800
r16	h_135	c_2	2018-07-06 04:18:28	2018-07-08	10:00:00	2018-07-09	4	46400

customer_idごとにtotal_priceの自身の値から2件前までの合計を算出

reserve_id	hotel_id	customer_id	reserve_datetime	checkin_date	checkin_time	checkout_date	people_num	total_price	price_sum
r1	h_75	c_1	2016-03-06 13:09:42	2016-03-26	10:00:00	2016-03-29	4	97200	NA
r2	h_219	c_1	2016-07-16 23:39:55	2016-07-20	11:30:00	2016-07-21	2	20600	NA
r3	h_179	c_1	2016-09-24 10:03:17	2016-10-19	09:00:00	2016-10-22	2	33600	151400
r4	h_214	c_1	2017-03-08 03:20:10	2017-03-29	11:00:00	2017-03-30	4	194400	248600
r5	h_16	c_1	2017-09-05 19:50:37	2017-09-22	10:30:00	2017-09-23	3	68100	296100
r6	h_241	c_1	2017-11-27 18:47:05	2017-12-04	12:00:00	2017-12-06	3	36000	298500
r7	h_256	c_1	2017-12-29 10:38:36	2018-01-25	10:30:00	2018-01-28	1	103500	207600
r8	h_241	c_1	2018-05-26 08:42:51	2018-06-08	10:00:00	2018-06-09	1	6000	145500
r9	h_217	c_2	2016-03-05 13:31:06	2016-03-25	09:30:00	2016-03-27	3	68400	NA
r10	h_240	c_2	2016-06-25 09:12:22	2016-07-14	11:00:00	2016-07-17	4	320400	NA
r11	h_183	c_2	2016-11-19 12:49:10	2016-12-08	11:00:00	2016-12-11	1	29700	418500
r12	h_268	c_2	2017-05-24 10:06:21	2017-06-20	09:00:00	2017-06-21	4	81600	431700
r13	h_223	c_2	2017-10-19 03:03:30	2017-10-21	09:30:00	2017-10-23	1	137000	248300
r14	h_133	c_2	2018-02-18 05:12:58	2018-03-12	10:00:00	2018-03-15	2	75600	294200
r15	h_92	c_2	2018-04-19 11:25:00	2018-05-04	12:30:00	2018-05-05	2	68800	281400
r16	h_135	c_2	2018-07-06 04:18:28	2018-07-08	10:00:00	2018-07-09	4	46400	190800

サンプルコード▶004_join/03_b

SQLによる前処理

SQLでは、SUM関数をWindow関数として利用できます。合計を計算する範囲は、n件前からn件後までといった形式で指定できます。

SQL Awesome

sql_awesome.sql

```
SELECT
  *,

  CASE WHEN

    -- COUNT関数で何件の合計を計算したかをカウントし、3件あるのかを判定
    -- BETWEEN句で2件前から
    COUNT(total_price) OVER
    (PARTITION BY customer_id ORDER BY reserve_datetime ROWS
     BETWEEN 2 PRECEDING AND CURRENT ROW) = 3

  THEN

    -- 自身を含めた3件の合計金額を計算
    SUM(total_price) OVER
    (PARTITION BY customer_id ORDER BY reserve_datetime ROWS
     BETWEEN 2  PRECEDING AND CURRENT ROW)
```

```
   ELSE NULL END AS price_sum


FROM work.reserve_tb
```

　COUNT関数とSUM関数は、Window関数として利用できます。OVERのあとは次のように設定できます。

- PARTITION BYでグループを指定（customer_idが同じ値をグループとする）
- ORDER BYでグループを選ぶ際の並び方を指定（checkin_dateを古い順に並び替える）
- BETWEENでカウントや合計を計算する対象を自身のレコードを基準に対象の先頭と最後尾を設定。n PRECEDINGでn件前、CURRENT ROWで自身のレコード、n FOLLOWINGでn件後を意味する

　対象の件数が3件に満たない場合でもSUM関数によって合計値が計算されます。3件に満たない場合に値を持たないようにするには、上記のような書き方をする必要があります（通常このような書き方を必要とするケースはあまりないですが、RやPythonとの仕様の違いを紹介するためにこのような例題を設定しています）。

■ Point

例題の設定上、CASE文を利用したややこしいSQLになってしまっています。しかし、過去の情報を参照して合計値を計算する部分のクエリは、Window関数によって短くかつ高速になっていてAwesomeです。

Rによる前処理

　Rには、合計値を出すWindow関数に相当するroll_sum関数がRcppRollパッケージによって提供されています。この関数を利用することでAwesomeなコードが実現できます。

R Awesome
r_awesome.R（抜粋）

```
# roll_sum関数のためのライブラリ
library(RcppRoll)
```

4-3 過去データの結合 111

```
reserve_tb %>%

  # データ行をcustomer_idごとにグループ化
  group_by(customer_id) %>%


  # customer_idごとにreserve_datetimeでデータを並び替え
  arrange(reserve_datetime) %>%


  # RcppRollのroll_sumによって、移動合計値を計算
  mutate(price_sum=roll_sum(total_price, n=3, align='right', fill=NA))
```

RcppRollパッケージのroll_sum関数は合計を計算するWindow関数です。nによって合計値を計算する対象件数を設定でき、alignによって、対象データを決める基準を設定できます。

- right：対象レコード含め前を対象
- left：対象レコード含めあとを対象
- center：対象レコードを真ん中に前後を対象

またroll_sum関数は、対象データが指定したn件に満たない件数しか存在しない場合、すべて値がNAになってしまいます。fill引数によって、NAの代わりに指定した固有値で埋めることができます。今回の例題はNAを入れるだけなので対応できていますが、n件に満たない場合に計算したいとき、この方法を利用することは難しいです。

RcppRollパッケージのroll_sum関数の他に、roll_mean関数、roll_median関数、roll_min関数、roll_prod関数、roll_sd関数、roll_var関数が提供されています。

■ Point

RcppRollパッケージとdplyrパッケージを合わせて利用することによって、簡潔で高速なコードを実現できています。ただし、指定したn件に満たないときも計算したい場合は、RcppRollパッケージの活用は望めません。

Pythonによる前処理

Pythonには、合計値を計算するWindow関数は提供されていませんが、データを

第4章 結合

Window（複数のデータ集合）に区切るrolling関数が提供されています。この関数を利用することで普通の集約関数をWindow関数として利用できます。

Python Awesome   python_awesome.py（抜粋）

```python
# customer_idごとにreserve_datetimeでデータを並び替え
result = reserve_tb.groupby('customer_id') \
  .apply(lambda x: x.sort_values(by='reserve_datetime', ascending=True)) \
  .reset_index(drop=True)

# 新たな列としてprice_avgを追加
result['price_avg'] = pd.Series(
  result

    # customer_idごとにtotal_priceのwindow3件にまとめ、その平均値を計算
    # min_periodsを1に設定し、1件以上あった場合には計算するよう設定
    .groupby('customer_id')
    ['total_price'].rolling(center=False, window=3, min_periods=1).mean()

    # group化を解除すると同時に、customer_idの列を削除
    .reset_index(drop=True)
)

# customer_idごとにprice_avgを1行下にずらす
result['price_avg'] = \
  result.groupby('customer_id')['price_avg'].shift(periods=1)
```

rolling関数はデータをWindow（複数のデータ集合）に区切る関数です。Window引数で、自身を含めて何件の値を対象とするのかを設定します。min_periods引数を設定することで、設定した件数以上を満たしたときのみ計算を行います。設定した件数に満たない場合は。NANとなります。また、centerをTrueにすると、自身のデータ行が真ん中になるようにWindowを選択します。設定しない場合は、自身のデータ行を含めて設定した件数になるよう下のデータ行を加えます。

rolling関数のあとの集約関数を変更することでさまざまな計算ができます。sumの他にも、max／min／meanなどの関数も利用できます。

■Point
rolling関数と集約関数をうまく組み合わせることによって、Window関数を実現できています。無駄な処理もなく、Awesomeなコードです。しかし、SQLと比較するとコードが長いので、Window関数が必要な処理を行う場合には、SQLを用いたほうが良いでしょう。

Q 過去n件の平均値

対象のデータセットは、ホテルの予約レコードです。予約テーブルのすべての行に、自身の行を含めないで1件前から3件前までの3回の平均予約金額の情報を付与しましょう。過去の予約が3回未満の場合は、満たない回数内で平均予約金額を計算しましょう。予約が1回もない場合は、値なしとしましょう（図4.12）。

図4.12 過去の予約の平均値を算出

reserve_id	hotel_id	customer_id	reserve_datetime	checkin_date	checkin_time	checkout_date	people_num	total_price
r1	h_75	c_1	2016-03-06 13:09:42	2016-03-26	10:00:00	2016-03-29	4	97200
r2	h_219	c_1	2016-07-16 23:39:55	2016-07-20	11:30:00	2016-07-21	2	20600
r3	h_179	c_1	2016-09-24 10:03:17	2016-10-19	09:00:00	2016-10-22	2	33600
r4	h_214	c_1	2017-03-08 03:20:10	2017-03-29	11:00:00	2017-03-30	4	194400
r5	h_16	c_1	2017-09-05 19:50:37	2017-09-22	10:30:00	2017-09-23	3	68100
r6	h_241	c_1	2017-11-27 18:47:05	2017-12-04	12:00:00	2017-12-06	3	36000
r7	h_256	c_1	2017-12-29 10:38:36	2018-01-25	10:30:00	2018-01-28	1	103500
r8	h_241	c_1	2018-05-26 08:42:51	2018-06-08	10:00:00	2018-06-09	1	6000
r9	h_217	c_2	2016-03-05 13:31:06	2016-03-25	09:30:00	2016-03-27	3	68400
r10	h_240	c_2	2016-06-25 09:12:22	2016-07-14	11:00:00	2016-07-17	4	320400
r11	h_183	c_2	2016-11-19 12:49:10	2016-12-08	11:00:00	2016-12-11	1	29700
r12	h_268	c_2	2017-05-24 10:06:21	2017-06-20	09:00:00	2017-06-21	4	81600
r13	h_223	c_2	2017-10-19 03:03:30	2017-10-21	09:30:00	2017-10-23	1	137000
r14	h_133	c_2	2018-02-18 05:12:58	2018-03-12	10:00:00	2018-03-15	2	75600
r15	h_92	c_2	2018-04-19 11:25:00	2018-05-04	12:30:00	2018-05-05	2	68800
r16	h_135	c_2	2018-07-06 04:18:28	2018-07-08	10:00:00	2018-07-09	4	46400

↓ customer_idごとにtotal_priceの
1件前から3件前までの平均値を算出

reserve_id	hotel_id	customer_id	reserve_datetime	checkin_date	checkin_time	checkout_date	people_num	total_price	price_avg
r1	h_75	c_1	2016-03-06 13:09:42	2016-03-26	10:00:00	2016-03-29	4	97200	NaN
r2	h_219	c_1	2016-07-16 23:39:55	2016-07-20	11:30:00	2016-07-21	2	20600	97200
r3	h_179	c_1	2016-09-24 10:03:17	2016-10-19	09:00:00	2016-10-22	2	33600	58900
r4	h_214	c_1	2017-03-08 03:20:10	2017-03-29	11:00:00	2017-03-30	4	194400	50466.67
r5	h_16	c_1	2017-09-05 19:50:37	2017-09-22	10:30:00	2017-09-23	3	68100	82866.67
r6	h_241	c_1	2017-11-27 18:47:05	2017-12-04	12:00:00	2017-12-06	3	36000	98700
r7	h_256	c_1	2017-12-29 10:38:36	2018-01-25	10:30:00	2018-01-28	1	103500	99500
r8	h_241	c_1	2018-05-26 08:42:51	2018-06-08	10:00:00	2018-06-09	1	6000	69200
r9	h_217	c_2	2016-03-05 13:31:06	2016-03-25	09:30:00	2016-03-27	3	68400	NaN
r10	h_240	c_2	2016-06-25 09:12:22	2016-07-14	11:00:00	2016-07-17	4	320400	68400
r11	h_183	c_2	2016-11-19 12:49:10	2016-12-08	11:00:00	2016-12-11	1	29700	194400
r12	h_268	c_2	2017-05-24 10:06:21	2017-06-20	09:00:00	2017-06-21	4	81600	139500
r13	h_223	c_2	2017-10-19 03:03:30	2017-10-21	09:30:00	2017-10-23	1	137000	143900
r14	h_133	c_2	2018-02-18 05:12:58	2018-03-12	10:00:00	2018-03-15	2	75600	82766.67
r15	h_92	c_2	2018-04-19 11:25:00	2018-05-04	12:30:00	2018-05-05	2	68800	98066.67
r16	h_135	c_2	2018-07-06 04:18:28	2018-07-08	10:00:00	2018-07-09	4	46400	93800

サンプルコード▶004_join/03_c

114 第**4**章 結合

SQLによる前処理

AVG関数をWindow関数として利用するだけです。先ほどの例題が分かれば簡単でしょう。

SQL Awesome

sql_awesome.sql

```
SELECT

  *,

  AVG(total_price) OVER

  (PARTITION BY customer_id ORDER BY checkin_date ROWS

   BETWEEN 3 PRECEDING AND 1 PRECEDING) AS price_avg


FROM work.reserve_tb
```

Point

前の例題を参考にすればそれほど難しくないでしょう。AVG関数をWindow関数として利用し、計算しています。

Rによる前処理

RcppRollパッケージのroll関数は、指定した件数を満たさない場合は値が計算されず利用できません。lag関数をうまく組み合わせて実現しましょう。

R Not Awesome

r_not_awesome.R（抜粋）

```
# row_number関数でreserve_datetimeを利用するために、POSIXct型に変換

# (「第10章 日時型」で詳しく解説)

reserve_tb$reserve_datetime <-

  as.POSIXct(reserve_tb$reserve_datetime, format='%Y-%m-%d %H:%M:%S')


reserve_tb %>%

  group_by(customer_id) %>%

  arrange(reserve_datetime) %>%


  # 1～3件前のtotal_priceの合計をlag関数によって計算

  # if_else関数とrank関数を組み合わせて、何件合計したかを判定
```

Part 2

4
結
合

```
# order_by=reserve_datetimeの指定は、事前に並び替えられているので必須ではない
# 合計した件数が0だった場合、0で割っているためprice_avgがNANとなる
mutate(price_avg=
         (  lag(total_price, 1, order_by=reserve_datetime, default=0)
          + lag(total_price, 2, order_by=reserve_datetime, default=0)
          + lag(total_price, 3, order_by=reserve_datetime, default=0))
         / if_else(row_number(reserve_datetime) > 3,
                   3, row_number(reserve_datetime) - 1))
```

　lag関数とrow_number関数を組み合わせて、平均値を計算しています。

　lag関数を利用して、1件前、2件前、3件前のデータをそれぞれ取得し、合計値を計算しています。該当データがない場合は、default引数で0となるように設定しているので、対象の件数が1～2件の場合でも合計値が算出されます。

　row_number関数は同じcustomer_idごとにまとめたグループの中でreserve_datetimeの古いレコード順に並び替えたとき、何番目のデータであるかを計算しています。この値をif_else関数で判定し、3件より大きい場合は3、3件以下の場合はrow_number関数で計算した値から1を引いたものを返すことによって、該当する過去データの件数を計算しています。

　lag関数では合計値、row_number関数では合計した件数を算出したので、合計値を件数で割り、平均値を計算しています。

■ Point

lag関数を繰り返し、複雑な分岐がある可読性の低いコードになっています。また参照する件数が増えるほどコード量も増えてしまうので、変更に対しても弱いコードです。同様の計算を無断で繰り返してしまい、Awesomeとは口が裂けても言えません。ただし、zooライブラリのrollapplyr関数などを利用すればRでも簡単に実現できます。興味がある方は調べてみましょう。

Pythonによる前処理

　先ほどの例と同様にrolling関数を利用して計算しますが、rolling関数は自身のデータ行を基準にした選択しかできません。この問題に対応するには、データ行をずらすことができるshift関数を利用します。

第4章 結合

Python Not Awesome

python_not_awesome.py（抜粋）

```python
# customer_idごとにreserve_datetimeでデータを並び替え
result = reserve_tb.groupby('customer_id') \
  .apply(lambda x: x.sort_values(by='reserve_datetime', ascending=True)) \
  .reset_index(drop=True)


# 新たな列としてprice_sumを追加
result['price_sum'] = pd.Series(
  result
    # customer_idごとにtotal_priceのwindow3件にまとめ、その合計値を計算
    .groupby('customer_id')
    .rolling(center=False, window=3, min_periods=3).sum()

    # group化を解除すると同時に、total_priceの列を取り出し
    .reset_index(drop=True)
    .loc[:, 'total_price']
)
```

　先ほどの例と同様、rolling関数を活用して、平均利用金額を計算しています。また、min_periods引数を1に設定することによって、3件に満たない場合でも計算するようになっています。また、自身のデータ行を除く3件の平均利用金額を計算する必要がありますが、rolling関数では自身のデータが必ず入ってしまうのでshift関数を利用しています。shift関数はデータ行を下にずらす関数です。periods引数にずらす行数を指定します。

4-3 過去データの結合   117

■Point
rolling関数を利用すると複雑なコードになります。自身のデータ行を除くためには、shift関数を追加する必要があり、コードはさらに長く複雑になります。無駄な計算処理は発生していませんが、Awesomeなコードとは言えません。

 過去n日間の合計値

対象のデータセットは、ホテルの予約レコードです。予約テーブルのすべてのデータ行に対して、自身の行を含めないで同じ顧客の過去90日間の合計予約金額の情報を付与しましょう（図4.13）。予約が1回もない場合は0とします。

図4.13 過去90日間の予約金額を合計

reserve_id	hotel_id	customer_id	reserve_datetime	checkin_date	checkin_time	checkout_date	people_num	total_price
r1	h_75	c_1	2016-03-06 13:09:42	2016-03-26	10:00:00	2016-03-29	4	97200
r2	h_219	c_1	2016-07-16 23:39:55	2016-07-20	11:30:00	2016-07-21	2	20600
r3	h_179	c_1	2016-09-24 10:03:17	2016-10-19	09:00:00	2016-10-22	2	33600
r4	h_214	c_1	2017-03-08 03:20:10	2017-03-29	11:00:00	2017-03-30	4	194400
r5	h_16	c_1	2017-09-05 19:50:37	2017-09-22	10:30:00	2017-09-23	3	68100
r6	h_241	c_1	2017-11-27 18:47:05	2017-12-04	12:00:00	2017-12-06	3	36000
r7	h_256	c_1	2017-12-29 10:38:36	2018-01-25	10:30:00	2018-01-28	1	103500
r8	h_241	c_1	2018-05-26 08:42:51	2018-06-08	10:00:00	2018-06-09	1	6000
r9	h_217	c_2	2016-03-05 13:31:06	2016-03-25	09:30:00	2016-03-27	3	68400
r10	h_240	c_2	2016-06-25 09:12:22	2016-07-14	11:00:00	2016-07-17	4	320400
r11	h_183	c_2	2016-11-19 12:49:10	2016-12-08	11:00:00	2016-12-11	1	29700
r12	h_268	c_2	2017-05-24 10:06:21	2017-06-20	09:00:00	2017-06-21	4	81600
r13	h_223	c_2	2017-10-19 03:03:30	2017-10-21	09:30:00	2017-10-23	1	137000
r14	h_133	c_2	2018-02-18 05:12:58	2018-03-12	10:00:00	2018-03-15	2	75600
r15	h_92	c_2	2018-04-19 11:25:00	2018-05-04	12:30:00	2018-05-05	2	68800
r16	h_135	c_2	2018-07-06 04:18:28	2018-07-08	10:00:00	2018-07-09	4	46400

↓ 同じcustomer_idの過去90日間の予約レコードと結合し、reserve_idごとにtotal_priceの合計値を算出

reserve_id	total_price_90d
r3	20600
r6	68100
r7	36000
r15	75600
r16	68800

↓ reserve_idをキーに結合。結合するレコードがない場合は、total_price_90dを0とする

第4章 結合

reserve_id	hotel_id	customer_id	reserve_datetime	checkin_date	checkin_time	checkout_date	people_num	total_price	total_price_90d
r1	h_75	c_1	2016-03-06 13:09:42	2016-03-26	10:00:00	2016-03-29	4	97200	0
r2	h_219	c_1	2016-07-16 23:39:55	2016-07-20	11:30:00	2016-07-21	2	20600	0
r3	h_179	c_1	2016-09-24 10:03:17	2016-10-19	09:00:00	2016-10-22	2	33600	20600
r4	h_214	c_1	2017-03-08 03:20:10	2017-03-29	11:00:00	2017-03-30	4	194400	0
r5	h_16	c_1	2017-09-05 19:50:37	2017-09-22	10:30:00	2017-09-23	3	68100	0
r6	h_241	c_1	2017-11-27 18:47:05	2017-12-04	12:00:00	2017-12-06	3	36000	68100
r7	h_256	c_1	2017-12-29 10:38:36	2018-01-25	10:30:00	2018-01-28	1	103500	36000
r8	h_241	c_1	2018-05-26 08:42:51	2018-06-08	10:00:00	2018-06-09	1	6000	0
r9	h_217	c_2	2016-03-05 13:31:06	2016-03-25	09:30:00	2016-03-27	3	68400	0
r10	h_240	c_2	2016-06-25 09:12:22	2016-07-14	11:00:00	2016-07-17	4	320400	0
r11	h_183	c_2	2016-11-19 12:49:10	2016-12-08	10:00:00	2016-12-11	1	29700	0
r12	h_268	c_2	2017-05-24 10:06:21	2017-06-20	09:00:00	2017-06-21	4	81600	0
r13	h_223	c_2	2017-10-19 03:03:30	2017-10-21	09:30:00	2017-10-23	1	137000	0
r14	h_133	c_2	2018-02-18 05:12:58	2018-03-12	10:00:00	2018-03-15	2	75600	0
r15	h_92	c_2	2018-04-19 11:25:00	2018-05-04	12:30:00	2018-05-05	2	68800	75600
r16	h_135	c_2	2018-07-06 04:18:28	2018-07-08	10:00:00	2018-07-09	4	46400	68800

サンプルコード▶004_join/03_d

SQLによる前処理

結合範囲が件数ではなく、結合条件にしたがう場合には、Window関数は利用できないので、JOIN句を用いた結合を利用します。

SQL Awesome

sql_awesome.sql

```sql
SELECT
  -- 結合元のデータ列をすべて取得
  base.*,

  -- 対象の件数が0件の場合は0、1件以上ある場合は合計金額を計算
  COALESCE(SUM(combine.total_price), 0) AS price_sum

-- 結合元の予約テーブルの指定
FROM work.reserve_tb base

-- 過去の情報として結合する予約テーブルの指定
LEFT JOIN work.reserve_tb combine

  -- 同じcustomer_id同士で結合
  ON base.customer_id = combine.customer_id
```

元
4
結合

Part 2

```
  -- 過去のデータのみを結合対象として指定
  AND base.reserve_datetime > combine.reserve_datetime


  -- 90日前までの過去のデータのみを結合対象として指定(「第10章 日時型」で詳しく解説)
  AND DATEADD(day, -90, base.reserve_datetime) <= combine.reserve_datetime


-- 結合元の予約テーブルのすべてのデータ列で集約
GROUP BY base.reserve_id, base.hotel_id, base.customer_id,
  base.reserve_datetime, base.checkin_date, base.checkin_time, base.checkout_date,
  base.people_num, base.total_price
```

■ Point

SQLでは、結合条件に不等式を利用できます。ON句内で同じ顧客という条件の他に、過去データの予約日時の範囲を不等式を用いて指定しています。RやPythonと比較して、可読性高くかつ余分な結合処理がないAwesomeなコードです。このような一定期間の過去データと結合する処理を行う場合には、SQLが圧倒的にお勧めです。

Rによる前処理

　現状のdplyrパッケージでは、join関数内で不等式を指定することはできません。そのため、等式でできる限り結合対象を減らして結合したあとに、不等式によって絞り込み、目当てのデータを作る必要があります。

R Not Awesome

r_not_awesome.R（抜粋）

```r
library(tidyr)


# row_number関数でreserve_datetimeを利用するために、POSIXct型に変換
# (「第10章 日時型」で詳しく解説)
reserve_tb$reserve_datetime <-
  as.POSIXct(reserve_tb$reserve_datetime, format='%Y-%m-%d %H:%M:%S')


# 過去90日間の合計予約金額を計算したテーブル
sum_table <-
```

```r
# reserve_datetimeの日付を確認せずに、同じcustomer_idのデータ行同士をすべて結合
inner_join(
  reserve_tb %>%
    select(reserve_id, customer_id, reserve_datetime),
  reserve_tb %>%
    select(customer_id, reserve_datetime, total_price) %>%
    rename(reserve_datetime_before=reserve_datetime),
  by='customer_id') %>%

# checkinの日付を比較して、90日以内のデータが結合されているデータ行のみ抽出
# 60*60*24*90は、60秒*60分*24時間*90日を意味し、90日間分の秒数を計算
# (日付のデータ型については、「第10章 日時型」で詳しく解説)
filter(reserve_datetime > reserve_datetime_before &
         reserve_datetime - 60 * 60 * 24 * 90 <= reserve_datetime_before) %>%
select(reserve_id, total_price) %>%

# reserve_idごとにtotal_priceの合計値を計算
group_by(reserve_id) %>%
summarise(total_price_90d=sum(total_price)) %>%
select(reserve_id, total_price_90d)

# 計算した合計値を結合し、元のテーブルに情報を付与
# 合計値が存在しないレコードの合計値の値を、replace_naを利用して0に変更
left_join(reserve_tb, sum_table, by='reserve_id') %>%
  replace_na(list(total_price_90d=0))
```

■ Point

inner_join関数の部分で、同じcustomer_idのデータ行同士をすべて結合しているので、中間データサイズが膨れ上がります。その結果、必要なメモリが膨大になり、かつ計算量が多くなってしまっています。さらに、コードも長くAwesomeなコードには程遠いです。

4-3 過去データの結合   121

Part 2

Pythonによる前処理

Python Not Awesome

python_not_awesome.py（抜粋）

4
結合

```python
import pandas.tseries.offsets as offsets
import operator


# 日時の計算に利用するため、データ型を文字列から日付型に変換
# (「第10章 日時型」で詳しく解説)
reserve_tb['reserve_datetime'] = \
  pd.to_datetime(reserve_tb['reserve_datetime'], format='%Y-%m-%d %H:%M:%S')


# reserve_datetimeの日付を確認せずに、同じcustomer_idのデータ行同士をすべて結合
sum_table = pd.merge(
  reserve_tb[['reserve_id', 'customer_id', 'reserve_datetime']],
  reserve_tb[['customer_id', 'reserve_datetime', 'total_price']]
            .rename(columns={'reserve_datetime': 'reserve_datetime_before'}),
  on='customer_id')


# checkinの日付を比較して、90日以内のデータが結合されているデータ行のみ抽出
# operatorのand_関数を利用して、複合条件を設定
# reserve_idごとにtotal_priceの合計値を計算
# (日付のデータ型については、「第10章 日時型」で詳しく解説)
sum_table = sum_table[operator.and_(
  sum_table['reserve_datetime'] > sum_table['reserve_datetime_before'],
  sum_table['reserve_datetime'] + offsets.Day(-90) <= sum_table['reserve_datetime_before']
)].groupby('reserve_id')['total_price'].sum().reset_index()


# 列名を設定
sum_table.columns = ['reserve_id', 'total_price_sum']


# 計算した合計値を結合し、元のテーブルに情報を付与
# 合計値が存在しないレコードの合計値の値を、fillnaを利用して0に変更
```

第**4**章 **結合**

```
pd.merge(reserve_tb, sum_table, on='reserve_id', how='left').fillna(0)
```

■Point

前述のRと同様の処理構成となっているので、同様に中間データサイズが膨れ上がってしまいます。当然、Awesomeなコードではありません。

4-4
全結合

`SQL`
`R`
`Python`

　前節までは結合キーがある結合について紹介してきましたが、データ分析では結合キーを指定しない**全結合**が必要となることがあります。全結合とは、結合するテーブル同士のすべての組み合わせを掛け合わせて生成する結合です。主に、集計や学習データ作成のための前処理として利用されます。

　たとえば、顧客の月ごとの利用金額を集計するとします。予約テーブルがあれば、顧客と月ごとに利用金額の値を集約して、合計利用金額を計算できます。しかし、この計算方法では、ある顧客のある月の利用がない場合は予約レコードが存在しないので、期待する利用料金が0円という結果は生成されません。このような問題を全結合をによって回避できます。事前に顧客IDと集計対象期間の月を全結合してから、予約レコードを結合することによって、利用料金が0円という結果が生成されるのです。

　以上のように、対象のレコードがない場合にもレコードを生成したいときには、全結合は有効な手段です。ただし、1つ注意が必要です。全結合はすべての組み合わせを生成するので、データ数が膨大に膨れ上がります。そのため、必要最低限の範囲で全結合することが必須です。

Ｑ 全結合処理

　対象のデータセットは、ホテルの予約レコードです。顧客ごとに2017年1月～2017年3月の月間合計利用料金を計算しましょう。利用がない月は、0としましょう（図4.14）。日付はチェックイン日付を利用します。

4-4 全結合

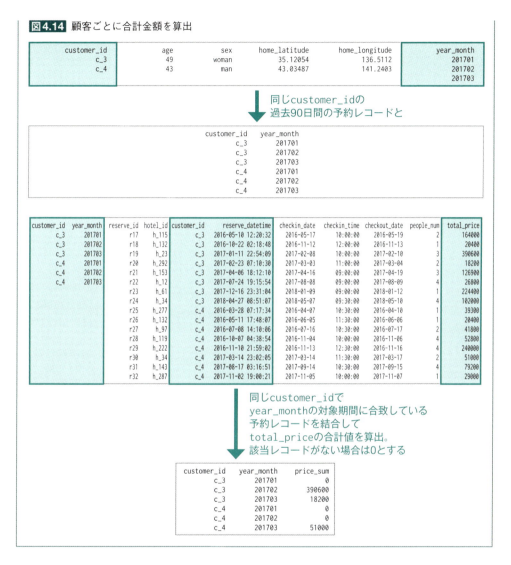

サンプルコード ▶ 004_join/04

SQLによる前処理

　全結合を行う場合は、CROSS JOIN句を利用します。JOIN句の利用方法とほぼ同様で、異なる点はON句で結合条件を設定しない点です。また、SQLを利用して一時的な年月マスタを作成することは難しいので、事前に汎用的なテーブルとしてデータベース常に年月マスタ（図4.15）を準備するのが良いでしょう。

124　第4章　結合

図4.15 年月マスタのテーブル例

year_num	month_num	month_first_day	month_last_day
2016	1	2016-01-01	2016-01-31
2016	2	2016-02-01	2016-02-29
2016	3	2016-03-01	2016-03-31
2016	4	2016-04-01	2016-04-30
2016	5	2016-05-01	2016-05-31
2016	6	2016-06-01	2016-06-30
2016	7	2016-07-01	2016-07-31

SQL Awesome　　　　　　　　　　　　　　　　　　sql_awesome.sql

```sql
SELECT
  cus.customer_id,

  -- 年月マスタから年を取得
  mst.year_num,

  -- 年月マスタから月を取得
  mst.month_num,

  -- 該当のtotal_priceがある場合は足し合わせ、ない場合は0を足し合わせる
  SUM(COALESCE(rsv.total_price, 0)) AS total_price_month

FROM work.customer_tb cus

-- 顧客テーブルと年月マスタと全結合
CROSS JOIN work.month_mst mst

-- 顧客テーブルと年月マスタと予約テーブルを結合
LEFT JOIN work.reserve_tb rsv
  ON cus.customer_id = rsv.customer_id
    AND mst.month_first_day <= rsv.checkin_date
    AND mst.month_last_day >= rsv.checkin_date

-- 年月マスタの対象期間を絞り込み
```

```
WHERE mst.month_first_day >= '2017-01-01'
  AND mst.month_first_day < '2017-04-01'
GROUP BY cus.customer_id, mst.year_num, mst.month_num
```

■Point

顧客テーブルと年月マスタテーブルを全結合してから、予約テーブルと結合することで、利用がない月の料金も結果に含まれるようにしています。コードで利用しているようなmonth_mst（年、月、月はじめの日付、月おわりの日付）のような年月マスタだけではなく、日マスタ、年マスタもあると便利です。事前準備したテーブルをうまく利用したAwesomeなコードです。

Rによる前処理

dplyrパッケージが提供しているjoin関数では、全結合をサポートしていません。結合する両テーブルにすべて同じ値の結合キーを持たせることで実現できますが、Rがデフォルトで提供しているmerge関数を利用して全結合することもできます。

R Awesome

r_awesome.R（抜粋）

```
library(tidyverse)

# 計算対象の年月のデータフレームを作成
month_mst <- data.frame(year_month=
  # 2017-01-01、2017-02-01, 2017-03-01を生成し、format関数で形式を年月に変換
  # （日付のデータ型については、「第10章 日時型」で詳しく解説）
  format(seq(as.Date('2017-01-01'), as.Date('2017-03-01'), by='months'),
         format='%Y%m')
)

# 顧客IDと計算対象のすべての年月が結合したテーブル
customer_mst <-

  # すべての顧客IDと年月マスタを全結合
  merge(customer_tb %>% select(customer_id), month_mst) %>%
```

```
# mergeで指定した結合キーのデータ型がカテゴリ型になっているので、文字型に戻す
# (カテゴリ型については、「第9章 カテゴリ型」で詳しく解説)
mutate(customer_id=as.character(customer_id),
       year_month=as.character(year_month))
```

```
# 合計利用金額を月ごとに計算
left_join(
  customer_mst,

  # 予約テーブルに年月の結合キーを準備
  reserve_tb %>%
    mutate(checkin_month = format(as.Date(checkin_date), format='%Y%m')),

  # 同じcustomer_idと年月を結合
  by=c('customer_id'='customer_id', 'year_month'='checkin_month')
) %>%

  # customer_idと年月で集約
  group_by(customer_id, year_month) %>%

  # 合計金額を算出
  summarise(price_sum=sum(total_price)) %>%

  # 予約レコードがなかった場合の合計金額を値なしから0に変換
  replace_na(list(price_sum=0))
```

seqに日付を指定し、byにmonthsを指定して月単位の日付を生成し、formatで年付きの文字列に変換することで、年月マスタを作成しています。日付型の変換については、「**第10章 日時型**」で詳しく解説します。

merge関数はRがデフォルトで提供している結合処理の関数です。通常の結合では、結合キーをby引数に指定する必要がありますが、全結合の場合は指定してはいけません。また、merge関数を利用すると結合キーの文字列がカテゴリ型（factor型）になってしまうので、注意が必要です。

■ Point

処理が重くなりやすい全結合の処理は、最低限の列が対象になるように設計してあります。少しコードは長いですが、Awesomeなコードではあります。ただし、やはりSQLの方が、計算パフォーマンス／可読性ともにAwesomeなコードです。

Pythonによる前処理

Pythonでは、全結合用の関数が提供されていません。全結合を実現するためには、すべてが同じ値である結合キーを準備する必要があります。

Python Awesome　　　　　　　　　python_awesome.py（抜粋）

```python
# 日付型用のライブラリ
import datetime
# 日付の計算用のライブラリ
from dateutil.relativedelta import relativedelta

# 年月マスタの生成
month_mst = pd.DataFrame({
  'year_month':
    # relativedeltaで2017-01-01をx月間進める、xは0,1,2を代入
    # 2017-01-01, 2017-02-01, 2017-03-01のリストを生成
    [(datetime.date(2017, 1, 1) + relativedelta(months=x)).strftime("%Y%m")
      for x in range(0, 3)]
})

# cross joinのためにすべて同じ値の結合キーを準備
customer_tb['join_key'] = 0
month_mst['join_key'] = 0
```

128　第4章　結合

```python
# customer_tbとmonth_mstを準備した結合キーで内部結合し、全結合を実現
customer_mst = pd.merge(
    customer_tb[['customer_id', 'join_key']], month_mst, on='join_key'
)

# 年月の結合キーを予約テーブルで準備
reserve_tb['year_month'] = reserve_tb['checkin_date'] \
    .apply(lambda x: pd.to_datetime(x, format='%Y-%m-%d').strftime("%Y%m"))

# 予約レコードと結合し、合計利用金額を計算
summary_result = pd.merge(
    customer_mst,
    reserve_tb[['customer_id', 'year_month', 'total_price']],
    on=['customer_id', 'year_month'], how='left'
).groupby(['customer_id', 'year_month'])["total_price"] \
    .sum().reset_index()

# 予約レコードがなかった場合の合計金額を値なしから0に変換
summary_result.fillna(0, inplace=True)
```

　operatorライブラリのand_関数は、引数にbooleanリストのリストを指定し、リストの番号（インデックス）ごとに、すべてTrueのときのみTrueに、それ以外はFalseに変換する関数です。たとえば、operator.and_([True, False, True, False], [True, True, False, False])の場合は、[True, False, False, False]が返されます。

　日付型のデータに、relativedelta関数によって月単位で日数を足したあとに、strftime関数で年月の文字列に変換することで、年月マスタを作成しています。日付型の変換については「**第10章 日時型**」で詳しく解説します。

　全結合を行う関数はPythonでは提供されていないので、すべてが同じ値の列を結合するテーブルの双方に新たな列として追加します。追加したキーを結合キーに指定して、内部結合をすれば全結合と同じ結果が生成できます。

4-4 全結合 129

Part 2

4
結合

■Point

無理やり結合キーを生成して全結合を再現しているのでコードは長くなってしまっています
が、読めないコードではないでしょう。しかし、SQLのコードの方がAwesomeです。

第5章 分割

　データの**分割**は予測モデルを評価する際に必要になる前処理です。主に学習データ（予測モデルを構築する際に利用するデータ）と検証データ（モデルの精度を測定するためのデータ）の分割に利用されます。

　学習データと検証データは、必要とする列データは同じです。「予測モデルに入力するための列データ」と「予測モデルの予測対象の列データ」です。そのため、学習データと検証データに対して適用する前処理はすべて同じです。よって、学習データと検証データは、なるべく同じデータとしてまとめて扱い、予測モデルに入力する直前に分割するのがAwesomeなやり方です。

　学習データと検証データ以外にも予測モデルに利用するデータがあります。それは、予測モデルを利用して、予測するのに利用するデータです。一般的ではないですが、本書ではこのデータを適用データと呼んでいます。適用データは当然答えが分からない状態で利用するので、予測モデルの予測対象の値は持っていません。学習データや検証データと異なり、答えが分からない時点のデータであり、データの取得方法もデータフローもデータを利用するタイミングも異なります。よって、データの分割が必要となることはありません。

　データを分割する機能は、機械学習系のライブラリが充実しているPythonやRでは提供されています。SQLでもかなり複雑な記述をすることで実現できますが、ほとんどの機械学習の手法はSQL上では利用できないため、機械学習を実行するときにはPythonやR上でデータを読み込む必要があります。結果として、無理にSQLでデータ分割を実現する理由はありません。したがって、プログラミング言語は、RまたはPythonを選択するのが良いでしょう。本書においても、RとPythonについてのみ紹介します。

5-1 レコードデータにおけるモデル検証用のデータ分割

R Python

　最もメジャーなモデルの検証方法は、**交差検証（クロスバリデーション）**です。交差検証では、データをいくつかに分割し、その分割した1つのデータ群をモデルの評価用のデータとして利用し、その他のデータ群でモデルの学習を行います。すべてのデータ群が一度だけ評価用のデータとして採用されるように、データ群の個数分繰り返して精度測定を行い、モデルを評価します（図5.1）。

　交差検証は過学習の影響を排除して、予測モデルの正確な精度が測定できる方法です。過学習とは、学習データに過度に依存したモデルを構築してしまい、学習データ以外のデータに対してはまともな予測ができなくなってしまうことです。たとえば、身長の予測モデル構築をするとします。学習データに33才のデータが1つしかなく、そのデータの身長が175cmで、このデータに対して過学習してしまった場合、構築したモデルは33才の人間は必ず身長が175cmであると予測してしまいます。当然、33才の人間の身長が必ず175cmであるわけではないので、学習データ以外の予測ではモデルの精度は非常に低くなります。このような問題による精度低下を考慮したモデルの精度を、交差検証によって測定できます。

図5.1 交差検証

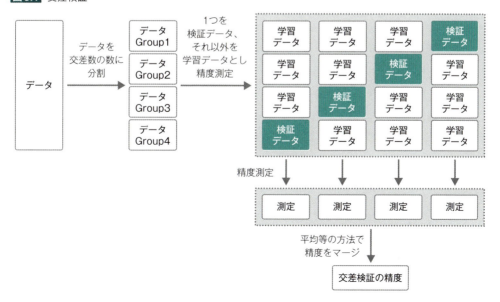

交差検証では、分割数を入力パラメータとして与える必要があります。このパラメータを**交差数**と呼びます。交差数の設定は、学習データ量と計算量に影響を与えます。たとえば、交差数が2の場合について考えてみましょう。この場合は、学習データ量は全体の50%（1/2）しか利用できず、交差検証を行わないときの精度より悪い精度が出る可能性が高くなります。しかし、交差検証のための処理にかかる計算コストは、モデル構築と検証を2回するだけで済むので、多くても交差検証を行わないときの2倍にしかなりません。次に、交差数が10の場合について考えてみましょう。この場合は、学習データ量は全体の90%（(10 − 1) ÷ 10）利用でき、交差検証を行わないときの精度と大きく変わらない可能性が高いです。一方で、モデル構築と検証を10回を繰り返す必要があり、最大で交差検証を行わないときの10倍の計算量になります。このように、交差数は学習データ量と計算量のトレードオフの関係を考慮して、設定する必要があります。基本指針としては、精度が落ちない程度の学習データ量を確保できる中で、なるべく小さな交差数を設定するのがお勧めです（筆者の感覚ですが、交差数を8に設定するケースが多いと思います。これは、「学習データ量が元の80%以上確保できる点」と「交差検証は並列処理ができ、手元のCPUのコア数が8コアの場合が多い点」からきているのではないかと予想しています）。

　補足ですが、前述で述べたとおり交差検証は有用なモデル精度の検証方法ですが、まったく問題がないわけではありません。たとえば、交差検証を繰り返しながら、交差検証のモデルの精度を上げるチューニングを続けると、交差検証の問題に対して過学習している状態に近づいていきます。学習データと検証データを別にしているため極端な過学習の状態に陥ることはありませんが、運用時の精度との乖離は大きくなっていきます。このような問題にきちんと対応するには、交差検証用のデータとは別にプライベートなデータをあらかじめ準備しておき、最後にこのデータを使ってモデルの精度を検証する必要があります。このような検証を**ホールドアウト検証**と呼びます。

　ホールドアウト検証は学習に利用できるデータが減ることになるので、データ量が少ない場合に利用することは難しいです。また手間もかかるので、モデルの精度がビジネスの利益に大きく作用する場合以外は、あまり利用されていません。しかし、筆者の個人的な考えとしては、自らのミスを確認するためにもデータ量に余裕があるときはホールドアウト検証をすることをお勧めします。

交差検証

対象のデータセットは、製造レコードです。製造レコードのデータを用いて、予測モデル構築のためのデータ分割を行います。データの20%をホールドアウト検証用のテストデータとして確保し、残りのデータで交差数4の交差検証を行いましょう（図5.2）。

図5.2 ホールドアウト検証を利用する際のデータ分割

type	length	thickness	fault_flg
B	-34.743311	-1.5865954	True
E	-10.789816	-0.2620702	False
E	9.228733	0.4333280	False
C	147.110538	26.6938774	False
D	1.363170	0.1661490	False
B	-7.879625	-0.9626665	True
B	-60.878717	-4.4510080	False
E	-28.377433	-1.3960276	True
D	-43.324622	-5.8571695	False
D	72.747374	12.4784050	False
C	108.399187	15.5813578	True
C	15.113713	2.2487359	False
B	-86.635975	-11.4731778	False
B	-82.739878	-5.0718539	False
E	-30.850873	-3.0772432	False
E	-60.622788	-5.0388515	False
E	58.865154	2.2261563	False
A	-62.484811	-8.8844766	False
D	50.858233	1.9775838	False
B	-73.465397	-1.8891682	False

 ホールドアウト検証用の
学習データとテストデータに分割

ホールドアウト検証の学習データ

type	length	thickness	fault_flg
B	-34.743311	-1.5865954	True
E	-10.789816	-0.2620702	False
E	9.228733	0.4333280	False
C	147.110538	26.6938774	False
D	1.363170	0.1661490	False
B	-7.879625	-0.9626665	True
B	-60.878717	-4.4510080	False
E	-28.377433	-1.3960276	True
D	-43.324622	-5.8571695	False
C	15.113713	2.2487359	False
B	-82.739878	-5.0718539	False
E	-30.850873	-3.0772432	False
E	-60.622788	-5.0388515	False
A	-62.484811	-8.8844766	False
D	50.858233	1.9775838	False
B	-73.465397	-1.8891682	False

ホールドアウト検証の検証データ

type	length	thickness	fault_flg
D	72.74737	12.478405	False
C	108.39919	15.581358	True
B	-86.63597	-11.473178	False
E	58.86515	2.226156	False

第5章 分割

交差検証用のテストデータと
学習データに分割（公差数分繰り返し）

交差検証の学習データ

```
type      length    thickness fault_flg
  C     15.113713    2.2487359     False
  D      1.363170    0.1661490     False
  B    -73.465397   -1.8891682     False
  E    -60.622788   -5.0388515     False
  B     -7.879625   -0.9626665      True
  D     50.858233    1.9775838     False
  D    -43.324622   -5.8571695     False
  B    -60.878717   -4.4510080     False
  B    -34.743311   -1.5865954      True
  A    -62.484811   -8.8844766     False
  B    -82.739878   -5.0718539     False
  E    -10.789816   -0.2620702     False
```

交差検証の検証データ

```
type      length    thickness fault_flg
  E      9.228733    0.433328      False
  E    -30.850873   -3.077243      False
  C    147.110538   26.693877      False
  E    -28.377433   -1.396028       True
```

サンプルコード▶005_split/01

Rによる前処理

　Rでは、データ分割するためのパッケージが数多く提供されています。また、機械学習モデルの関数の中に交差検証の処理が組み込まれている場合もあります。本コードでは、caToolsパッケージのsample.split関数とcvToolsパッケージのcvFolds関数を用いて解説しています。これらを選定する理由は、データ行番号によってデータ分割を実現するシンプルな機能を提供している関数であり、汎用性が高いからです。

R Awesome

r_awesome.r（抜粋）

```r
# sample.split用のパッケージ
library(caTools)


# cvFolds用のパッケージ
library(cvTools)


# 乱数のシード設定。71はある界隈では幸運を呼ぶと言われている
set.seed(71)


# ホールドアウト検証用のデータ分割
# production_tb$fault_flg、データ行数と同じ長さのベクトルであればなんでも良い
```

```r
# test_tfは、学習データはFALSE、検証データがTRUEのデータ行数と同じ長さのベクトル
# SplitRatioは検証データの割合
test_tf <- sample.split(production_tb$fault_flg, SplitRatio=0.2)


# production_tbからホールドアウト検証における学習データを抽出
train <- production_tb %>% filter(!test_tf)


# production_tbからホールドアウト検証における検証データを抽出
private_test  <- production_tb %>% filter(test_tf)


# 交差検定用のデータ分割
cv_no <- cvFolds(nrow(train), K=4)


# cv_no$Kで設定した交差数分繰り返し処理（並列処理が可能）
for(test_k in 1:cv_no$K){

  # production_tbから交差検証における学習データを抽出
  train_cv <- train %>% slice(cv_no$subsets[cv_no$which!=test_k])


  # production_tbから交差検証における検証データを抽出
  test_cv <- train %>% slice(cv_no$subsets[cv_no$which==test_k])


  # train_cvを学習データ、test_cvを検証データとして機械学習モデルの構築、検証
}


# 交差検定の結果をまとめる


# trainを学習データ、private_testを検証データとして機械学習モデルの構築、検証
```

set.seed関数は乱数のシードを設定する関数です。シードとは、乱数の発生表の元で、同じ値を設定することで乱数を再現できます。これを設定しないと同じデータ分割が再現できなくなってしまうので、設定しておく癖を付けましょう。

sample.split関数は、学習データと検証データに分割するための関数です。引数に渡されたベクトルと同じ長さのTRUE/FALSEのベクトルを返します。FALSEは学習データ、TRUEは検証データを意味します。検証データの割合は、SplitRatio引数で設定できます。返されたベクトルを利用して、data.frameから学習データと検証データを抽出できます。

cvFolds関数は交差検証の学習データと検証データに分割するための関数です。Kで指定された交差数の交差番号ベクトル（`cv_no$which`）とランダムに並べ替えた行番号ベクトル（`cv_no$subsets`）を返します。学習／検証データを抽出するときは、ランダムに並べ替えた行番号ベクトルから、交差数の交差番号ベクトルに基づいて該当の交差番号に割り当たっている行番号を取得します。取得した行番号を元のdata.frameに適用すれば抽出することができます。

■ Point

パッケージを使わなくても、データ分割は簡単に実装できます。しかし、コードの可読性やバグの削減といった観点から、筆者としては有名なパッケージを活用することをお勧めします。その観点から、本コードはAwesomeといえるでしょう。

Pythonによる前処理

PythonでもR同様にさまざまなデータ分割ライブラリが提供されています。Rのパッケージ選定と同様にシンプルなデータ分割機能を提供しているsklearnライブラリのtrain_test_split関数とKFold関数を選定しています。sklearnライブラリは、Pythonで最も有名な機械学習ライブラリであり、利用者が多いことも選定理由の1つです。

Python Awesome

python_awesome.py

```python
from sklearn.model_selection import train_test_split
from sklearn.model_selection import KFold


# ホールドアウト検証用のデータ分割
# 予測モデルの入力値と予測対象の値を別々にtrain_test_split関数に設定
```

5-1 レコードデータにおけるモデル検証用のデータ分割　　137

```python
# test_sizeは検証データの割合
train_data, test_data, train_target, test_target = \
  train_test_split(production_tb.drop('fault_flg', axis=1),
                   production_tb[['fault_flg']],
                   test_size=0.2)

# train_test_splitによって、行名を現在の行番号に直す
train_data.reset_index(inplace=True, drop=True)
test_data.reset_index(inplace=True, drop=True)
train_target.reset_index(inplace=True, drop=True)
test_target.reset_index(inplace=True, drop=True)

# 対象の行番号リストを生成
row_no_list = list(range(len(train_target)))

# 交差検証用のデータ分割
k_fold = KFold(n_splits=4, shuffle=True)

# 交差数分繰り返し処理、並列処理も可能な部分
for train_cv_no, test_cv_no in k_fold.split(row_no_list):

  # 交差検証における学習データを抽出
  train_cv = train_data.iloc[train_cv_no, :]

  # 交差検証における検証データを抽出
  test_cv = train_data.iloc[test_cv_no, :]

  # train_dataとtrain_targetを学習データ、
  # test_dataとtest_targetを検証データとして機械学習モデルの構築、検証

# 交差検証の結果をまとめる
```

第**5**章　分割

```
# trainを学習データ、private_testを検証データとして機械学習モデルの構築、検証
```

　train_test_split関数は学習データと検証データに分割するための関数です。予測モデルの入力値と予測対象の値を別々に引数に渡し、test_size引数にテストデータの割合を設定することで、予測モデルの入力値と予測対象の値がそれぞれ学習データと検証データに分割されて返されます。データ分割時には、データ行はランダムに並び替えられ、さらに分割をしているのでインデックスとして付けられている行番号がバラバラになっています。後続に処理がある場合は、reset_index関数によって、インデックスを最初の行番号から現在の行番号に直しましょう。

　KFold関数は交差検証の学習データと検証データに分割するための関数です。引数で渡された行番号のリストから、n_folds引数で指定された交差数分の学習データの行番号リストと検証データの行番号リストのセットを生成します。学習／検証データを抽出するときは、生成された行番号リストを元のDataFrameに適用して抽出します。KFold引数はshuffle引数をTrueに設定しなければ、連続した行番号に対して同じ交差番号を振る仕様であり、ランダム性はありません。DataFrameのデータ行がランダムに並んでいない場合は、shuffle引数をTrueに設定する必要があります。

■Point

R同様にPythonでもライブラリを使わずコードを書くことはできますが、Pythonで機械学習を行うときにほぼ利用するsklearnライブラリに関数が準備されています。sklearnを利用する方が可読性やバグの防止の観点からAwesomeです。また、PythonとRでは似たような関数でも仕様の詳細が違うので、使い方には注意しましょう。

5-2
時系列データにおけるモデル検証用のデータ分割

R
Python

　多くの人が間違えてしまいがちなのですが、実は時系列データにおいて単純な交差検証は有効ではありません。なぜなら、交差検証によって不当にモデル精度が高くなってしまうことが多いからです。これは、未来のデータを使って予測モデルを作成し、過去のデー

タを検証しているケースが混ざってしまっていることが大きな原因です。

　たとえば、物件の価格を予測するモデルについて考えましょう。本来は過去のデータから予測モデルを作成して、未来の価格を予測する必要があります。築年数や物件の広さといった物件のスペックと価格の関係だけではなく、物件相場の長期変動といった要素も考えなければ精度の高い予測モデルを実現できません。しかし、ランダムに分割した交差検証時の学習データには未来と過去のデータが混ざっており、物件相場の長期変動を考慮しなくても精度悪化が生じません。その結果、物件相場の長期変動の変化が考慮されていない予測モデルが生成され、交差検証のときは精度が良くても、モデルの運用時には精度が悪化する可能性が高いです。このように時系列データにおいては交差検証を使うのはNGです。

　では、時系列データを用いる際は、どのようにモデルの精度を検証すれば良いのでしょうか？　その方法の1つとして、学習データと検証データを時間軸に対してスライドしながら検証する方法があります。たとえば、2016年の1年分のデータがあった場合、下記のようにスライドしながら検証するイメージです（図5.3上）。

- 1回目の検証は、1月 − 6月を学習データ、7 − 8月を検証データ
- 2回目の検証は、3月 − 8月を学習データ、9 − 10月を検証データ
- 3回目の検証は、5月 − 10月を学習データ、11 − 12月を検証データ

　このようにすることで、未来のデータを使って予測することがなくなり、交差検証と違って正確に精度を測定できます。しかし、実はこの例でも正確な検証はできていません。なぜならこのパターンだけでは、検証期間が7 − 12月の6ヵ月間だけで評価をしており、通年の評価にはなっていないからです。もし、季節によって大きく傾向が変わる問題であれば、この検証ではうまくいきません。よって、少なくても検証データが通年になるようにするべきですが、それにはさらに長い期間のデータが必要になります。

　このように、時系列データで予測モデルを構築する際は、基本的には学習／検証データの期間をスライドをさせながら検証を行うべきです。しかし、データ期間が足りない場合は、学習データをスライドせずに増やしていく検証もあります。先ほどの例で考えると、次のようになります（図5.3下）。

- 1回目の検証は、1月 − 6月を学習データ、7 − 8月を検証データ
- 2回目の検証は、1月 − 8月を学習データ、9 − 10月を検証データ
- 3回目の検証は、1月 − 10月を学習データ、11 − 12月を検証データ

この場合は、学習データを徐々に増やすことができます。ただし、検証期間によって学習データ量が異なるため、1回目と3回目の検証時のモデル精度が異なる場合もあり、検証によって運用時のモデル精度を正確に把握することは難しいです。しかし、データ量が少ない場合には、この検証方法を選択することもあります。その場合、モデル運用時の精度を把握するには、データ量と精度向上の関係もあわせて把握する必要があります。

図5.3 時系列データの検証用データの分割

それでは、実際に例題を解いてみましょう。

時系列データにおける学習／検証データの準備

対象のデータセットは、月ごとの経営指標です。月ごとのレコードデータを対象に、学習データと検証データを時間軸に対して1ヵ月ごとスライドしながら生成しましょう（図5.4）。学習期間は24ヵ月、検証期間は12ヵ月、スライドする期間は12ヵ月とします。

図5.4 時系列データを学習／検証データに分割

```
year_month    sales_amount    customer_number
2010-01        7191240            6885
2010-02        6253663            6824
2010-03        6868320            7834
2010-04        7147388            8552
2010-05        8755929            8171
2010-06        8373124            8925
2010-07        9916308           10104
2010-08       12393468           11236
2010-09       11116463            9983
2010-10        8933028           10477
2010-11       15456653           13283
2010-12       10358716           12275
2011-01       14693940           12974
2011-02       13857181           14918
2011-03       14358551           14318
2011-04       14456858           16313
2011-05       11843648           14773
2011-06       13360363           15035
2011-07       21355608           17879
2011-08       18967375           19190
2011-09       14431865           16676
2011-10       21377418           17830
2011-11       17600642           20179
2011-12       19250634           22143
2012-01       17911051           20521
2012-02       25463522           21875
2012-03       20119418           23667
2012-04       25893403           23565
2012-05       22022850           24826
2012-06       22059480           22390
2012-07       23467487           23515
2012-08       29272775           27095
2012-09       31017056           25984
2012-10       23617191           25813
2012-11       29220027           26596
2012-12       30238780           26831
```

 テストデータと学習データに分割
（期間がある分繰り返し）

第 5 章　分割

学習データ		
year_month	sales_amount	customer_number
2010-01	7191240	6885
2010-02	6253663	6824
2010-03	6868320	7834
2010-04	7147388	8552
2010-05	8755929	8171
2010-06	8373124	8925
2010-07	9916308	10104
2010-08	12393468	11236
2010-09	11116463	9983
2010-10	8933028	10477
2010-11	15456653	13283
2010-12	10358716	12275
2011-01	14693940	12974
2011-02	13857181	14918
2011-03	14358551	14318
2011-04	14456858	16313
2011-05	11843648	14773
2011-06	13360363	15035
2011-07	21355608	17879
2011-08	18967375	19190
2011-09	14431865	16676
2011-10	21377418	17830
2011-11	17600642	20179
2011-12	19250634	22143

検証データ		
year_month	sales_amount	customer_number
2012-01	17911051	20521
2012-02	25463522	21875
2012-03	20119418	23667
2012-04	25893403	23565
2012-05	22022850	24826
2012-06	22059480	22390
2012-07	23467487	23515
2012-08	29272775	27095
2012-09	31017056	25984
2012-10	23617191	25813
2012-11	29220027	26596
2012-12	30238780	26831

サンプルコード▶005_split/02

Rによる前処理

　時系列データを分割するために、本コードではcaretパッケージのcreateTimeSlices関数
を利用しています。createTimeSlices関数は対象のデータ行番号を生成するだけのシンプ
ルな関数で理解しやすく、S3メソッドのようなモデルに紐づいている関数とは異なりさ
まざまなケースに適用できます。

R Awesome
r_awesome.R（抜粋）

```
# createTimeSlices用のライブラリ
library(caret)


# 乱数のシード設定
set.seed(71)


# 年月に基づいてデータを並び替え
target_data <- monthly_index_tb %>% arrange(year_month) %>% as.data.frame()
```

5-2 時系列データにおけるモデル検証用のデータ分割 143

```r
# createTimeSlices関数によって、学習データと検証データに分割したデータ行番号を取得
# initialWindowに学習データ数を設定
# horizonに検証データ数を設定
# skipにスライドするデータ数-1の値を設定
# fixedWindowをTに指定すると、学習データ数を増やさずにスライド
timeSlice <-
  createTimeSlices(1:nrow(target_data), initialWindow=24, horizon=12,
                   skip=(12 - 1), fixedWindow=TRUE)


# データを分割した数だけfor文で繰り返す
for(slice_no in 1:length(timeSlice$train)){

  # 行番号を指定して、元データから学習データを取得
  train <- target_data[timeSlice$train[[slice_no]], ]


  # 行番号を指定して、元データから検証データを取得
  test <- target_data[timeSlice$test[[slice_no]], ]


  # trainを学習データ、testを検証データとして機械学習モデルの構築、検証
}


# 交差検証の結果をまとめる
```

createTimeSlices関数は引数で指定された設定に基づき、与えられたベクトルの行番号から学習データの行番号と検証データの行番号を生成します。引数の1つ目には、元となるデータの行番号を設定します。initialWindow引数は学習データ数、horizon引数は検証データ数、skip引数は学習／検証データをスライドさせる幅を指定します。fixedWindow引数をTrueとした場合は、学習データを増やさずにスライドさせますが、Falseにした場合は学習データをスライドさせずに増やしていきます。

144　第 5 章　分割

> **■Point**
>
> パッケージを使わずに自分でコーディングすることもできますが、createTimeSlices 関数
> を利用することでより簡単に実現しています。コードの可読性も高く、分割方法を変えると
> きも引数を少し変えるだけで対応できる Awesome なコードです。

Python による前処理

　良いライブラリがある場合はなるべく利用すべきですが、Python には時系列データの
分割に簡単に実現できるライブラリがないため、自ら実装する必要があります。特定のモ
デルを作る際に自動でデータ分割するような関数を内部で利用すると、モデルを変更する
ときにデータ分割の処理部分を書き直す必要が出てきてしまうので、モデルや利用方法に
依存しない汎用的なコードを必ず把握しておきましょう。

Python **Awesome**　　　　　　　　　　　　　　　　　python_awesome.py（抜粋）

```python
# train_window_startに、最初の学習データの開始行番号を指定
train_window_start = 1
# train_window_endに、最初の学習データの終了行番号を指定
train_window_end = 24
# horizonに、検証データのデータ数を指定
horizon = 12
# skipにスライドするデータ数を設定
skip = 12


# 年月に基づいてデータを並び替え
monthly_index_tb.sort_values(by='year_month')


while True:
    # 検証データの終了行番号を計算
    test_window_end = train_window_end + horizon


    # 行番号を指定して、元データから学習データを取得
    # train_window_startの部分を1に固定すれば、学習データを増やしていく検証に変更可能
    train = monthly_index_tb[train_window_start:train_window_end]
```

5-2 時系列データにおけるモデル検証用のデータ分割　145

Part 2

5

分
割

```
# 行番号を指定して、元データから検証データを取得
test = monthly_index_tb[(train_window_end + 1):test_window_end]

# 検証データの終了行番号が元データの行数以上になっているか判定
if test_window_end >= len(monthly_index_tb.index):
    # 全データを対象にした場合終了
    break

# データをスライドさせる
train_window_start += skip
train_window_end += skip

# 交差検定の結果をまとめる
```

■Point

Pythonには、時系列データの分割を手軽に実現できるライブラリがなかったため、自ら実装しています。Rと比較してコード量は増えてしまいますが、変数の値を変えるだけで分割方法を簡単に変えることができる、変化に強いAwesomeなコードです。もしあなたが良いライブラリを知っているなら、それを利用しましょう。[1]

---

[1]　学習データ数を固定せずに増やしていく分割の場合は、sklearn ライブラリの TimeSeriesSplit クラスを利用することで簡単に実現できます。tscv=TimeSeriesSplit(n_splits= 分割数) でオブジェクトを生成し、tscv.split(monthly_index_tb) のように split 関数を呼び出して、分割したデータを取り出します。split 関数の返り値はリストなどに格納せずに、for 文の中などで逐次呼び出し処理するように記述してください。一度リストに格納すると分割したデータの全てのパターンをメモリ上に保持することになりますが、逐次呼び出し処理することでメモリの使用量を節約できるからです。

第6章 生成

　十分にデータがある場合には、データの**生成**が必要となることはまずありません。データを無理やり増やしても、データの価値は増やす前のデータが持っている価値とほとんど変わらないからです。しかし、それでもデータ生成が必要となるケースがあります。それは不均衡データを調整するときです。

　機械学習でモデルを作る際に、学習データが**不均衡**だと、モデルの手法にもよりますが、予測精度が下がることが多いです。不均衡とは、たとえば障害を予知するモデルを学習データから作ろうとしているときに、障害でないデータは100万件あるのに対して、障害は100件程度しかないようなバランスの悪い状態のことです。このようにある分類に属するデータ数が他の分類に属するデータに比べ非常に少ないケースのことを不均衡であると言います。

　不均衡なデータに対する対策は、大きく2種類の方法があります。

　1つは機械学習モデル作成時に重みを与えることです。すべての機械学習モデルが対応しているわけではありませんが、元のデータを操作せずに、少ないデータの重み（重要度）を上げることによって、不均衡なデータに対応して学習できます。もう1つはデータを操作して不均衡な状態を解消する方法です。この方法は、さらに大きく次の3種類の方法に分かれます。

- 少ないデータを増やす**オーバーサンプリング**（図6.1上）
- 多いデータを減らす**アンダーサンプリング**（図6.1下）
- この両方を行う方法

　本書では、オーバーサンプリングとアンダーサンプリングの代表的な手法を紹介します。

　機械学習モデル作成時に重みを与えることによって不均衡データに対応する方法について、本書では詳しく扱いません。この方法は機械学習モデルの種類によって特性が異なり、使いこなすことが難しく、提供されているライブラリによっては利用できないことがあるからです。まずはデータ操作による不均衡データの取り扱いを身に付けることを推奨します。

　サンプリングを実現するプログラミング言語の選択についてです。データ分割と同様に、機械学習系のライブラリが充実しているPythonやRでは提供されていますが、SQLでは直接的な機能は提供されていません。PythonやRの利用をお勧めします。

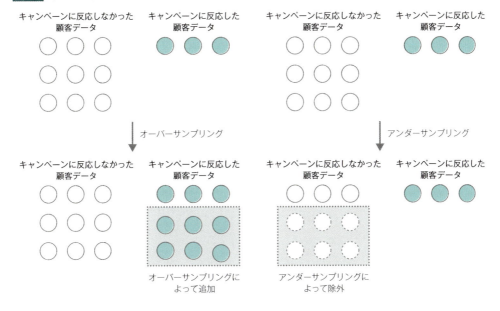

図6.1 オーバーサンプリングとアンダーサンプリング

6-1
アンダーサンプリングによる不均衡データの調整

　アンダーサンプリングはオーバーサンプリングと比較すると容易です。なぜなら、データ量を減らす作業なので、データの選択方法のみを考えれば良く、データを生成する必要がないからです。データの選択方法は、重複選択（同じデータを2回以上選択）なしがお勧めです。重複選択によって、特定のデータが何度も選ばれることでデータに偏りが生まれ、過学習が発生しやすくなるといった問題を呼び起こす場合があるからです。

　アンダーサンプリングにおけるランダムサンプリングは、「**第4章 結合**」や「**第5章 分割**」と同様の方法で実現できます。ただし、サンプリング数が少ない場合、偏りのないランダムサンプリングを実現するためのテクニックがあります。それは、事前にデータをクラスタリング（機械学習によって、データをグループ化する手法）し、作成されたクラスタごとにサンプリングを行う手法です。さらには、機械学習によるクラスタリングとアンダーサンプリングを同時に行う手法などもあります。ただし、そこまでしてアンダーサンプリングを行うことはまれなので、本書では説明しません。

148   第6章　生成

　アンダーサンプリングはデータを間引いて情報量を少なくしてしまう方法なので、なる
べく使わない方が良いでしょう。メモリや計算量の制約のために止むを得ず使うケースも
あると思いますが、不均衡データのバランスをとるためであれば、可能な限りオーバーサ
ンプリングを利用しましょう。しかし、オーバーサンプリングによって少ないデータから
大量のデータを生成してしまうと、前述したような悪影響があります。その場合は、オー
バーサンプリングとアンダーサンプリングを併用しましょう。つまり、オーバーサンプリン
グによる悪影響がない程度まで少ない方のデータ群を増やし、アンダーサンプリングに
よって不均衡が解消される程度まで多い方のデータ群を減らす、という方法が有効です。
　アンダーサンプリングのコードは、「第4章 結合」や「第5章 分割」で解説した実装と
同じです。唯一違うのは、不均衡データを解消するためにどの程度のサンプリングをすれ
ば良いのか事前にカウントしておく点だけです。よって、アンダーサンプリングの実装に
ついての解説は省略します。

6-2
オーバーサンプリングによる不均衡データの調整

SQL
R
Python

　オーバーサンプリングはオリジナルデータから新たなデータを生成します。生成する方
法の1つとして、ランダムサンプリングによって元のデータ数より多くデータを抽出する
方法があります。この方法は非常に簡単ですが問題もあります。それは、完全に同じデー
タが出現してしまい、過学習が発生しやすくなってしまう問題です。このような問題を軽
減した代表的なオーバーサンプリングの手法として、**SMOTE**（Synthetic Minority Over-
sampling Technique）があります。

　SMOTEとは、オーバーサンプリングを行う際に、オリジナルデータを元に新たなデー
タを生成する手法です。**SMOTE**のデータ生成部分のアルゴリズム概要は次のとおりです
（**図6.2**）。

1. 生成元のデータからランダムに1つのデータを選択
2. 設定したkの値を元に、1～kの整数値（一様分布）からランダムに選択しnを設定
3. 1で選択したデータにn番目に近いデータを新たに選択
4. 1と3で選択したデータを元に新たなデータを生成

[生成するデータの列値] = [1で選択した列値] + ([3で選択した列値] − [1で選択した列値]) × [0から1の一様分布乱数]

5. 指定したデータ数に達するまで、1から4を繰り返す

図6.2 SMOTEの概要

　SMOTEによって生成されたデータは、元のデータと同じ特性を保ちながら異なるノイズを加えたデータを意味しています。その結果、単純にランダムサンプリングによって生成元のデータをコピーするより自然発生したデータに近いことが多いです。したがって、モデルの精度も高くなりやすいため、元のデータを単純にコピーするオーバーサンプリングよりは、SMOTEを利用するのが良いでしょう。

　ただし、SMOTEも万能ではありません。SMOTEは、サンプリング元データの間の直線間からサンプリングする手法です。次元数（生成するデータの列数）が大きい場合には、大きな空間が存在するのに対して、サンプリング元のデータ間の直線上のみからサンプリングすることになり、偏りが生じやすくなります。次元数が大きい場合には、アンダーサンプリングとバギング[1]を組み合わせて予測モデルを構築する方が安定します。

Q オーバーサンプリング

　対象のデータセットは、製造レコードです。障害が起きていない（fault_flgがFalse）レコードが927件、障害が起きている（fault_flgがTrue）レコードが73件あります。障害が起きているレコードをSMOTEを用いてオーバーサンプリングを行い、障害が起きていないレコードの件数に近づけましょう（図6.3）。なお、SMOTEのkパラメータは5とします。

---

[1] バギングとは、多数のモデルを独立に作り、多数のモデルの予測結果を利用して最終的に予測値を計算する手法です。モデルは、モデルごとに全体のデータの一部を利用して学習します。ランダムフォレストなどの機械学習手法が該当します。

第6章 生成

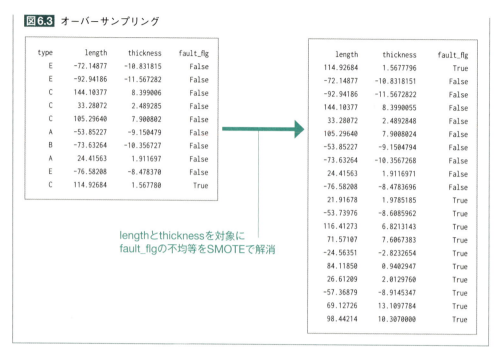

図6.3 オーバーサンプリング

lengthとthicknessを対象に
fault_flgの不均等をSMOTEで解消

サンプルコード▶006_generate/02

Rによる前処理

Rでは、SMOTEを利用できるパッケージが提供されているのですが、その仕様には少し癖があります。それは、重複ありのランダム選択によるアンダーサンプリングとSMOTEによるオーバーサンプリングが一緒になっている点です。便利でもあるのですが、利用方法がややこしいので、本書ではSMOTEのオーバーサンプリング部分のみでこの関数を使うコードを解説します。

R Awesome

r_awesome.R（抜粋）

```
# ubBalance用のライブラリ
library(unbalanced)
library(tidyverse)

# percOverの設定値の計算
t_num <- production_tb %>% filter(fault_flg==T) %>% summarize(t_num=n())
f_num <- production_tb %>% filter(fault_flg==F) %>% summarize(f_num=n())
```

```
percOver <- round(f_num / t_num) * 100 - 100


# 不均衡を正す対象をfactor型に変換(logical型ではないことに注意)
# (第9章「9-1 カテゴリ型」の例題で解説)
production_tb$fault_flg <- as.factor(production_tb$fault_flg)


# ubBalance関数でオーバーサンプリングを実現。typeにubSMOTEを設定
# typeにubSMOTEを設定
# positiveは分類で少ない方の値を指定 (指定しないことも可能だが警告が表示される)
# percOverは、元データから何%増やすかを設定
# (200なら3(200/100+1)倍、500なら6(500/100+1)倍となる。100未満の値は切り捨て)
# percUnderはアンダーサンプリングを行うときに必要だが、行わない場合は0で設定
# kはsmoteのkパラメータ
production_balance <-
  ubBalance(production_tb[,c('length', 'thickness')],
            production_tb$fault_flg,
            type='ubSMOTE', positive='TRUE',
            percOver=percOver, percUnder=0, k=5)


# 生成したfault_flgがTRUEのデータと元のfault_flgがFALSEのデータを合わせる
bind_rows(

  # production_balance$Xに生成したlengthとthicknessのdata.frameが格納
  production_balance$X %>%


    # production_balance$Yに生成したfault_flgのベクトルが格納
    mutate(fault_flg=production_balance$Y),


  # 元のfault_flgがFalseデータの取得
  production_tb %>%
```

```
   # factor型なので一致判定で取得
   filter(fault_flg == 'FALSE') %>%
   select(length, thickness, fault_flg)
)
```

　ubBalance関数によってSMOTEを実行する場合、1つ目の引数にオーバサンプリングする対象の列データを指定し、2つ目の引数に分類結果を指定します。分類結果はカテゴリ型である必要があります。カテゴリ型については、「**第9章 カテゴリ型**」で詳しく解説します。

　この例題では数値のみを対象にしていますが、ubBalance関数によるSMOTEではカテゴリ値もオーバーサンプリングの対象にすることができます。対象に追加した場合は、1つ目の引数に追加するだけで問題ありません。なお、カテゴリ値を生成するアルゴリズムは、SMOTEで選択された2つの元データのカテゴリ値からランダムに片方のカテゴリ値を採用するというアルゴリズムです。

　percUnderを0以外で設定すると、不均衡データにおける多い例のデータをサンプリングして抽出します。このとき、重複ありのランダムサンプリングを行う仕様になっており、重複データが発生してしまいます。また、詳細は説明しませんが、ランダムサンプリングするデータ量をpercUnderの値でコントロールするためには、非常にややこしい仕様を理解する必要があり、直感的でありません。percUnderを0にすることで、不均衡データにおける多い例のデータを返さなくなり、SMOTEのオーバーサンプリングを行う関数となるので、基本的にはこの使い方をお勧めします。

■Point

少し融通が効かない関数ですが、自分で実装せずにうまくSMOTEのオーバーサンプリング部分を利用しています。マイナーな前処理のライブラリになると、パッケージによって仕様の差異が存在し、十分なドキュメントも提供されていないことも多くなるので、提供されているパッケージの中身を確認することが必要になります。パッケージの中身を把握してうまく利用したAwesomeなコードと言えるでしょう。

Pythonによる前処理

　Pythonで提供されているSMOTEは、シンプルな仕様で非常に使いやすいです。本コードではimblearnライブラリのSMOTEを利用しています。

6-2 オーバーサンプリングによる不均衡データの調整　153

Part 2

6
生成

| Python | Awesome |
python_awesome.py（抜粋）

```python
# SMOTE関数をライブラリから読み込み
from imblearn.over_sampling import SMOTE


# SMOTE関数の設定
# ratioは不均衡データにおける少ない例のデータを多い方のデータの何割まで増やすか設定
# （autoの場合は同じ数まで増やす、0.5と設定すると5割までデータを増やす）
# k_neighborsはsmoteのkパラメータ
# random_stateは乱数のseed（乱数の生成パターンの元）
sm = SMOTE(ratio='auto', k_neighbors=5, random_state=71)


# オーバーサンプリング実行
blance_data, balance_target = \
    sm.fit_sample(production_tb[['length', 'thickness']],
                  production_tb['fault_flg'])
```

　SMOTEを実行するには、設定値を指定してSMOTEオブジェクトを生成します。生成したSMOTEオブジェクトのfit_sample関数を呼び出し、1つ目の引数にオーバーサンプリングする対象の列データを指定し、2つ目の引数に分類結果を指定して実行します（データを生成する元のモデルを学習するfit関数と学習したモデルからデータを生成するsample関数は別々に提供されていますが、合わせて実行する場合はfit_sample関数を利用する方が良いでしょう）。

　本コードで利用しているライブラリでは、カテゴリ値をオーバーサンプリングの対象にすることができません。カテゴリ値を対象とするには、ライブラリの中身を変更するか、SMOTEの関数を一から実装する必要があります。

■Point

うまくライブラリを利用して、簡潔なコードでSMOTEを実行しているAwesomeなコードです。少しマイナーな前処理の場合、良いライブラリを見付けられるかが重要なスキルとなります。しかし、良いライブラリがなくても落ち込む必要はありません。なぜなら、それはあなたが良いライブラリを作って皆に提供できるチャンスだからです。「与えよ、さらば与えられん」OSSの精神ですね。

第7章 展開

データの集計結果を表形式に変換する**展開**は前処理において欠かせません。たとえば、次のようなときに展開処理を利用します。

- 簡単な集計処理の結果を分かりやすくするとき
- レコメンデーションに利用するデータを準備するとき

データを表形式に変換する処理は、一部の分析者の間では手作業で行われています。なぜなら、SQLで実現するのは非常に面倒であることに加えて、RやPythonを使うことで簡単に表形式に変換できることがあまり知られていないからです。ここでは、まずSQLで無理やり書くとどのようになるか提示します。そのあと、RとPythonによる簡潔な記述方法を解説します。

7-1
横持ちへの変換

`SQL`
`R`
`Python`

データ処理の世界では、データがレコード形式になっている場合を**縦持ち**、データが表形式の状態の場合を**横持ち**と言います。縦持ちは1つのレコードがあるデータのある1つのデータ要素を表しており、データの集合を表すキー値とデータの要素の種類を表すキー値とデータの要素の値を持ちます。横持ちはレコード1つが1つのデータ集合となっており、データの集合を表すキー値と複数のデータの要素の値を持ちます。縦持ちはデータの行数が多く列数は少なくなり、横持ちは行数は少なく列数が多くなります。

たとえば、ある1年の顧客の宿泊人数ごとの予約数について考えます。縦持ちの場合は、「顧客ID」／「宿泊人数」、「宿泊数」で表現されます。一方、横持ちの場合は、「顧客ID」／「宿泊人数1人のときの宿泊数」、「宿泊人数2人のときの宿泊数」……「宿泊人数n人のときの宿泊数」といった形で表現されます。この場合、データの集合を表すキー値が「顧客ID」、データの要素の種類を表すキー値が「宿泊人数」、データの要素の値が「予約

数」となります。図7.1に縦持ちと横持ちの列を示します。

図7.1 縦持ちと横持ち

縦持ち

年代	性別	人数
20	男性	50
20	女性	37
30	男性	64
30	女性	68
40	男性	57
40	女性	49

横持ち

年代	男性人数	女性人数
20	50	37
30	64	68
40	57	49

　通常、データ集約を行うと、データ形式は自然と縦持ちになります。たとえば、ホテルの予約レコードにおいて、ホテルごとの性別ごとの予約数をGroupByによって算出すると、ホテルID／性別コード／予約数といった縦持ちのレコードになります。表形式のデータを作成するためには、縦持ちのデータを作成したあとに、横持ちのデータに変換する必要があります。

 横持ち変換

　対象のデータセットは、ホテルの予約レコードです。予約テーブルから、顧客／宿泊人数ごとに予約数をカウントし、行を顧客ID、列を宿泊人数、値を予約数の行列（表）に変換しましょう（図7.2）。

図7.2 横持ち変換

reserve_id	hotel_id	customer_id	reserve_datetime	checkin_date	checkin_time	checkout_date	people_num	total_price
r1	h_75	c_1	2016-03-06 13:09:42	2016-03-26	10:00:00	2016-03-29	4	97200
r2	h_219	c_1	2016-07-16 23:39:55	2016-07-20	11:30:00	2016-07-21	2	20600
r3	h_179	c_1	2016-09-24 10:03:17	2016-10-19	09:00:00	2016-10-22	2	33600
r4	h_214	c_1	2017-03-08 03:20:10	2017-03-29	11:00:00	2017-03-30	4	194400
r5	h_16	c_1	2017-09-05 19:50:37	2017-09-22	10:30:00	2017-09-23	3	68100
r6	h_241	c_1	2017-11-27 18:47:05	2017-12-04	12:00:00	2017-12-06	3	36000
r7	h_256	c_1	2017-12-29 10:38:36	2018-01-25	10:30:00	2018-01-28	1	103500
r8	h_241	c_1	2018-05-26 08:42:51	2018-06-08	10:00:00	2018-06-09	1	6000
r9	h_217	c_2	2016-03-05 13:31:06	2016-03-25	09:30:00	2016-03-27	3	68400
r10	h_240	c_2	2016-06-25 09:12:22	2016-07-14	11:00:00	2016-07-17	4	320400
r11	h_183	c_2	2016-11-19 12:49:10	2016-12-08	11:00:00	2016-12-11	1	29700
r12	h_268	c_2	2017-05-24 10:06:21	2017-06-20	09:00:00	2017-06-21	4	81600
r13	h_223	c_2	2017-10-19 03:03:30	2017-10-21	09:30:00	2017-10-23	1	137000
r14	h_133	c_2	2018-02-18 05:12:58	2018-03-12	10:00:00	2018-03-15	2	75600
r15	h_92	c_2	2018-04-19 11:25:00	2018-05-04	12:30:00	2018-05-05	2	68800
r16	h_135	c_2	2018-07-06 04:18:28	2018-07-08	10:00:00	2018-07-09	4	46400

 customer_idごとにpepol_numの値別に予約数を算出し、横持ちに変換

```
customer_id        1        2        3        4
        c_1        2        2        2        2
        c_2        2        2        1        3
```

サンプルコード▶007_spread/01

SQLによる前処理

SQLには、横持ちに簡単に変換する関数が提供されていません。そのため、CASE文を何度も書いて、横持ちに変換する必要があります。

SQL Not Awesome
sql_not_awesome.sql

```sql
-- 予約数のカウントテーブル
WITH cnt_tb AS(
  SELECT
    customer_id, people_num,
    COUNT(reserve_id) AS rsv_cnt
  FROM work.reserve_tb
  GROUP BY customer_id, people_num
)
SELECT
  customer_id,
  max(CASE people_num WHEN 1 THEN rsv_cnt ELSE 0 END) AS people_num_1,
  max(CASE people_num WHEN 2 THEN rsv_cnt ELSE 0 END) AS people_num_2,
  max(CASE people_num WHEN 3 THEN rsv_cnt ELSE 0 END) AS people_num_3,
  max(CASE people_num WHEN 4 THEN rsv_cnt ELSE 0 END) AS people_num_4
FROM cnt_tb
GROUP BY customer_id
```

■Point

SQLで書くことはできますが、横持ちにする値の種類に応じた回数のCASE文を書く必要があります。さらに、横持ちする列の値（people_num）の取り得る範囲が変わると、書き直す必要があります。冗長で変化に弱いNot Awesomeなコードです。無理にSQLで書くのはやめましょう。

7-1 横持ちへの変換　157

Part 2

Rによる前処理

　tidyverseパッケージ群によって提供されているspread関数を利用すると、簡単に横持ちに展開できます。

7
展開

R Awesome
r_awesome.R（抜粋）

```
# 横持ちに変更した際に列名が取得できるようにカテゴリ型(factor)に変更
# カテゴリ型については「第9章 カテゴリ型」で詳しく説明
reserve_tb$people_num <- as.factor(reserve_tb$people_num)

reserve_tb %>%
  group_by(customer_id, people_num) %>%
  summarise(rsv_cnt=n()) %>%

  # spread関数で横持ちに変換
  # fillで該当する値がないときの値を設定
  spread(people_num, rsv_cnt, fill=0)
```

　spread関数は1つ目の引数にデータの要素の種類を表すキー値を指定し、2つ目の引数にデータの要素の値を指定し、横持ちに変換します。指定しなかった値は、変換せずにデータの集合を表すキー値とします。また、fill引数を設定することで、該当する値がないときの値を設定できます。

Point
spread関数を利用することで、簡潔なコードで横持ちを実現しています。横持ちにする前の集約処理をdplyrで実現し、パイプで処理をつなげてspread関数を利用しているため、処理の流れがわかりやすいAwesomeなコードです。便利な関数が1つあるだけで世界は大きく変わります。

Pythonによる前処理

　Pandasライブラリでは、横持ち用の関数として利用できるpivot_table関数が提供されています。pivot_table関数は横持ちに変換するだけでなく、同時に集約処理も行うことができます。

| Python | Awesome | python_awesome.py（抜粋）

```
# pivot_table関数で、横持ち変換と集約処理を同時実行
# aggfuncに予約数をカウントする関数を指定
pd.pivot_table(reserve_tb, index='customer_id', columns='people_num',
               values='reserve_id',
               aggfunc=lambda x: len(x), fill_value=0)
```

　pivot_table関数は1つ目の引数に対象テーブル、index引数にデータの集合を表すキー値、columns引数にデータの要素の種類を表すキー値、values引数にデータの要素の値となる対象の列を指定します（index引数とcolumns引数は、配列による複数指定が可能）。また、aggfunc引数にvalues引数で指定された列値をデータの要素の値に変換する関数を指定します。fill_value引数に値を設定することで、該当する列の値がない場合のデータの要素の値を指定できます。

▉ Point

pivot_table関数は集約処理と横持ち変換が同時にできる、可読性とパフォーマンスがともに良い便利な関数です。特に集計処理のデータ分析の際には、人間が理解しやすくするために表形式にする必要もあるので、とてもAwesomeです。アドホック分析に利用して、ライバルと差を付けましょう！

7-2
スパースマトリックスへの変換

R
Python

　前節では、縦持ちから横持ちへ変換して表形式に展開する方法を解説しましたが、データの特性によっては横持ちに変換するとデータサイズが膨れ上がってしまう場合があります。それは変換すると**スパースマトリックス**になってしまう場合です。スパースマトリックスとは、ほとんどの要素の値が0で、ごくわずかしか値が存在しない巨大な行列（表）のことです。スパースマトリックスは、その特徴から疎行列とも呼ばれます。

　スパースマトリックスを縦持ちで表現した場合、ほとんどの要素の値が0なので、要素の値が0のときにレコードを持たないというルールにすれば、表現する行列は巨大ですが、行数は多くなりません。一方、スパースマトリックスを横持ちで表現した場合、要素

の値が0のときでも行列を表現する必要があり、列数が非常に多くなります。

　矛盾する言い方ですが、横持ちの場合においてデータサイズが膨れ上がらないようにするには、縦持ちのデータ表現のまま、表にする必要があります。これは不可能なことに思えますが、内部で縦持ちのデータ表現としてデータを保持しながら、インターフェースでは行列（表）を持つように表現できるライブラリがR／Pythonには提供されています。SQLではこのような機能は提供されていません。

 スパースマトリックス

　前節の例題（「横持ち変換」）で作成した行列をスパースマトリックスとして生成しましょう。

サンプルコード▶007_spread/02

Rによる前処理

　MatrixパッケージのsparseMatrix関数によって、スパースマトリックスを生成できます。生成する際は、スパースマトリックスの元となる縦持ちのデータを準備する必要があります。

R Awesome　　　　　　　　　　　　　　　　　　　　　　　　　　r_awesome.R（抜粋）

```r
# sparseMatrix用のパッケージ
library(Matrix)

cnt_tb <-
  reserve_tb %>%
    group_by(customer_id, people_num) %>%
    summarise(rsv_cnt=n())

# sparseMatrixの行／列に該当する列の値をカテゴリ型（factor）に変換
#「第9章 カテゴリ型」で詳しく説明
cnt_tb$customer_id <- as.factor(cnt_tb$customer_id)
cnt_tb$people_num <- as.factor(cnt_tb$people_num)
```

第7章 展開

160

```
# スパースマトリックスを生成
# 1つ目から3つ目の引数には、横持ちのデータを指定
# 1つ目：行番号、2つ目：列番号、3つ目：指定した行列に対応した値、ベクトルを指定
# dimsには、スパースマトリックスのサイズを指定（行数／列数のベクトルを指定）
# (as.numeric(cnt_tb$customer_id)はインデックス番号の取得)
# (length(levels(cnt_tb$customer_id))は、customer_idのユニークな数を取得)
sparseMatrix(as.numeric(cnt_tb$customer_id), as.numeric(cnt_tb$people_num),
             x=cnt_tb$rsv_cnt,
             dims=c(length(levels(cnt_tb$customer_id)),
                    length(levels(cnt_tb$people_num))))
```

　sparseMatrix関数は1つ目から3つ目の引数に横持ちのデータ（行番号、列番号、指定した行列に対応した値のベクトル）を指定し、dims引数にスパースマトリックスのサイズ（行数／列数のベクトルを指定）を引数として指定し、スパースマトリックスを生成できます。

　スパースマトリックス内には、行番号や列番号に対応するデータを保持するしくみがありません。たとえば、43行目がどの顧客IDに該当するのか分からなくなってしまいます。そのため、本コードでは一度カテゴリ型（factor）に変換してから、スパースマトリックスに渡す行／列番号を取得しています。この操作によって、行番号がどのデータに該当しているかが、カテゴリ型データのマスタデータを参照することで把握できます。先ほどの例であれば、levels(cnt_tb$customer_id)[43]と参照することで、該当する顧客IDが把握できます（levels関数にカテゴリデータを指定することでマスタデータが参照可能です。「**第9章 カテゴリ型**」で詳しく解説します）。

■Point
カテゴリ型のデータを利用し、スパースマトリックスの足りない機能をカバーしているAwesomeなコードです。スパースマトリックスをRで実装する際には、カテゴリ型に変換してから渡すことを忘れてはいけません。

Python による前処理

　Pythonでは、Rよりもさまざまな種類のスパースマトリックスを生成する関数が提供されており、それぞれ得意な処理が異なります。R同様にスパースマトリックスの元となる縦持ちのデータの準備が必要です。

7-2 スパースマトリックスへの変換　　161

Part 2

Python Awesome　　　　　　　　　　　python_awesome.py（抜粋）

```python
# スパースマトリックスのライブラリを読み込み
from scipy.sparse import csc_matrix


# 顧客ID／宿泊人数別の予約数の表を生成
cnt_tb = reserve_tb \
  .groupby(['customer_id', 'people_num'])['reserve_id'].size() \
  .reset_index()
cnt_tb.columns = ['customer_id', 'people_num', 'rsv_cnt']


# sparseMatrixの行／列に該当する列の値をカテゴリ型に変換
# カテゴリ型については「第9章 カテゴリ型」で詳しく説明
customer_id = pd.Categorical(cnt_tb['customer_id'])
people_num = pd.Categorical(cnt_tb['people_num'])


# スパースマトリックスを生成
# 1の引数は、指定した行列に対応した値、行番号、列番号の配列をまとめたタプルを指定
# shapeには、スパースマトリックスのサイズを指定（行数／列数のタプルを指定）
# (customer_id.codesはインデックス番号の取得)
# (len(customer_id.categories)は、customer_idのユニークな数を取得)
csc_matrix((cnt_tb['rsv_cnt'], (customer_id.codes, people_num.codes)),
           shape=(len(customer_id.categories), len(people_num.categories)))
```

7
展開

　csc_matrix関数によるスパースマトリックスの生成は、1つ目の引数に横持ちのデータ（指定した行列に対応した値、行番号、列番号の配列をまとめたタプル）を指定し、shape引数にスパースマトリックスのサイズ（行数／列数のタプルを指定）を引数として指定します。

R同様に、一度カテゴリ型（factor）に変換してから、スパースマトリックスに渡す行／列番号を取得することで、行／列番号から該当のデータに簡単に紐付けることができます。たとえば、43行目の顧客IDを参照するには、`customer_id.categories[43-1]`のようにします。Pythonの場合は、0からカウントされるので43行目は42番目にアクセスすることになります（カテゴリ型のcategoriesプロパティによって、カテゴリ型のマスタデータを参照可能です。「**第9章 カテゴリ型**」で詳しく解説します）。

scipy.sparseではさまざまなデータ型のスパースマトリックスが提供されています。よく利用するのは、下記の3つです。

- lil_matrix：matrixの値を更新するのが早く、演算処理が遅い形式
- csr_matrix：行のアクセスが早く、演算処理が早い形式
- csc_matrix：列のアクセスが早く、演算処理が早い形式

逐次データを更新していく際にはlil_matrixを利用して、演算処理をする場合は、csr_matrixまたはcsc_matrixを利用するという使い分けができれば十分です。また、tolil/tocsr/tocsc関数を呼び出すことによって、各形式に変換できます。

■Point
Rと同じく、カテゴリ型のデータを利用し、スパースマトリックスの足りない機能をカバーしているAwesomeなコードです。本コードでは、csc_matrix関数を選択していますが、後続の処理によってはcsr_matrix関数を選択しても良いです。ただし、lil_matrix関数の利用には注意が必要です。データをまとめて準備できるのであれば、lil_matrix関数を使う必要はありませんし、使わない方がスパースマトリックスの生成速度が早いです。その上、後続に演算処理がある場合には、lil_matrixのままでは遅いので他の形式への変換が必要となります。結果、lil_matrixの利用シーンは非常に限定的です。

Part 3
データ内容を
対象とした前処理

第8章	数値型
第9章	カテゴリ型
第10章	日時型
第11章	文字型
第12章	位置情報型

データ構造の前処理によって望むデータが得られたら、データの内容を変換していきます。データの内容を操作することで、後に続くデータ分析の精度を上げることができ、機械学習においてはモデルの特性を最大に活かすことができるでしょう。

第8章 数値型

データ分析において、最も多く扱うデータ型は数値型です。数値型はデータサイズが他のデータ型と比較して小さく、加工しやすい点が特徴です。また、平均値や極値などにデータを集約しても大きく情報を損失することなく表現できます。本書では、数値型の代表的な前処理について解説します。

8-1 数値型への変換

`SQL` `R` `Python`

数値型の列は明示的に変換しなくても、通常は自動で数値型に変換されますが、値に文字が混ざっている場合はプログラムが文字列として認識してしまうことがあります。また、数値型と言っても、**整数型**や**浮動小数点型**といったデータ型が存在し、必要に応じて変換することが求められます。たとえば、宿泊人数は整数型ですが、平均宿泊人数を計算する際に浮動小数点型に変換しなければ、整数で丸められた平均値しか得られません。このような際に数値型を変換する処理が必要になります。

さまざまな数値型の変換

40000/3をさまざまな数値のデータ型に変換してみましょう。

サンプルコード▶008_number/01

SQLによる前処理

SQL（Redshift）には、主な数値のデータ型として次の5種類があります。

- INT2
- INT4

- INT8
- FLOAT4
- FLOAT8

　同じデータ型の別称もありますが、本書で提示している名称の方がデータ型を理解しやすくお勧めです。**INT**は整数型で、**FLOAT**は浮動小数点型です。末尾の数字は、データを表現する際に利用するバイト数です。整数型はバイト数が大きいほど絶対値の大きな数値まで表現できるようになります。浮動小数点型はバイト数が大きいほど有効な精度桁数が多くなります。この他にもユーザが定義した精度で数値データを持つ**DECIMAL**という型がありますが、必要となるケースはあまり多くないので本書では解説しません。

　表8.1に整数型の表現可能な最大値／最小値、表8.2に浮動小数点型の有効な精度桁数を示します。

表8.1 整数型の表現可能な最大最小値

データ型	バイト数（ビット数）	最小値	最大値
INT2	2バイト（16ビット）	-32768	+32767
INT4	4バイト（32ビット）	-2147483648	+2147483647
INT8	8バイト（64ビット）	-9223372036854775808	+9223372036854775807

表8.2 浮動小数点型の有効な精度桁数

データ型	バイト数	有効な精度桁数
FLOAT4	4バイト（32ビット）	6桁
FLOAT8	8バイト（64ビット）	15桁

SQL Awesome

sql_awesome.sql

```
SELECT
  -- 整数型へ変換
  -- 40000/3と記述すると整数型として計算され、小数点以下が計算されない
  CAST((40000.0 / 3) AS INT2) AS v_int2,
  CAST((40000.0 / 3) AS INT4) AS v_int4,
  CAST((40000.0 / 3) AS INT8) AS v_int8,

  -- 浮動小数点型へ変換
  CAST((40000.0 / 3) AS FLOAT4) AS v_float4,
  CAST((40000.0 / 3) AS FLOAT8) AS v_float8
```

166 第**8**章 **数値型**

```
-- テーブルのデータは関係ないが、上記を計算するために指定
FROM work.reserve_tb
LIMIT 1
```

　CAST関数はデータ型を変換する関数です。引数に変化する値とAS XXXXを記述します。XXXXは変換するデータ型の名前を指定します。

■ Point
データ型に分かりやすい名称を使っているAwesomeなコードです。

Rによる前処理

　Rの数値型には、整数型のintegerと浮動小数点型のnumericがあります。integerは4バイト（32ビット）を利用してデータを表現します。numericは8バイト（64ビット）を利用してデータを表現しています。最大値／最小値や有効な精度桁数は、前述の表と同じです。

R Awesome
r_awesome.R

```
# データ型の確認
mode(40000 / 3)


# 整数型へ変換
as.integer(40000 / 3)


# 浮動小数点型へ変換
as.numeric(40000 / 3)
```

　mode関数は引数のデータ型を調べる関数です。
　as.integer関数やas.numeric関数は、引数をinteger/numericのデータ型に変換する関数です。Rでは、as.XXXX関数でデータ型XXXXに変換できます。

■ Point
これ以外の書き方はありません。誰もがAwesomeなコードを書けます。

Pythonによる前処理

Pythonでは数値型として、intとfloatが提供されています。intが整数型、floatが浮動小数点型です。データを表現するために利用するビット数は、システム環境に合わせて4バイト（32ビット）、8バイト（64ビット）のどちらかが自動で選択されます。また、Pandas（NumPy）ライブラリでは、ビット数を指定したintとfloatのデータ型を指定できます。最大値／最小値や有効な精度桁数は、前述の表と同じです。

Python Awesome

python_awesome.py（抜粋）

```python
# データ型の確認
type(40000 / 3)


# 整数型へ変換
int(40000 / 3)


# 浮動小数点型へ変換
float(40000 / 3)


df = pd.DataFrame({'value': [40000 / 3]})


# データ型の確認
df.dtypes


# 整数型へ変換
df['value'].astype('int8')
df['value'].astype('int16')
df['value'].astype('int32')
df['value'].astype('int64')


# 浮動小数点型へ変換
df['value'].astype('float16')
df['value'].astype('float32')
df['value'].astype('float64')
df['value'].astype('float128')
```

第**8**章 数値型

```
# 下記のようにpythonのデータ型を指定できる
df['value'].astype(int)
df['value'].astype(float)
```

　type関数はPythonのデータ型を確認する関数です。また、DataFrameのデータ型は、DataFrameオブジェクトが持つdtypesプロパティで確認できます。

　int関数やfloat関数は引数をint/floatのデータ型に変換する関数です。また、DataFrameのデータ型を変換する際には、DataFrameの列オブジェクト（Seriesオブジェクト）が持つastype関数によって変換できます。引数には、変換するデータ型を指定します。

■Point
データ変換の実現方法を適切に使い分けているAwesomeなコードです。

8-2
対数化による非線形な変化

SQL
R
Python

　機械学習モデルの前処理を行うときに確認すべき点があります。それは、これから適用する機械学習モデルが線形／非線形モデルのどちらを仮定しているのかという点です。**線形モデル**とは、文字通り入力に対して線形にしか表現できないモデルのことを言います。このモデルは、シンプルで計算が早く、予測の算出根拠が分かりやすい一方、表現力が低いという問題があります。線形モデルとは、簡単に言えば $y = ax + b$ といった式で予測するモデルです。入力値 (x) に係数 (a) を掛けて、設定した定数 (b) を足し合わせ、値を予測値 (y) として出力します。変数が2次元の場合、つまり y、x、b がベクトルで a が行列になっても線形モデルとなります。

　たとえば、年齢から身長を予測する回帰モデルについて考えてみましょう。この場合は、年齢に一定の係数を掛けて、定数を足し合わせて、身長の予測値を出力します。しかし、これでは10歳から11歳にかける身長の伸びも、60歳から61歳にかける身長の伸びも同じであるという表現しかできません。若いうちは年齢に応じて同様に身長が伸びていくので良いですが、一定の年齢に達すると身長が伸びなくなるといったことは、線形モデル

では適切に表現できなくなります。このような問題を線形モデルで扱うために、仮定をおき、数値を変換する前処理を行うことがあります。その1つが対数化です。

対数化とは、文字通り入力値を対数に変換する処理です。$x = a^b$が成り立つときに、xをbに変換するのが対数化[1]です（図8.1）。xをbに変換する際は、数式では$\log_a x$と表します。このときのaを底（てい）と呼びます。底はeで表す自然数（値の大きさは約2.718）と呼ばれる値か10がよく採用されています（底が自然数の対数を自然対数と呼びます）。

図8.1 対数化の例（10が底の場合）

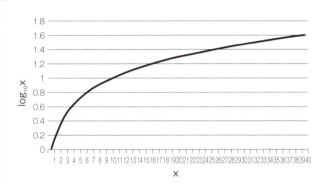

x	$\log_{10} x$
10	1.00
20	1.30
30	1.48
40	1.60
50	1.70
60	1.78
70	1.85
80	1.90
90	1.95

対数化する値は、0より大きい値になるように変更する必要があります。なぜなら0を対数化するとマイナス無限大になってしまうからです。多くの場合は、0以上の入力値に対して、1を足してから対数化します。なぜなら1以上の値を対数化すると、対数化後の値が0以上となり扱いやすいからです。

- 年齢の対数化の例
    - log（[年齢］+ 1）=［対数化した年齢値］

対数化によって、10歳と11歳の1歳差と、50歳と51歳の1歳差の違いを表現できます。前者の差は大きく、後者の差は小さくなります。この変換は、身長が「log（年齢 + 1）+ 定数」を平均値とする正規分布にしたがうと仮定しています。このように、値が大きくなるほど値の差の意味を小さくしたいときに、対数化は有効な手法です。また、対数化以外にも、数値に関数を適用して値を変更する前処理は有効です。予測値と変数の関係の分布を確認したり、値間のメカニズムを考えた上で、適切な関数の適用を選択し数値を変換しましょう。

---

[1] 正確には、対数化はxを［定数］× bに変換するのが対数化です。

対数化

対象のデータセットは、ホテルの予約レコードです。予約テーブルのtotal_priceを1,000で割ってから、底10で対数化しましょう（図8.2）。

図8.2 対数化

サンプルコード ▶ 008_number/02

SQLによる前処理

対数を計算できるLOG関数を利用すれば、簡単に対数化できます。

SQL Awesome　　　　　　　　　　　　　　　　　　　　　sql_awesome.sql

```sql
SELECT
  *,

  -- total_priceを1000で割り、1足した結果を対数化
  LOG(total_price / 1000 + 1) AS total_price_log

FROM work.reserve_tb
```

LOG関数は底10の対数を計算する関数です。

■Point
LOG関数を適用して対数化しているシンプルでAwesomeなコードです。

Rによる前処理

Rにも log 関数が提供されているので、対数化は簡単に実現できます。

R Awesome

r_awesome.R

```
reserve_tb %>%
  mutate(total_price_log=log((total_price/1000+1), 10))
```

log 関数は対数を計算する関数です。引数の1つ目に対数化する数値を指定し、2つ目に対数の底を指定します。引数を1つしか与えない場合は、対数の底には自然数が設定されます。

Point

mutate 関数内に log 関数を指定して、対数化を実現しているシンプルなコードです。

Python による前処理

Python にも、NumPy ライブラリにて log 関数が提供されています。

Python Awesome

python_awesome.py

```
reserve_tb['total_price_log'] = \
  reserve_tb['total_price'].apply(lambda x: np.log10(x / 1000 + 1))
```

NumPy ライブラリの log 関数は対数を計算する関数です。引数には対数化する値を指定します。log 関数は対数の底に自然数が設定されます。log2 関数を利用すると対数の底は2に設定され、同様に log10 関数では10が設定されます。

total_price の pandas.Series オブジェクトから apply 関数を呼び出すことで、pandas.Series オブジェクトのすべての値に関数を適用できます。指定する処理内容は、引数をそのまま渡す場合は関数を指定し、そうでない場合はラムダ式で指定します。

Point

apply 関数をうまく利用し、簡潔に対数化している Awesome なコードです。

172 第 8 章 数値型

8-3
カテゴリ化による非線形な変化

SQL
R
Python

　前節では、対数化によって数値を非線形に変形しましたが、この方法だけではあらゆる非線形な関係を表現できません。たとえば、前節の例であれば、60歳を超すと身長は減少することもあります。また、成長期であれば、通常よりも身長の伸びは高くなります。対数化だけでは、これらを十分に表現できません。このような複雑な変化を線形モデルで表現するための前処理として、**カテゴリ化**という方法があります（図8.3）。カテゴリ化とは、数値をカテゴリ値、つまり多数のフラグ値（TRUE または FALSE しかとらない値）に変換することです[2]。

　たとえば、年齢を 0 – 9 歳の場合のフラグ、10 – 19 歳の場合のフラグ、20 歳 – 59 歳の場合のフラグと 60 歳以上のフラグに変換します。このとき、4種類のフラグ値に変換しているので、カテゴリ数は 4 であると言います。このような 4 種類のフラグに対して、それぞれ係数を設定できます。よって、0 – 9 歳なら + 30cm、10 – 19 歳なら + 50cm、20 歳 – 59 歳なら + 90cm、60 歳以上なら + 0cm といった非連続の変化を扱うことができます。つまり、数値からカテゴリ値に変換したことで、非線形な変化を柔軟に表現できるようになったのです。

　もしも、年齢による非線形な変化が大きく十分な表現ができていない場合には、カテゴリ値を 3 歳きざみにするなど、より粒度を細かくしカテゴリ数を増やすことで、細かい非連続な変化を表現できます。ただし、これには副作用があります。細かい非連続な変化を表現しようとすると、必然的にカテゴリ数が増えます。カテゴリ数が増えるにつれて、データのとり得るパターン数が指数的に増えるので、機械学習モデルで正確に傾向を学習するのに必要な学習データの量も指数的に増えます。そのため、学習データ量を考慮して、傾向を学ぶのに問題ないカテゴリ数に抑える必要があります。

　カテゴリ数を少しだけ節約するテクニックがあります。それは、カテゴリ数からカテゴリフラグを 1 つ減らすテクニックです。たとえば、年齢を、0 – 9 歳フラグ、10 – 19 歳フ

---

[2]　正確には、カテゴリ値はほとんどのプログラムにおいてはフラグの集合体で保持していません。実際は、マスタデータ（カテゴリ値の全種類の中身のデータ）と各データのカテゴリ値のインデックスデータ（どのカテゴリ値を選択しているのかを表しているデータ）に分けてデータを保持しています。ただし、機械学習モデルで扱う際には多数のフラグ値に変換します。詳しくは、「**9-1 カテゴリ型への変換**」と「**9-2 ダミー変数化**」で解説します。

ラグと20歳以上のフラグに変換する場合、実際に機械学習モデルに利用するフラグは、0－9歳フラグと10－19歳フラグの2種類のみで十分なのです。なぜなら、0－9歳フラグと10－19歳フラグがともに立っていない場合は、20歳以上ということが確定するからです。このように、機械学習モデルに入力するカテゴリ数は、実際に存在するカテゴリ数より1つ少なくできます。

図8.3 カテゴリ化の例

年齢	0-9歳のフラグ	10-19歳のフラグ	20-59歳のフラグ	60歳以上のフラグ
9歳	TRUE	FALSE	FALSE	FALSE
15歳	FALSE	TRUE	FALSE	FALSE
27歳	FALSE	FALSE	TRUE	FALSE
39歳	FALSE	FALSE	TRUE	FALSE
58歳	FALSE	FALSE	TRUE	FALSE
64歳	FALSE	FALSE	FALSE	TRUE

Q 数値型のカテゴリ化

対象のデータセットは、ホテルの予約レコードです。顧客テーブルの年齢を10きざみのカテゴリ型として追加しましょう（図8.4）。

図8.4 カテゴリ化

customer_id	age	sex	home_latitude	home_longitude
c_1	41	man	35.09219	136.5123
c_2	38	man	35.32508	139.4106
c_3	49	woman	35.12054	136.5112
c_4	43	man	43.03487	141.2403
c_5	31	man	35.10266	136.5238
c_6	52	man	34.44077	135.3905

ageを10刻みでカテゴリ化

customer_id	age	sex	home_latitude	home_longitude	age_rank
c_1	41	man	35.09219	136.5123	40
c_2	38	man	35.32508	139.4106	30
c_3	49	woman	35.12054	136.5112	40
c_4	43	man	43.03487	141.2403	40
c_5	31	man	35.10266	136.5238	30
c_6	52	man	34.44077	135.3905	50

サンプルコード▶008_number/03

174 第8章 数値型

SQLによる前処理

SQLには、カテゴリ型というデータ型はありません。ただし、データのとり得る値の種類数をカテゴリ値のとり得る値に制限することで擬似的に表現できます。

SQL Awesome
sql_awesome.sql

```sql
SELECT
  *,

  -- 10刻みの値に変更
  FLOOR(age / 10) * 10 AS age_rank

FROM work.customer_tb
```

FLOOR関数は引数の小数点以下を切り捨てる関数です。1の桁を切り捨てるには、一度値を1桁下げ、FLOOR関数を適用したあとに、1桁戻す必要があります。

■ Point

切りの良い数値値にまとめるだけであれば、FLOOR関数などによる切り捨てや四捨五入によって実現できます。ただし、100以上をまとめるなどの特定の範囲でカテゴリを作成する場合には、CASE文を利用する必要があります。SQLで擬似的にカテゴリ化しているAwesomeなコードです。

Rによる前処理

Rにはカテゴリ型としてfactor型というデータ型が提供されています。factor型に変換するにはas.factor関数を利用します。factor型について、詳しくは「**9-1 カテゴリ型への変換**」で解説します。

R Awesome
r_awesome.R（抜粋）

```r
customer_tb %>%
  mutate(age_rank=as.factor(floor(age / 10) * 10))
```

floor関数は引数の小数点以下を切り捨てることができますが、正確には引数以下の最大整数を返す関数です。よって、引数がマイナスの場合には注意が必要です。たとえば、floor(-3.4)の場合は、-4を返します。

8-3 カテゴリ化による非線形な変化　　175

Part 3

　　as.factor関数は引数をfactor型に変換する関数です。引数に渡す前にデータのとり得る値の種類数を調整して、狙ったカテゴリ数になるようにしましょう。データのとり得る値（カテゴリ型のマスタデータ）を指定する場合は、factor関数を利用します。詳しくは、「**9-1 カテゴリ型への変換**」で解説します。

■ Point

as.factor関数を利用して、簡潔にカテゴリ型の値を追加したAwesomeなコードです。ただし、ggplot2パッケージのcut_interval関数を利用することで、よりAwesomeに書けます。cut_interval関数は引数のベクトルをオプション引数のlengthの値刻みでカテゴリ型へ変換できます。本書の解答コードと違い、引数に対象値が存在しなくても、引数の最小値と最大値の間に存在し得るすべてのカテゴリ型のマスタデータが準備されます。

8
数値型

Pythonによる前処理

　　Pythonでは、分析で利用する関数の多くがカテゴリ型をダミー変数（「**9-2 ダミー変数化**」で詳しく解説します）にしなければ利用できないため、Rと比べてカテゴリ型を利用することが少ない印象があります。しかし、明示的にカテゴリ型に変換しておくことは分析のミスを防ぎ、データサイズを小さくすることができます。きちんと身に付けましょう。

Python Awesome

python_awesome.py（抜粋）

```
customer_tb['age_rank'] = \
  (np.floor(customer_tb['age'] / 10) * 10).astype('category')
```

　　NumPyライブラリのfloor関数は、引数の小数点以下を切り捨てるのに利用できます。正確にはRのfloor関数と同様に、引数以下の最大整数を返す関数です。たとえば、floor(-3.4)の場合は、-4を返します。

　　astype関数はデータ型を変換する関数です。引数にcategoryを指定することで、PandasライブラリのCategory型に変換できます。データのとり得る値（カテゴリ型のマスタデータ）を指定する場合は、pandas.Categorical関数を利用します。詳しくは、「**9-1 カテゴリ型への変換**」で解説します。

■ Point

astype関数を利用して、カテゴリ型への変換を簡潔に実現しているAwesomeなコードです。

8-4
正規化

SQL
R
Python

　重回帰分析やクラスタリングなどの機械学習手法は、通常は複数の列の値を利用します。これらの機械学習手法を利用する際に、列ごとにとり得る範囲（スケール）が大きく異なると問題が発生する場合があります。たとえば、重回帰分析モデルに**正則化**を適用する場合です。

　正則化とは、機械学習モデルを学習する際に過学習が発生するのを防ぐためのしくみです。過学習が発生しているときは、特定の入力値に対する機械学習のモデルの係数が大きくなる傾向があります。正則化はその傾向を利用し、モデルの係数が大きいほど学習時にペナルティを与えて機械学習のモデルの係数をなるべく小さくしようとします。しかし、入力値の列ごとにとり得る範囲が大きく異なると、過学習の発生に関係なく、各入力値に対応するモデルの係数のスケールも大きく異なり、正則化が正常に作動しなくなってしまいます。たとえば、予測値に対して同じ程度の影響を与えている2つの列、AとBがあり、A列の値が10程度の値をとるのに対してB列の値は100程度の値をとることにします。AとBが同程度に予測に影響力がある場合でも、A列に対する予測モデルの係数はB列に対する予測モデルの係数が10倍程度になってしまいます。この状態で正則化を適用すると、A列に対する予測モデルの係数を不当に下げようとしてしまいます。

　クラスタリングによる分類も同様です。多くのクラスタリング手法では、各データの複数の列の値からデータ間の距離を定義し、データの類似性を計算します。そのため、もし入力値のとり得る範囲が大きく異なると、とり得る範囲が大きい列の値のみが強く考慮されてしまいます。

　このように、入力値のとり得る範囲が大きく異なることによって、機械学習モデルによっては、大きな問題が発生します。この問題を防ぐための前処理として、正規化があります。正規化とは、数値のとり得る範囲をそろえる変換処理を指します。さまざまな種類の正規化がありますが、本節ではその中でも一般的な次の2つの正規化[3]について紹介します（図8.5）。

---

[3]　分母が0となるときは、すべての値が等しいということを意味しているので、変換する必要がありません（言い換えると、情報としての価値は存在しないことを意味します）。

1. 平均0、分散1に変換する正規化
    - 変換式：
        - ([入力値] − [入力値の平均値])／[入力値の標準偏差]
2. 最小値0、最大値1に変換する正規化
    - 変換式：
        - ([入力値] − [入力値の最小値])／([入力値の最大値] − [入力値の最小値])

図8.5 2つの正規化

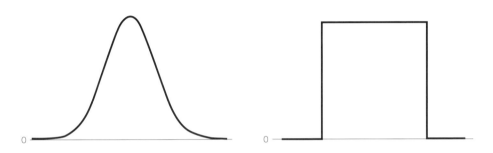

　正規化では、変換元の値の特徴を考えて、変換方法を選択しなければなりません。たとえば、変換前の値のほとんどが1−10の値をとり、1つの値だけ10,000の場合、最小値0、最大値1に変換する正規化を行ってしまうと、ほとんどの値が0付近の値となってしまい、1つだけ1となるような入力値に変換されます。これでは、飛び抜けた最大値の影響によって、ほとんどの値の差は意味がなくなってしまいます。本当に意味のない差であったのであれば問題ないですが、そうでなければ変換によって情報の価値を損なっている可能性が高いです。飛び抜けた値が存在する場合、次節で説明する外れ値の除去で対応する方法も有効です。

　正規化の方法の使い分けですが、まずは飛び抜けた値が存在すれば平均0分散1に変換する正規化、存在しなければ最小値0最大値1に変換する正規化を選択するという使い分けから始めてみてください。将来的には、元のデータの特性や分布を考慮して、正規化の方法を使い分けられると良いですが、真剣に取り組むと非常に難しい問題でかつ労力に対して大きな効果は見込めないことも多いです。あまりこだわりすぎないよう注意しましょう。

　正規化の計算は、SQLでも処理することは可能ですが、記述がやや複雑になってしまうためSQLで書かれることはあまりありません。R、Pythonで実現しましょう。

第8章 数値型

Q 正規化

対象のデータセットは、ホテルの予約レコードです。予約テーブルの予約人数（people_num）と合計金額（total_price）を平均0、分散1の分布に変換して、正規化しましょう（図8.6）。

図8.6 正規化

サンプルコード▶008_number/04

Rによる前処理

Rでは、scale関数を利用すると簡単に正規化を実現できます。計算式は簡単なので、scale関数を利用せずに正規化することもできますが、可読性や変更の容易性からscale関数を利用する方が望ましいです。

R Awesome　　　　　　　　　　　　　　　　　r_awesome.R（抜粋）

```
# scale関数によって、引数の列値を正規化
# center引数をTRUEにすると変換結果の平均値が0になる
# scale引数をTRUEにすると変換結果の分散値が1になる
reserve_tb %>%
  mutate(
    people_num_normalized=scale(people_num, center=TRUE, scale=TRUE),
    total_price_normalized=scale(total_price, center=TRUE, scale=TRUE)
  )
```

scale関数は正規化を行う関数です。具体的には、下記の式を各データに適用させます。

（[各データの値]－[centerで指定した値]）／[scaleで指定した値]

center引数にTRUEを設定すると、[centerで指定した値]がデータの平均値に設定されます。FALSEに設定すると、[centerで指定した値]が0に、つまり引き算を行いません。また数値を設定すると、その値が[centerで指定した値]となります。

scale引数にTRUEを設定すると、[scaleで指定した値]がデータの標準偏差値に設定されます。FALSEに設定すると、[scaleで指定した値]が1に、つまり割り算を行いません。また数値ベクトルを設定すると、その値が[scaleで指定した値]となります。

つまり、center引数をTRUE、scale引数をTRUEにすると、平均0、分散1に変換する正規化になります。centerを最小値、scaleを（最大値－最小値）に指定すると、最小値0、最大値1に変換する正規化になります。

Point

scale関数を利用することで、簡潔に正規化しているAwesomeなコードです。

Pythonによる前処理

sklearnライブラリのStandardScalerクラスを使うことで平均0、分散1に変換する正規化を実現できます。NumPyライブラリを利用して計算式を実装することもできますが、ここではお勧めしません。なぜなら、同じパラメータにしたがった正規化処理を繰り返す場合はStandardScalerクラスのオブジェクトを再利用することで実現でき便利だからです。

Python Awesome

python_awesome.py（抜粋）

```
from sklearn.preprocessing import StandardScaler


# 小数点以下を扱えるようにするためfloat型に変換
reserve_tb['people_num'] = reserve_tb['people_num'].astype(float)


# 正規化を行うオブジェクトを生成
ss = StandardScaler()


# fit_transform関数は、fit関数（正規化するための前準備の計算）と
```

第 **8** 章　**数値型**

```
# transform関数（準備された情報から正規化の変換処理を行う）の両方を行う
result = ss.fit_transform(reserve_tb[['people_num', 'total_price']])

reserve_tb['people_num_normalized'] = [x[0] for x in result]
reserve_tb['total_price_normalized'] = [x[1] for x in result]
```

　StandardScalerクラスは平均0、分散1に変換する正規化を行うオブジェクトを生成できます。生成したオブジェクトのfit関数によって、引数に渡されたすべての列に対する正規化に必要な集計結果（平均値と標準偏差値）を計算して、オブジェクト内に保持します。fit関数を実行して生成したオブジェクトのtransform関数によって、引数に渡したデータを正規化します。また、fit_transform関数は、fit関数とtransform関数を同時に行います。

　StandardScalerクラスの代わりに、MinMaxScalerクラスを使うことで、最小値0、最大値1に変換する正規化を行うことができます。

■Point

StandardScalerクラスを利用することで簡潔に正規化を実現しているAwesomeなコードです。また、少しコードを改変するだけで、新たなデータに対して同じ正規化処理を適用できます。たとえば、予測モデルに入力するために、学習データのときに利用した正規化処理をテストデータに再び適用できます。この例の場合は、生成したssオブジェクトからtransform関数を呼び出し、引数にテストデータを設定すれば実現できます。

8-5
外れ値の除去

`SQL`
`R`
`Python`

　前節の正規化の問題でも述べたように、他の多くの値より極端に大きな値や小さな値の影響によって、問題が発生する場合があります。このような極端に大きな値や小さな値のことを**外れ値**と呼びます。外れ値は正規化だけでなく予測モデルを構築するときにも悪影響を与えることが多く、前処理で除去することが求められます。ただし、データを除去するということは、極端な値となる状況のデータを考慮しないということです。特殊な状況

についても分析で扱いたい場合は、外れ値であっても除去しない方が良いでしょう。

外れ値を除去するには、通常の値と極端な値の見極めが必要です。ところが、外れ値を検出するには、それだけで大きな分析テーマになるほど多様な手法があり、使い分ける必要があります。本書では、そのすべてを扱うことはできないので、最も一般的でよく利用される正規分布を前提にした外れ値検出について解説します。また、計算式に頼らなくても、データを可視化し、外れ値を見付けることによって、恣意的に除外することもできます。単純ですが、有効な手段ですので、そのような選択肢も覚えておいてください。

正規分布を前提にした、最も簡単でよく扱われる外れ値検出の方法は、平均値から標準偏差値の一定倍数以上離れた値を除外することです。一定倍数を小さくすれば多くの値を外れ値として検出し、大きくすればより極端な値のみを外れ値として検出します。一般的に、一定倍数は3より大きな値を設定します。これは、正規分布にしたがった値は、平均値から標準偏差値の3倍以内の範囲に約99.73%の値が収まるので、発生する確率が0.27%以下の値を外れ値として見なすのが良いという経験的な目安です。外れ値として検出した値を、データ行ごと削除すれば、外れ値除去となります。

 標準偏差基準の外れ値の除去

対象のデータセットは、ホテルの予約レコードです。予約テーブルの予約合計金額（total_price）において、平均値から標準偏差値の3倍以内の値に収まる予約レコードのみに絞りましょう（図8.7）。

図8.7 外れ値の除去

```
reserve_id hotel_id customer_id   reserve_datetime checkin_date checkin_time checkout_date people_num total_price
     r1001      h_6       c_244 2018-05-04 01:46:32   2018-05-11     10:30:00    2018-05-14          2      297000
     r1002    h_290       c_244 2018-09-26 07:41:44   2018-10-20     10:00:00    2018-10-23          4      190800
     r1003     h_18       c_245 2016-06-08 14:47:38   2016-07-08     11:00:00    2016-07-11          4      333600
     r1004    h_214       c_245 2016-07-31 12:32:40   2016-08-13     12:00:00    2016-08-16          3      437400
     r1005    h_176       c_246 2016-02-29 19:45:59   2016-03-23     11:30:00    2016-03-25          3      104400
     r1006    h_172       c_247 2016-03-14 17:08:50   2016-03-28     10:00:00    2016-03-30          4      128000
```

 total_priceを基準に外れ値を除去

```
reserve_id hotel_id customer_id   reserve_datetime checkin_date checkin_time checkout_date people_num total_price
     r1001      h_6       c_244 2018-05-04 01:46:32   2018-05-11     10:30:00    2018-05-14          2      297000
     r1002    h_290       c_244 2018-09-26 07:41:44   2018-10-20     10:00:00    2018-10-23          4      190800
     r1003     h_18       c_245 2016-06-08 14:47:38   2016-07-08     11:00:00    2016-07-11          4      333600
     r1005    h_176       c_246 2016-02-29 19:45:59   2016-03-23     11:30:00    2016-03-25          3      104400
     r1006    h_172       c_247 2016-03-14 17:08:50   2016-03-28     10:00:00    2016-03-30          4      128000
```

第 8 章 数値型

サンプルコード▶008_number/05

Rによる前処理

Rには、外れ値を除去するパッケージはありますが、代表的な手法がまとまっていません。ここではパッケージを利用せず、自ら実装する方法を紹介します。

R Awesome

r_awesome.R（抜粋）

```
reserve_tb %>%
  filter(abs(total_price - mean(total_price)) / sd(total_price) <= 3)
```

Point

データから平均値を引いた値の絶対値を標準偏差で割ることによって、データが平均値から標準偏差の何倍離れているのかを計算しています（慣習的に、標準偏差1倍以内の範囲を1シグマ、標準偏差3倍以内の範囲を3シグマと呼びます）。計算結果に不等式を適用することで、外れ値の除去を行っています。外れ値除去の計算式を簡潔に書いているAwesomeなコードです。

Pythonによる前処理

Pythonにも、外れ値除去パッケージはありますが、やはりメジャーな手法をまとめたパッケージは存在せず、自ら実装する必要があります。

Python Awesome

python_awesome.py（抜粋）

```
reserve_tb = reserve_tb[
  (abs(reserve_tb['total_price'] - np.mean(reserve_tb['total_price'])) /
  np.std(reserve_tb['total_price']) <= 3)
].reset_index()
```

Point

R同様にデータから平均値を引いた値の絶対値を標準偏差で割ることによって、データが平均値から標準偏差の何倍離れているのかを計算し、不等式を適用しているAwesomeなコードです。Pythonの場合、行番号が自動で更新されないので、reset_index関数の呼び出しを忘れないようにしましょう。

8-6
主成分分析による次元圧縮

R
Python

「**8-2 対数化による非線形な変化**」でも少し触れましたが、入力値の種類が多いほど、機械学習モデルが傾向を学ぶ上で必要となるデータ量が膨大になります。しかし、さまざまな要素を考慮するためには、なるべくたくさんの種類の入力値を扱う必要があります。この問題に対応するための前処理の1つとして、**主成分分析**による**次元削減**があります。これは、多数の種類の入力値をそれより少ない種類の入力値に圧縮するテクニックです。

主成分分析とは、要素間の相関を排除し、できるだけ少ない情報の損失で、新たな要素（軸）を定義する手法です。といっても、これだけでは分かりにくいので例示して解説しましょう。たとえば、表8.3のようなデータがあります。

表8.3 データ例

Data No	X	Y
1	3	6
2	2	4
3	5	9
4	9	18
5	7	13

データは5つあり、それぞれがXとYの値を持っています。このとき、各データのXとYを圧縮して、新たな要素Zのみで表現するとします。この例では、ほとんどのデータにおいて$X \fallingdotseq 2Y$となっているので、$X = 2Y$の直線を軸として考えて、新たな値Zを計算します。X、Yの値を圧縮すると、表8.4のようになります。

表8.4 データの圧縮

Data No	X	Y	Z
1	3	6	6.7
2	2	4	4.5
3	5	9	11.2
4	9	18	20.1
5	7	13	15.7

これが主成分分析の次元削減のイメージです。例では、$X = 2Y$のように傾きを決め打ちしましたが、これは間違いです。正確には、主成分分析では、情報損失が最も少なくなる傾き（Zの分散値が最大化する傾き）をあらかじめ計算し、採用します（図8.8）。

主成分分析の評価指標として、**寄与率**という指標があります。寄与率とは、元のデータの何割を説明できているかを表した値です。この値が高いほど、次元圧縮した際の情報損失が少ないということを意味します。図8.8における情報損失は、データの点から新たな軸に対して垂直に引いた直線のデータの点から交点までの距離にあたります。

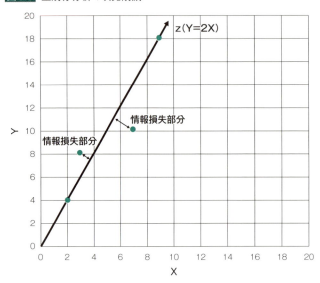

上記までの説明では、x,yの2次元をzの1次元に次元圧縮していますが、主成分分析による次元圧縮は指定した次元数に圧縮できます。たとえば、6次元を3次元に圧縮するといったことも可能です。圧縮後の次元数を決める際には、寄与率の合計値（累積寄与率）を目安にします。寄与率は指定した主成分軸1つでデータの変動の何割を説明可能なのか表したものです。通常は累積寄与率が90%以上になる次元数を採用することが多いです。

筆者の経験上の話ですが、主成分分析による次元削減によって、機械学習モデルの精度が大きく上がることはあまりありません。線形モデルであれば、多重共線性といった変数間に強い相関がある場合に過学習してしまう問題を防止できます。ただし、この問題は正則化や変数選択を利用して防ぐこともできますし、主成分分析が唯一の対策ではありません。非線形モデルにおいては、情報損失によって精度が下がることもあり得ます。しかし、主成分分析には他の手法では難しい有用な点もあります。たとえば、主成分分析によって次元圧縮することで、データの可視化を容易にすることができたり、新たな次元か

ら新たな発見を見付けることもできます。

主成分分析は複雑な計算処理があるので、SQLで処理することは難しいです。R、Pythonで実現しましょう。

Q 主成分分析による次元圧縮

対象のデータセットは、製造レコードです。修正分析によって、製造レコードのlengthとthicknessを1次元に圧縮しましょう（図8.9）。

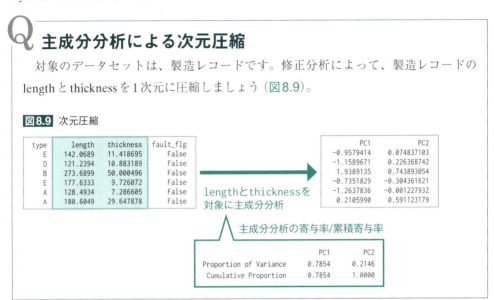

図8.9 次元圧縮

サンプルコード▶008_number/06

Rによる前処理

prcomp関数を利用することで、主成分分析を実現できます。

```R
# prcomp関数によって、主成分分析を実行（アルゴリズムは特異値分解法）
# scaleをFALSEにすると、正規化を行わず主成分分析を実行
pca <- prcomp(production_tb %>% select(length, thickness), scale=FALSE)


# summary関数によって、各次元の下記の値を確認
# Proportion of Variance:寄与率
# Cumulative Proportion:累積寄与率
summary(pca)
```

第**8**章　**数値型**

```
# 主成分分析の適用結果はxに格納
pca_values <- pca$x


# predict関数を利用し、同じ次元圧縮処理を実行
pca_newvalues <-
  predict(pca, newdata=production_tb %>% select(length, thickness))
```

　prcomp関数は主成分分析を行う関数です。1つ目の引数に主成分分析を行うデータを指定します。また、scale引数をTRUEにすると、平均値0、標準偏差1の分布に正規化します。主成分分析後の次元数は、指定されたデータの列数分になります。prcomp関数の返り値をsummary関数に渡すことによって、寄与率（Proportion of Variance）と累積寄与率（Cumulative Proportion）を確認できます。主成分分析の適用結果（新たな軸の値）は、prcomp関数の返り値のxに格納されています。

　新たなデータに、同じ主成分分析による次元圧縮処理を適用するには、predict関数を利用します。1つ目の引数にprcomp関数の返り値、2つ目の引数に次元圧縮を適用するデータを指定することで、次元圧縮を適用した結果を返します。

■Point

prcomp関数を利用することで、新たなデータに同様の次元圧縮処理を実現できるAwesomeなコードです。正規化や主成分分析といったデータに基づいて変換パラメータを決める処理は、新たなデータに対しても同様の処理ができるような環境が望ましいです。なぜなら、同じ変換処理でなければ、機械学習モデルの入力として利用したい場合に誤差が生じてしまったり、以前の分析結果と新たなデータの分析結果を比較する場合に同じ軸で比較できなかったりするからです。

Pythonによる前処理

　sklearnライブラリで提供されているPCAクラスを利用することで、主成分分析を実現できます。

Python **Awesome**　　　　　　　　　　　　python_awesome.py（抜粋）

```
# PCA読み込み
from sklearn.decomposition import PCA
```

8-6 主成分分析による次元圧縮　　187

Part 3

```
# n_componentsに、主成分分析で変換後の次元数を設定
pca = PCA(n_components=2)
# 主成分分析を実行
# pcaに主成分分析の変換パラメータが保存され、返り値に主成分分析後の値が返される
pca_values = pca.fit_transform(production_tb[['length', 'thickness']])

# 累積寄与率と寄与率の確認
print('累積寄与率: {0}'.format(sum(pca.explained_variance_ratio_)))
print('各次元の寄与率: {0}'.format(pca.explained_variance_ratio_))

# predict関数を利用し、同じ次元圧縮処理を実行
pca_newvalues = pca.transform(production_tb[['length', 'thickness']])
```

8

数値型

　　PCAクラスは主成分分析を行うオブジェクトを生成できます。オブジェクト生成時には、n_components引数に次元圧縮後の次元数を設定できます。生成したオブジェクトのfit関数によって、主成分分析の変換するためのパラメータや寄与率といった結果をオブジェクト内に保持します。fit関数を実行して生成したオブジェクトのtransform関数によって、引数に渡したデータを主成分分析による次元圧縮を行います。また、fit_transform関数は、fit関数とtransform関数を同時に行います。

■Point
「8-4 正規化」のPythonによる正規化を行うオブジェクトと同様に、sklearnパッケージのデータに基づく変換処理を行うオブジェクトには、fit関数とtransform関数が提供されています。主成分分析を行う本コードでも同様なfit関数とtransform関数を提供しているオブジェクトを生成して実現しています。その結果、sklearnパッケージに慣れている人には理解しやすいAwesomeなコードになっています。

8-7
数値型の補完

`SQL`
`R`
`Python`

データの発生源によっては、データの欠損（ロスト）は日常的に起こります。最近では、IoT（Internet of Things）の流行からセンサーデータを扱うことが多くなってきています。センサーデータはセンサーの不調によって欠損値が発生することが多く、さらにセンサーの故障によってデータを完全に欠損することもあります。

欠損値の前処理を行う前に、まずどのような欠損なのかを確認する必要があります。欠損は大きく次の3種類に分かれます。この種類に応じて対処法を考えます。

- MCAR（Missing Completely At Random）：偶然に起きている完全なランダムな欠損です。たとえば、室温を測る温度センサーから送られてくるデータが一定の確率で破損する場合です。
- MAR（Missing At Random）：欠損した項目データとは関係なく、他の項目データに依存した欠損です。たとえば、室温を測る温度センサーから送られてくるデータが、湿度が高いほど破損する確率が高くなる場合です。
- MNAR（Missing Not At Random）：欠損した項目データに依存した欠損です。たとえば、室温を測る温度センサーから送られてくるデータが40度を超えると破損する場合です。

欠損値に対する最も簡単な対処方法は、欠損値のあるレコードデータを丸ごと削除してしまうことです。当然この方法は貴重なデータを削除してしまうことになります。MARやMNARにおいては、本来のデータから特定の傾向があるデータを削除することになってしまい、全体傾向を把握できなくなってしまいます。このような問題に対処するため、欠損があるデータを削除するだけでなく、欠損値を補完する方法もあります。また、欠損値を補完しないで直接分析する手法もありますが、前処理ではないため本書では取り扱いません。

データを**補完**する方法にはさまざまな方法があります。本書では、次の4種類の補完方法について解説します（学問的には違う体系でまとめられていることが多いです）。

1. 定数による補完
   - 任意の値を指定して、欠損している値の補完値として利用する方法です。基本

的には、指定した定数のデータが極端に増えてしまうので、データの分散（バラツキ）が真の値よりずっと小さくなってしまうなどの弊害があり、欠損値が多い場合は非推奨です。

2. 集計値による補完

- 欠損値でない値の平均／中央／最小／最大値などを計算し、データがない値を補完値として利用する方法です。たとえば、一部の人の身長データが欠けていた場合に、大きく外れないであろう身長の中央値によって補完します。定数による補完同様に、指定した定数のデータが極端に増えてしまうので、欠損値が多い場合は非推奨です。

3. 欠損していないデータに基づく予測値によって補完

- 欠損していない列の値と一部欠損している列の値の関係から、欠損している値を予測して補完する方法です。予測するための関係は、機械学習モデルなどによって表現されます。また、欠損していない列を1列利用することもあれば複数列を利用することもあります。たとえば、一部の人の身長データが欠けていた場合に、体重と身長の関係を分析し、体重から欠損している身長を予測し、補完します。

4. 時系列の関係から補完

- 欠損しているデータの前後のデータから欠損値を予測して補完する方法です。時系列を用いた3.の一種とも考えられます。たとえば、10:01の温度データが欠けているときに、10:00の温度データと10:02の温度データの平均値を利用し、補完します。時間に対して連続している値が対象であれば、MCAR、MARにおいて有効です。

5. 多重代入法

- 特定の値を欠損部分に代入することによって、MCAR以外の場合には副作用が発生してしまいます。それは、バイアスが生じる（真のデータの傾向とは異なる傾向になる）ような問題です。この問題を解決する手法として多重代入法があります。この手法では、補完したデータセットを複数作成し、そのそれぞれのデータセットに対して解析を行います。この複数の結果を統合することで、バイアスの少ない結果を得るのです。MCAR、MARにおいて有効です。

6. 最尤法

- 多重代入法と同様に、本来のデータのばらつきよりも補完後のデータのばらつきが小さくなることを解決する手法です。この手法では、機械学習モデルで欠

損値を予測するのではなく、潜在変数を導入し、EMアルゴリズムを用いて（補完した結果のデータが多変量正規分布にしたがうとした）尤度を最大化することで、欠損値を推定します。MCAR、MARにおいて有効です。

以上のようにさまざまな欠損値の補完方法を解説しましたが、MCAR、MARにおいては、多重代入法または最尤法を利用することが一般的です。

データ補完はデータが欠けている中で、分析しないといけない状況に追い込まれている場合に利用する手法です。本来はデータが欠損しないようにデータ収集のしくみを見直す方が良いことを覚えておいてください。特に、MNARにおいては、特別有効な補完手法はなく、欠損しないようにするしくみが必要となります。

Q 欠損レコードの削除

対象のデータセットは、thicknessに欠損が存在する製造レコードです。thicknessが欠損しているレコードを削除しましょう（図8.10）。

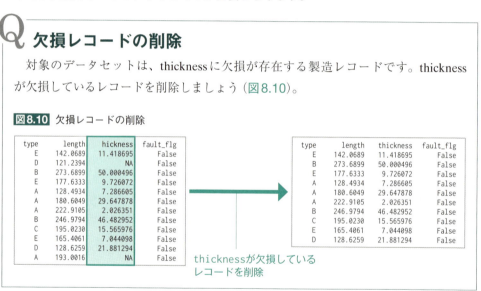

図8.10 欠損レコードの削除

サンプルコード▶008_number/07_a

SQLによる前処理

SQLの欠損値は、NULLで表現されます。欠損値を持つレコードを除外するにはWHERE句を利用すれば実現できます。

SQL Awesome　　　　　　　　　　　　　　　　　　　　　　sql_awesome.sql
```
SELECT *
FROM work.production_missn_tb
```

8-7 数値型の補完　191

```
-- thicknessがnullのレコードを削除
WHERE thickness is not NULL
```

■Point
シンプルなAwesomeコードです。

Rによる前処理

　Rでは、欠損値はNULL/NA/NaNといった値で表現されます。正確には、NaNは欠損値という意味ではなく、数字ではない（Not a Number）という意味です。filter関数によるレコード抽出によって、欠損値を持つレコードを除外することはできます。しかし、可読性やコードの改変の容易性からdrop_na関数を用いるべきです。

R Awesome
r_awesome.R（抜粋）

```
# drop_na関数によって、thicknessがNULL/NA/NaNであるレコードを削除
production_missn_tb %>% drop_na(thickness)

# すべての列のいずれかにNULL，NA，NaNを含むすべてのレコードを削除
# na.omit(production_missn_tb)
```

　drop_na関数はNULL/NA/NaNを含むレコードを削除する関数です。NULL/NA/NaNの有無を確認する対象の列を引数に指定します。引数に列を指定しない場合は、すべての列が対象になります。

　na.omit関数はNULL/NA/NaNを含むレコードを削除する関数です。NULL/NA/NaNの有無を確認する対象の列は、すべての列になります。引数にはNULL/NA/NaNを含むレコードを削除するdata.frameを指定します。

■Point
drop_na関数を利用した可読性の高いAwesomeなコードです。

Pythonによる前処理

　Pythonでは、欠損値はNone/nan（NumPyで提供している）といった値で表現されます。

nanはR同様に数字ではない（Not a Number）という意味の値です。レコード抽出によって欠損値を持つレコードを除外することはできますが、Pythonでも同様に専用の関数であるdropna関数を使うべきです。ただし、dropna関数はnanを欠損値として認識しますが、Noneを欠損値として認識しません。本来の意味とは異なる値に変換するという点ではあまり良い処理ではありませんが、欠損値に対する処理をNoneとnanのそれぞれ別に行うよりは良いと筆者は考えています。

Python Awesome　　　　　　　　　　　　　python_awesome.py（抜粋）

```
# replace関数によって、Noneをnanに変換
# （Noneを指定する際には文字列として指定する必要がある）
production_miss_num.replace('None', np.nan, inplace=True)

# dropna関数によって、thicknessにnanを含むレコードを削除
production_miss_num.dropna(subset=['thickness'], inplace=True)
```

　replace関数は呼び出し元のDataFrame内の値を置き換える関数です。1つ目の引数に置き換えを行う対象の値を指定し、2つ目の引数に置き換えたあとに設定される値を指定します。Noneを指定する際には、'None'と文字列として指定する必要があります。
　dropna関数は呼び出し元のDataFrame内の値にnanが存在する行／列を削除できる関数です。デフォルトでは、行を削除しますが、axis=1を引数に加えると列を削除します。subsetにnanの有無を確認する対象列を指定できます。subsetを指定しない場合は、すべての列が対象になります。

■**Point**
Noneをnanに変換する手順が必要になってしまいますが、dropna関数を利用することで可読性やコードの改変の容易性を高めているAwesomeなコードです。

定数補完

　対象のデータセットは、thicknessに欠損が存在する製造レコードです。欠損しているthicknessを1の値で補完しましょう（図8.11）。

8-7 数値型の補完

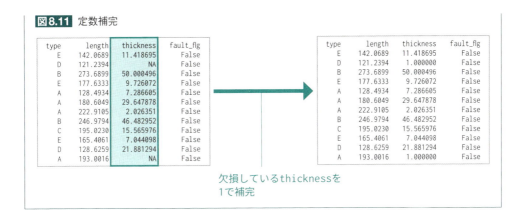

図8.11 定数補完

欠損しているthicknessを1で補完

サンプルコード▶008_number/07_b

SQLによる前処理

欠損値の補完は、COALESCE関数を利用することで簡単に実現できます。

SQL Awesome　　　　　　　　　　　　　　　　　　　　sql_awesome.sql

```
SELECT
  type,
  length,

  -- thicknessの欠損値を1で補完
  COALESCE(thickness, 1) AS thickness,
  fault_flg
FROM work.production_missn_tb
```

Point
COALESCE文を利用したシンプルでAwesomeなコードです。

Rによる前処理

欠損値の補完は、欠損値を抽出して値を代入するなどの方法で実現できますが、前の例題「欠損レコードの削除」と同様に、可読性やコードの改変の容易性からreplace_na関数を利用する方がお勧めです。

R Awesome

r_awesome.R（抜粋）

```
production_missn_tb %>%
  # replace_na関数によって、thicknessがNULL/NA/NaNのときに1で補完
  replace_na(list(thickness = 1))
```

　replace_na関数はNULL/NA/NaNを指定した値で補完する関数です。引数のlistに、補完を行う対象列名と補完する値を組み合わせて指定します。

Point

replace_na関数を用いて可読性の高いAwesomeなコードです。

Pythonによる前処理

　nanの値を補完するときにはfillna関数を利用するのが良いでしょう。replace関数を利用して直接置き換える方がコードも短く処理も軽いのですが、fillna関数を利用した方が欠損値を補完していることが明確に伝わるからです。

Python Awesome

python_awesome.py（抜粋）

```
# replace関数によって、Noneをnanに変換
production_miss_num.replace('None', np.nan, inplace=True)


# fillna関数によって、thicknessの欠損値を1で補完
production_miss_num['thickness'].fillna(1, inplace=True)
```

　fillna関数は呼び出し元のDataFrame内のnanを指定した値で補完する関数です。引数に値を指定すると、指定した値で補完されます。method引数にffillを指定すると前の行の同じ列の値で補完され、bfillを指定すると後ろの行の同じ列の値で補完されます。

Point

fillna関数を利用することで、簡潔でAwesomeなコードを実現しています。

Q 平均値補完

対象のデータセットは、thicknessに欠損が存在する製造レコードです。欠損しているthicknessを欠損していないthicknessの平均値で補完しましょう（図8.12）。

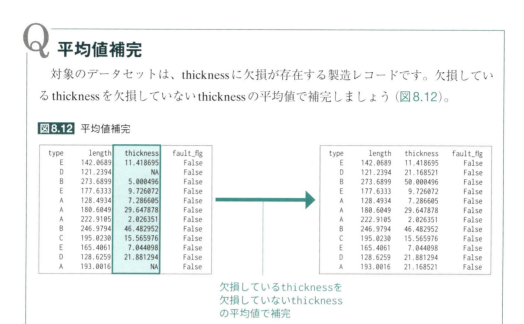

図8.12 平均値補完

サンプルコード▶008_number/07_c

SQLによる前処理

前の例題「定数補完」で使用した数値の代わりに、平均値を計算するサブクエリを指定することで実現できます。

SQL Awesome　　　　　　　　　　　　　　　　　　sql_awesome.sql

```
SELECT
  type,
  length,
  COALESCE(thickness,
          (SELECT AVG(thickness) FROM work.production_missn_tb))
    AS thickness,
  fault_flg
FROM work.production_missn_tb
```

第 **8** 章　**数値型**

> **Point**
>
> COALESCE文の中の補完する値にthicknessの平均値を計算するサブクエリを指定して実現しています。AVG関数はNULLでない値を対象に平均値を計算してくれるので、欠損値が含まれている値の平均値を計算するのに便利です。積極的に活用してAwesomeなコードにしましょう。

Rによる前処理

　前の例題「定数補完」で使用した数値の代わりに、平均値を計算する処理を指定することで実現できます。ただしRのmean関数の場合、naを除いてから平均値を計算する必要があります。

R Awesome
r_awesome.R（抜粋）

```
# 欠損値を除き、thicknessの平均値を計算
# na.rmをTRUEにすることでNAを除いた集約値を計算可能
thickness_mean <- mean(production_missn_tb$thickness, na.rm=TRUE)


# replace_na関数によって、欠損値を除いたthicknessの平均値で補完
production_missn_tb %>% replace_na(list(thickness = thickness_mean))
```

> **Point**
>
> mean関数のna.rm引数による欠損値の除去後の平均値の計算、replace_na関数を用いた欠損値の補完、といった便利な関数をうまく利用したAwesomeなコードです。

Pythonによる前処理

　PythonもRと同様の方法を用います。前の例題「定数補完」で使用した数値の代わりに、平均値を計算する処理を指定することで実現できます。

Python Awesome
python_awesome.py（抜粋）

```
# replace関数によって、Noneをnanに変換
production_miss_num.replace('None', np.nan, inplace=True)


# thicknessを数値型に変換（Noneが混ざっているため数値型になっていない）
```

```
production_miss_num['thickness'] = \
  production_miss_num['thickness'].astype('float64')


# thicknessの平均値を計算

thickness_mean = production_miss_num['thickness'].mean()


# thicknessの欠損値をthicknessの平均値で補完

production_miss_num['thickness'].fillna(thickness_mean, inplace=True)
```

■Point

fillna関数を活用した前処理の意図がわかりやすいAwesomeなコードです。

Q PMMによる多重代入

対象のデータセットは、thicknessに欠損が存在する製造レコードです。欠損している thicknessの値を多重代入法で補完しましょう。いくつかある多重代入法の中でも、ここでは PMM（Predictive Mean Matching）という方法を利用しましょう。

PMMを簡単に説明すると以下のような手順になります。

1. 欠測データを除いたデータから欠損データを予測する回帰モデルを構築
2. 構築した回帰モデルの係数と誤差分散の分布を計算
3. 係数と誤差分散の分布から新たな係数と誤差分散の値を生成
4. 3で生成した係数と誤差分散の値にしたがった回帰モデルから予測値を計算
5. 欠損していない観測データの中から予測値に最も近いデータを補完値として採用
6. データを補完して、新たな構築した回帰モデルの係数と誤差分散の分布を計算、3に戻る

3－6を補完する値の分布が安定するまで繰り返し、安定してから指定したデータセットの数分の補完値が得られたら終了となります（図8.13）。

第8章 数値型

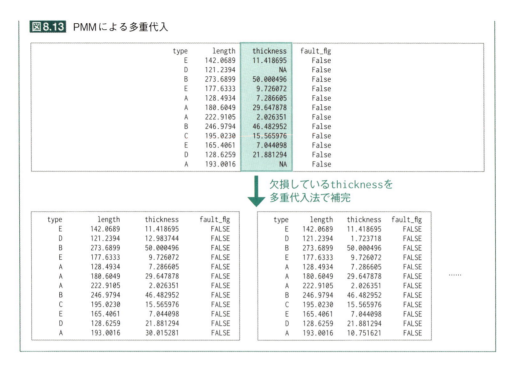

図8.13 PMMによる多重代入

サンプルコード▶008_number/07_d

Rによる前処理

miceパッケージのmice関数を利用することで、PMMによる多重代入法を簡単に実現できます。

R Awesome　　　　　　　　　　　　　　　　　　　　　　　r_awesome.R（抜粋）

```
library(mice)

# mice関数を利用するためにデータ型を変換（mice関数内でモデル構築をするため）
production_missn_tb$type <- as.factor(production_missn_tb$type)

# fault_flgが文字列の状態なのでブール型に変換（「第9章 カテゴリ型」で解説）
production_missn_tb$fault_flg <- production_missn_tb$fault_flg == 'TRUE'

# mice関数にpmmを指定して、多重代入法を実施
```

8-7 数値型の補完 199

```
# mは、取得するデータセットの数
# maxitは値を取得する前に試行する回数
production_mice <-
  mice(production_missn_tb, m=10, maxit=50, method='pmm', seed=71)


# 下記に補完する値が格納されている
production_mice$imp$thickness
```

　mice関数はさまざまな多重代入法を実行する関数です。m引数で多重代入法によって補完する値のパターン数（取得するデータセットの数）を設定できます。maxit引数は値を取得する前のモデル係数の更新回数を指定できます。method引数は多重代入法の手法を指定できます。mice関数はPMMの他にもさまざまな手法が提供されていますが、この誌面ですべてを説明することは難しいため省略します。

■ Point

一見難しそうな多重代入法ですが、便利な関数を利用すれば簡単に実現できます。Awesomeなコードです。

Pythonによる前処理

　R同様に、fancyimputeライブラリのMICEクラスのオブジェクトを生成し、multiple_imputations関数を呼び出すことで、PMMによる多重代入法を簡単に実現できます。

Python Awesome

python_awesome.py（抜粋）

```python
from fancyimpute import MICE


# replace関数によって、Noneをnanに変換
production_miss_num.replace('None', np.nan, inplace=True)


# mice関数を利用するためにデータ型を変換（mice関数内でモデル構築をするため）
production_miss_num['thickness'] = \
  production_miss_num['thickness'].astype('float64')
production_miss_num['type'] = \
```

```
  production_miss_num['type'].astype('category')
production_miss_num['fault_flg'] = \
  production_miss_num['fault_flg'].astype('category')


# ダミー変数化（「第9章 カテゴリ型」で詳しく解説）
production_dummy_flg = pd.get_dummies(
  production_miss_num[['type', 'fault_flg']], drop_first=True)


# mice関数にPMMを指定して、多重代入法を実施
# n_imputationsは取得するデータセットの数
# n_burn_inは値を取得する前に試行する回数
mice = MICE(n_imputations=10, n_burn_in=50, impute_type='pmm')


# 処理内部でTensorFlowを利用
production_mice = mice.multiple_imputations(
  # 数値の列とダミー変数を連結
  pd.concat([production_miss_num[['length', 'thickness']],
             production_dummy_flg], axis=1)
)


# 下記に補完する値が格納されている
production_mice[0]
```

　MICEクラスはmultiple_imputations関数によって多重代入法を実現します。m引数で多重代入法によって補完する値のパターン数（取得するデータセットの数）を設定できます。maxit引数は値を取得する前のモデル係数の更新回数を指定できます。method引数は多重代入法の手法を指定でき、pmm以外にcolを指定できます。colを指定すると、事後予測分布のサンプリングした値の平均値を補完値として利用します。

Point

R同様に便利な関数を利用したAwesomeなコードです。

第9章 カテゴリ型

データ分析において、数値型の次によく扱うデータ型が**カテゴリ型**です。カテゴリ型とは、とり得る値の種類が決まっている値です。たとえば、居住都道府県の列は、47都道府県から必ず選ばれるデータなので、カテゴリ型のデータです。会員ステータスの列は、会員である／ないのいずれかの値をとるので、やはりカテゴリ型のデータです。また、2種類のカテゴリ値しかとらない値は、フラグ値と呼び、データ型をブール型と呼びます。ブール型の場合、プログラム上ではTrue/Falseの値をとります。

「**8-3 カテゴリ化による非線形な変化**」でも述べたように、数値型のデータもカテゴリを付与することで、カテゴリ型に変換できます。具体的には、年齢を10歳未満、10代、20代、30代、40代、50代、60歳以上と分けることによって、もともと数値型である年齢をカテゴリ値として扱うことができます。

カテゴリ型は非線形な変化を表現できる一方、機械学習を用いて正確に学習するには大量のデータが必要とされます。また、数値をカテゴリ化したときは、カテゴリ値間の関係性のデータは表現されていません。カテゴリ間の関係性とは、たとえば先ほどの年齢の例でいえば、20代は、10代より年齢が高く、30代より年齢が低い、といった関係のことです。カテゴリ型にはそのような情報は表現されていません。このような、カテゴリ型の特徴を十分に理解した上で活用しましょう。

9-1 カテゴリ型への変換

SQL
R
Python

一見すると、カテゴリ型は文字型や数値型のデータと大差ありません。そのため、ほとんどの場合、プログラムは文字列や数値型としてデータを読み込みます。カテゴリ型としてデータを扱うには、カテゴリ型のデータに変換する必要があります。PythonとRにはカテゴリ型とブール型がありますが、SQLにはブール型しかありません。

カテゴリ型はデータサイズを減らす方法としても有効です。カテゴリ型はカテゴリ値の

マスタデータ（カテゴリ値の全種類の中身のデータ）と各データのカテゴリ値のインデックスデータ（どのカテゴリ値を選択しているのかを表しているデータ）に分けてデータを保持しています。カテゴリ値のマスタデータは、カテゴリの種類数が多くなければデータサイズは大きくありません。またカテゴリ値のインデックスデータは数値で保持できるので、データ数が多くてもデータサイズはあまり大きくならず、カテゴリ値を文字列で持っているときよりもデータサイズを小さくできます。

 カテゴリ型の変換

対象のデータセットは、ホテルの予約レコードです。顧客テーブルの性別（sex）をブール型とカテゴリ型に変換してみましょう（図9.1）。

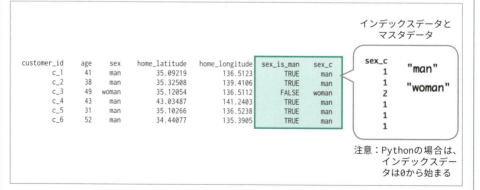

図9.1 カテゴリ型の変換

サンプルコード ▶ 009_category

9-1 カテゴリ型への変換　203

Part 3

SQLによる前処理

SQLでは、ブール型はBooleanとして提供されていますが、カテゴリ型は提供されていません。ブール型に変換するには、CASE文の条件にTRUEとなるときの条件式を設定します。

SQL Awesome　　　　　　　　　　　　　　sql_1_awesome.sql

```
SELECT
  CASE WHEN sex = 'man' THEN TRUE ELSE FALSE END AS sex_is_man
FROM work.customer_tb
```

■Point

CASE文を利用することで、ブール型に変換しているAwesomeなコードです。

カテゴリ型はデータ型として提供されていませんが、データの値の種類ごとにIDを付与することで擬似的に実現できます。

SQL Awesome　　　　　　　　　　　　　　aql_2_awesome.sql

```
-- SEXのカテゴリマスタを生成
WITH sex_mst AS(
  SELECT
    sex,
    ROW_NUMBER() OVER() AS sex_mst_id
  FROM work.customer_tb
  GROUP BY sex
)
SELECT
  base.*,
  s_mst.sex_mst_id
FROM work.customer_tb base
INNER JOIN sex_mst s_mst
  ON base.sex = s_mst.sex
```

9
カテゴリ型

204　第9章　カテゴリ型

> **■Point**
>
> SQLにはカテゴリ型という概念はありませんが、新たにカテゴリ値とカテゴリIDの対応を
> 示すマスタテーブルを作成し、データ値をカテゴリIDに変換することで擬似的にカテゴリ型
> を表現できます。上記のサンプルコードでは、sex_mstを保存し、customer_tbのsex列を
> sex_mst_id列に変換することで、sex列をカテゴリ型で表現することができるようになり
> ます。SQLでカテゴリ型を表現したAwesomeなコードです（**第13章「13-2 レコメンデー
> ションの前処理」**で利用例を解説しています）。なお、以降のSQLの擬似カテゴリ型の解答
> コードでは、ID付けを省略しています。

Rによる前処理

　Rでは、ブール型はlogical型、カテゴリ型はfactor型として提供されています。as.
logical関数とfactor関数を利用することでそれぞれのデータ型に変換できます。

ℝ Awesome

r_awesome.R（抜粋）

```
# sexがmanのときにTRUEとするブール型を追加
# このコードは、as.logical関数がなくてもブール型に変換される
customer_tb$sex_is_man <- as.logical(customer_tb$sex == 'man')


# sexをカテゴリ型に変換
customer_tb$sex_c <- factor(customer_tb$sex, levels=c('man', 'woman'))


# 数値に変換するとインデックスデータの数値が取得できる
as.numeric(customer_tb$sex_c)


# levels関数を使うとマスタデータにアクセスできる
levels(customer_tb$sex_c)
```

> 　as.logical関数は引数をlogical型（TRUE/FALSE）に変換する関数です。数字の場合は、
> 0以外をTRUE、0の場合はFALSEに変換します。文字列の場合、TRUE/True/trueを
> TRUEに、FALSE/False/falseをFALSE、それ以外の場合はNAに変換します。

factor関数は引数をfactor型に変換する関数です。levels引数にマスタデータのベクトルを指定することもできます。指定しない場合は、引数のすべての値の種類をマスタデータとして設定します。as.factor関数でもfactor型に変換できますが、levels引数を指定できません。

factor型のカテゴリマスタデータを確認するにはlevels関数を利用します。levels関数の引数にカテゴリデータを渡すと、マスタデータのベクトルを返します。

▌Point
基本的な関数を適切に利用したAwesomeなコードです。

Pythonによる前処理

Pythonでは、ブール型はbool型、カテゴリ型はcategory型として提供されています。astype関数に 'bool' または 'category' を指定することで、それぞれに変換できます。

Python Awesome   python_awesome.py（抜粋）

```python
# sexがmanのときにTRUEとするブール型を追加
# このコードは、astype関数を利用しなくてもブール型に変換
customer_tb[['sex_is_man']] = (customer_tb[['sex']] == 'man').astype('bool')


# sexをカテゴリ型に変換
customer_tb['sex_c'] = \
  pd.Categorical(customer_tb['sex'], categories=['man', 'woman'])


# astype関数でも変換可能
# customer_tb['sex_c'] = customer_tb['sex_c'].astype('category')


# インデックスデータはcodesに格納されている
customer_tb['sex_c'].cat.codes


# マスタデータはcategoriesに格納されている
customer_tb['sex_c'].cat.categories
```

206　第9章　カテゴリ型

astype関数はデータ型を変換する関数です。boolを引数に指定するとbool型、categoryを引数に指定するとcategory型に変換できます。ただし、astype関数でcategory型に変換する場合は、マスタデータを指定できません。

pd.Categoricalは引数をcategory型として生成する関数です。categories引数にマスタデータの配列を指定することもできます。指定しない場合は、引数のすべての値の種類をマスタデータとします。

category型に変換した列のcat.codesにはインデックスデータが格納されており、cat.categoriesにはマスタデータが格納されています。category型への変換は、pd.Categorical関数に変換する値を渡すことでも実現できます。

■Point
R同様に基本的な関数を適切に利用したAwesomeなコードです。

9-2
ダミー変数化

`SQL`
`R`
`Python`

前節のPythonやRのカテゴリ型は非常に便利ですが、残念ながらRやPythonの機械学習などに用いれられる一部のメソッドが、カテゴリ型に対応していない場合があります。その場合には、カテゴリ値をフラグの集合値に変換する必要があります。そのような変換をダミー変数化と呼び、生成したフラグを**ダミー変数**と呼びます。

ダミー変数はカテゴリの種類数と同じ数だけ生成されます。「**8-3 カテゴリ化による非線形な変化**」で述べたように、機械学習で予測モデルを作る際、ダミー変数を1つ減らすことができます。これによって、必要な学習データを少し減らすことができますが、これを用いない方が良いケースもあります。たとえば、あるサービスの利用料金が年代別にどの程度の影響を与えるか、機械学習モデルの予測モデルによって分析したい場合について考えます。ダミー変数を減らさずに分析すれば、各ダミー変数の重要度（重回帰モデルの各ダミー変数の係数など）によって、各年代の利用料金への影響度が簡単に分かります。しかしダミー変数を1つ減らしてしまうと、減らしたダミー変数の影響が残っているダミー変数に反映されるので、各年代の利用料金への影響度が分かりにくくなります。このように、各カテゴリ値の影響度合いを分析したい場合は、ダミー変数を減らす方法を利用しない方が良いでしょう（図9.2）。

9-2 ダミー変数化

図9.2 ダミー変数を1つ減らす場合と減らさない場合の比較

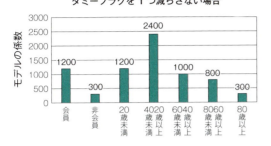
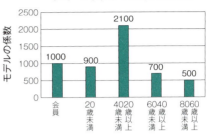

Q ダミー変数化

対象のデータセットは、ホテルの予約レコードです。顧客テーブルの性別（sex）をダミー変数化してみましょう（図9.3）。

図9.3 ダミー変数化

customer_id	age	sex	home_latitude	home_longitude
c_1	41	man	35.09219	136.5123
c_2	38	man	35.32508	139.4106
c_3	49	woman	35.12054	136.5112
c_4	43	man	43.03487	141.2403
c_5	31	man	35.10266	136.5238
c_6	52	man	34.44077	135.3905

↓ sexをダミー変数化

customer_id	age	sex	home_latitude	home_longitude	sexman	sexwoman
c_1	41	man	35.09219	136.5123	1	0
c_2	38	man	35.32508	139.4106	1	0
c_3	49	woman	35.12054	136.5112	0	1
c_4	43	man	43.03487	141.2403	1	0
c_5	31	man	35.10266	136.5238	1	0
c_6	52	man	34.44077	135.3905	1	0

サンプルコード▶009_category/02

208　第9章 カテゴリ型

SQLによる前処理

　SQLでは、CASE文を利用してカテゴリ値の種類ごとにフラグ化することでダミー変数化できます。

SQL Not Awesome　　　　　　　　　　　　　　　　　　　　　sql_awesome.sql

```
SELECT
  -- 男性フラグを生成
  CASE WHEN sex = 'man' THEN TRUE ELSE FALSE END AS sex_is_man,

  -- 女性フラグを生成
  CASE WHEN sex = 'woman' THEN TRUE ELSE FALSE END AS sex_is_woman

FROM work.customer_tb
```

> ■Point
>
> ダミー変数化を実現できていますが、カテゴリ値の種類が増えるたびにCASE文を追加する必要があり、データ内容に依存したコードになってしまっています。データの変化に弱いNot Awesomeなコードです。

Rによる前処理

　caretパッケージのdummyVars関数を利用するとダミー変数化を実現できます。Rで提供されている関数の多くはfactor型をサポートしているため利用する機会はあまりないですが、いざというときのために覚えておきましょう。

R Awesome　　　　　　　　　　　　　　　　　　　　　　r_awesome.R（抜粋）

```
# dummyVars関数のためのライブラリ
library(caret)

# ダミー変数化する変数を引数で指定
# fullRankをFALSEにするとすべてのカテゴリ値をフラグ化
dummy_model <- dummyVars(~sex, data=customer_tb, fullRank=FALSE)

# predictでダミー変数を生成
```

9-2 ダミー変数化   209

```r
dummy_vars <- predict(dummy_model, customer_tb)
```

　　dummyVars関数はダミー変数化を行う関数です。dummyVars関数にダミー変数化する対象の変数名とダミー変数化する変数を持つデータを引数に指定することで、ダミー変数化を行うモデルを生成できます。このとき、fullRank引数にFALSEを設定することでカテゴリ値の全種類の値のダミー変数を生成します。TRUEの場合は、ダミー変数を1つ減らします。ダミー変数を生成するには、生成したモデルとダミー変数化する変数を持つデータをpredict関数の引数に指定します。

Point

dummyVars関数を利用することで、短いコードでダミー変数化を実現しているAwesomeなコードです。dummyVars関数を利用しなくても実現できますが、信頼できる便利な関数があるときは必ず利用しましょう。

Pythonによる前処理

　　Pythonでは、Pandasライブラリのget_dummies関数によってダミー変数化を実現できます。PythonはRと比較すると、カテゴリ型に対応していない関数が多いので、カテゴリ化の方法をしっかりと身に付けておきましょう。

Python Awesome

python_awesome.py(抜粋)

```python
# ダミー変数化する前にカテゴリ型に変換
customer_tb['sex'] = pd.Categorical(customer_tb['sex'])


# get_dummies関数によってsexをダミー変数化
# drop_firstをFalseにすると、カテゴリ値の全種類の値のダミーフラグを生成
dummy_vars = pd.get_dummies(customer_tb['sex'], drop_first=False)
```

　　get_dummies関数は引数のカテゴリ型をダミー変数化する関数です。drop_first引数をTrueにすると最初のダミーフラグを落として、フラグ数を1つ減らします。

210　第 9 章　カテゴリ型

■Point

get_dummies関数を利用することで短いコードでダミー変数化を実現しているAwesomeなコードです。drop_first引数を利用せずに、DataFrameを1列削ることでダミー変数の削減をしているコードをまれに見かけますが、分かりにくくなるのでやめましょう。

9-3
カテゴリ値の集約

`SQL`
`R`
`Python`

　カテゴリ型を用いる場合、該当するデータ数が少ないカテゴリ値が存在すると、数少ないデータからカテゴリ値の特性を学習してしまい、過学習に陥りやすくなります。また、アドホックな分析を行う場合でも、あまりにもカテゴリ値の種類が多いと、集計しづらくなります。このような問題を避けるために、データ数が極端に少ないカテゴリ値は、他のカテゴリ値とまとめる（集約する）ことがあります。

　集約の際には、もしカテゴリ間に関係性がある場合は、なるべく近い関係性のカテゴリにまとめる方がうまく傾向が表れ、予測精度が上がることが多いです。たとえば、10才未満と60才以上を同じカテゴリとするより、10才未満と10代をまとめた方が良いということです。

Q カテゴリ値の集約

　対象のデータセットは、ホテルの予約レコードです。顧客テーブルの年齢（age）を10才区切りでカテゴリ型に変換し、さらに60才以上の場合は "60才以上" というカテゴリ値に変換しましょう（図9.4）。

9-3 カテゴリ値の集約　　211

図9.4 カテゴリ値の集約

customer_id	age	sex	home_latitude	home_longitude	age_rank
c_20	43	woman	34.44108	135.3925	40
c_21	62	woman	34.47405	135.3821	60
c_22	37	man	34.47354	135.3740	30
c_23	36	man	43.04559	141.2342	30
c_24	30	man	35.13382	136.5219	30
c_25	86	woman	35.32228	139.4041	80

⬇ 60歳以上の`age_rank`を集約化

customer_id	age	sex	home_latitude	home_longitude	age_rank
c_20	43	woman	34.44108	135.3925	40
c_21	62	woman	34.47405	135.3821	60 以上
c_22	37	man	34.47354	135.3740	30
c_23	36	man	43.04559	141.2342	30
c_24	30	man	35.13382	136.5219	30
c_25	86	woman	35.32228	139.4041	60 以上

サンプルコード▶009_category/03

SQLによる前処理

　SQLにはカテゴリ型は存在しないため、CASE文を活用して、カテゴリ型の集約を実現します。

SQL Awesome　　　　　　　　　　　　　　　　　　　　sql_awesome.sql

```sql
WITH customer_tb_with_age_rank AS(
  SELECT
    *,

    -- 年齢を10才区切りでカテゴリ化
    CAST(FLOOR(age / 10) * 10 AS TEXT) AS age_rank

  FROM work.customer_tb
```

```
)
SELECT
  customer_id, age, sex, home_latitude, home_longitude,

  -- カテゴリを集約
  CASE WHEN age_rank = '60' OR age_rank = '70' OR age_rank = '80'
  THEN '60才以上' ELSE age_rank END AS age_rank

FROM customer_tb_with_age_rank
```

■Point

CASE文の条件句にORを利用することで複数条件を一度に指定しています。簡潔に書かれたAwesomeなコードです。ただし、age_rank = '90'のように集約する対象のカテゴリ値が増えた場合には修正が必要です。よって、データに依存したコードと言えます。カテゴリ型に変換する前に集約対象が決まっている場合には、変換処理とあわせて集約処理をした方が、無駄な計算処理がなくなり、Awesomeなコードになります。この例題に当てはめると、最初のWITH句のage_rankは下記のように書き換えることになります。

```
CASE WHEN age > 60 THEN '60才以上' ELSE CAST(FLOOR(age / 10) * 10 AS TEXT) AS age_rank
```

Rによる前処理

Rのfactor型を集約するには、factor型の値を書き換えれば実現できますが、その前後にfactor型のマスタデータを書き換える必要があります。

R Awesome

r_awesome.R（抜粋）

```
customer_tb$age_rank <- factor(floor(customer_tb$age / 10) * 10)

# マスタデータに'60以上'を追加
levels(customer_tb$age_rank) <- c(levels(customer_tb$age_rank), '60以上')

# 集約するデータを書き換え
# カテゴリ型の場合は、==または!=の判定しかできない
# in関数を利用して、置換を実現
```

9-3 カテゴリ値の集約　213

```
customer_tb[customer_tb$age_rank %in% c('60', '70', '80'), 'age_rank'] <- '60以上'

# 利用されていないマスタデータ(60,70,80)を削除
customer_tb$age_rank <- droplevels(customer_tb$age_rank)
```

droplevels関数は引数のfactor型のマスタデータから利用されていない（インデックスデータから参照されていない）マスタデータを削除する関数です。一時的に特定のカテゴリ値が存在しない／参照されていない場合でも、droplevels関数を利用してしまうと、削除されたカテゴリ値を設定できなくなるので注意が必要です。

▊Point

levels関数とdroplevels関数を利用し、適切にfactor型のマスタデータを更新しているAwesomeなコードです。SQL同様に、カテゴリ値の生成時に集約処理も考慮する方がよりAwesomeです。具体的には、factor関数を適用する前に、ageが60以上の値をすべて60に置換することです。またforcatsパッケージのfct_other関数を利用すると、1行でカテゴリ型の集約を実現できます。興味がある方は調べてみてください。

Pythonによる前処理

R同様に、Pythonのcategory型でもカテゴリ値を集約するときには、マスタデータの更新が必要になります。category型のマスタデータの更新には、add_categories関数とremove_unused_categories関数を利用します。

Python Awesome

python_awesome.py（抜粋）

```
# pd.Categoricalによって、category型に変換
customer_tb['age_rank'] = \
  pd.Categorical(np.floor(customer_tb['age']/10)*10)

# マスタデータに'60以上'を追加
customer_tb['age_rank'].cat.add_categories(['60以上'], inplace=True)

# 集約するデータを書き換え
# category型は、=または!=の判定のみ可能なので、isin関数を利用
customer_tb.loc[customer_tb['age_rank'] \
```

214　第**9**章　カテゴリ型

```
            .isin([60.0, 70.0, 80.0]), 'age_rank'] = '60以上'

# 利用されていないマスタデータを削除
customer_tb['age_rank'].cat.remove_unused_categories(inplace=True)
```

　add_categories関数はcategory型のマスタデータを追加する関数です。関数の呼び
出し元のcategory型のマスタデータに引数で指定した値を追加します。

　remove_unused_categories関数はcategory型のマスタデータを削除する関数です。
関数の呼び出し元のcategory型のマスタデータから利用されていない（インデックス
データから参照されていない）マスタデータを削除します。R同様に、意図的にカテゴ
リ値を削除したいときに利用しましょう。

■Point
add_categories関数とremove_unused_categories関数を利用して、category型のマス
タデータを適切に更新しているAwesomeなコードです。R同様、カテゴリ値が生成時に集
約処理も考慮する場合には、pd.Categorical関数でcategory型に変換する前にageが60以
上の値をすべて60に置換します。

9-4
カテゴリ値の組み合わせ

`SQL`
`R`
`Python`

　前節のようにカテゴリ値の種類を減らす場合もあれば、カテゴリ値を組み合わせること
でカテゴリ値の種類を増やす場合もあります。たとえば、性別と年代のカテゴリ値を組み
合わせ、男性20代、女性50代といった新たなカテゴリ値に拡張します。これにより、男
女によって同じ年代でも大きく傾向が異なっていたとしても、カテゴリ値によって非線形
な変化を表現できます。

　もちろん、副作用もあります。たとえば、性別を2種類、年代を7種類に分けるとしま
す。カテゴリ値をそのまま利用した場合は、ダミー変数の数は2＋7＝9種類となり、ダ
ミー変数を節約すれば、（2－1）＋（7－1）＝7種類になります。一方、カテゴリ値を組み
合わせた場合は、ダミー変数の数は2×7＝14種類となり、ダミー変数を節約しても2×

9-4 カテゴリ値の組み合わせ　215

Part 3

7 − 1 = 13種類に増えてしまいます。つまり、カテゴリ値を組み合わせると、ダミー変数の数も組み合わせ数に応じて増えていき、分析に必要なデータ量も増えるのです。したがって、カテゴリ値の組み合わせを行うときは、データ量を把握しつつ、なるべくデータ種類の多いカテゴリ値の組み合わせは避けてください。

Q カテゴリ値の組み合わせ

9
カテゴリ型

　対象のデータセットは、ホテルの予約レコードです。顧客テーブルの性別（sex）と年齢（age）の10才区切りのカテゴリ値を組み合わせて、性別／年代のカテゴリ値を生成しましょう（図9.5）。

図9.5　カテゴリ値の組み合わせ

customer_id	age	sex	home_latitude	home_longitude
c_1	41	man	35.09219	136.5123
c_2	38	man	35.32508	139.4106
c_3	49	woman	35.12054	136.5112
c_4	43	man	43.03487	141.2403
c_5	31	man	35.10266	136.5238
c_6	52	man	34.44077	135.3905

↓ ageとsexをカテゴリ化

customer_id	age	sex	home_latitude	home_longitude	sex_and_age
c_1	41	man	35.09219	136.5123	40_man
c_2	38	man	35.32508	139.4106	30_man
c_3	49	woman	35.12054	136.5112	40_woman
c_4	43	man	43.03487	141.2403	40_man
c_5	31	man	35.10266	136.5238	30_man
c_6	52	man	34.44077	135.3905	50_man

サンプルコード▶009_category/04

SQLによる前処理

　SQLにはカテゴリ型は存在しませんが、文字列として結合することでカテゴリ値の組み合わせを擬似的に実現できます。

第**9**章　カテゴリ型

SQL Awesome

sql_awesome.sql

```sql
SELECT
  *,

  -- sexと年齢の10才区切りのカテゴリ値を文字列として間に"_"を加えて結合
  sex || '_' || CAST(FLOOR(age / 10) * 10 AS TEXT) AS sex_and_age

FROM work.customer_tb
```

　||は文字列を連結することができます。||の代わりにCONCAT関数を使うこともできます。CONCAT関数は2つの引数の文字列を連結させます。

■Point

文字列を連結することによって、カテゴリ値の組み合わせを擬似的に実現したAwesomeなコードです。CONCAT関数を利用する場合、3つ以上の文字列を連結すると入れ子構造になってしまうので、||を使う方がシンプルに記述できます。

Rによる前処理

　Rはカテゴリ値を文字列として結合してからfactor型に変換することによって、カテゴリ値を組み合わせることができます。

R Awesome

r_awesome.R（抜粋）

```r
customer_tb %>%
  mutate(sex_and_age=factor(paste(floor(age / 10) * 10, sex, sep='_')))
```

■Point

paste関数によって、年齢と性別のカテゴリ値を文字列として間に_を挟み連結したあとに、カテゴリ型に変換することで、カテゴリ値の組み合わせを実現しているAwesomeなコードです。sep引数によって、引数を連結する間の文字列を指定できるので、うまく利用しましょう。

Pythonによる前処理

　R同様、Pythonでもカテゴリ値を文字列として結合してからCategory型に変換することによって、カテゴリ値を組み合わせることができます。

9-5 カテゴリ型の数値化　217

Part 3

Python Awesome　python_awesome.py（抜粋）

```python
customer_tb['sex_and_age'] = pd.Categorical(
    # 連結する列を抽出
    customer_tb[['sex', 'age']]

    # lambda関数内でsexと10代区切りのageを_を挟んで文字列として連結
    .apply(lambda x: '{}_{}'.format(x[0], np.floor(x[1] / 10) * 10),
           axis=1)
)
```

9
カテゴリ型

■Point

format関数によって、年齢と性別のカテゴリ値を文字列として間に_を挟み連結し、カテゴリ値の組み合わせを実現しているAwesomeなコードです。文字列を連結するときは、format関数を利用すると組み合わせるカテゴリ値を追加しやすく便利です。

9-5
カテゴリ型の数値化

SQL
R
Python

　「**9-3 カテゴリ値の集約**」でカテゴリの集約について解説しましたが、さらなる集約方法として、カテゴリ型を数値化する方法があります。学習データ量が少ない場合において、カテゴリ値を考慮して予測モデルを作りたいときに利用することが多いです。しかし、カテゴリ型の数値化は気を付けて利用しなければなりません。過学習を引き起こしたり、データの本来の意味を失ったりすることがあるからです。したがって、基本的にはカテゴリ型の数値化を利用することはお勧めしません。これらの問題をきちんと理解した上で、扱う自信がある方のみ利用してください。

　数値化の方法ですが、該当するカテゴリ値ごとの指標やカテゴリ値に対応する極値／代表値／ばらつき具合を利用することが多いです。たとえば製造レコードの製造物の品種を数値化することについて考えると、下記のような3つの例が挙げられます。

- 製造物の品種ごとにレコード内の出現回数をカウントし、カテゴリ値の代わりに利用

- 製造物の品種ごとに製造障害率（障害が発生した割合）を計算し、カテゴリ値の代わりに利用
- カテゴリ値ごとの製造障害率を基準に、カテゴリ値ごとの障害発生率の高い順に順位を計算し、カテゴリ値の代わりに利用

このようにさまざまな数値に変換できますが、データの本来の意味を失わないようにして、かつ過学習を引き起こさずにリーク[1]をしていない変換を実現するのは大変難しいです。前処理のコードですが、「**第3章 集約**」「**第4章 結合**」で解説したコードを組み合わせれば実現できます。本節では「製造物の品種ごとに製造障害率（障害が発生した割合）を計算し、カテゴリ値の代わりに利用」するときのコードを解説します。

 カテゴリ型の数値化

対象のデータセットは、製造レコードです。製品種別（type）を製品種別ごとの平均障害率に変換しましょう。ただし、平均障害率の計算は自身のレコードを除いて計算しましょう（図9.6）[2]。

図9.6 カテゴリ型の数値化

type	length	thickness	fault_flg
C	417.1607	4.699548	FALSE
E	171.1516	21.019763	TRUE
A	107.6991	7.890867	FALSE
B	234.1504	19.391544	FALSE
C	360.0682	57.483525	FALSE
C	187.2249	14.671020	TRUE

 fault_flgがTRUEの割合を基準にtypeを数値化

---

[1] 予測する対象値の情報が予測に利用する変数に含まれていることをリークと呼びます。
[2] 製品種別ごとの平均障害率を利用して障害予測モデルを学習する場合、自身のレコードを除く方がモデルの精度を上げられることが多いです。なぜなら、全レコードの製品種別ごとの平均障害率には予測すべき値の情報が含まれてしまっているからです。その結果、弱いリークによる過学習を引き起こしてしまいます。ただし、自身のレコードの影響がほとんどない程度に平均障害率を算出する元のレコード数が多ければ影響ありません。このように、副作用なく予測する値を利用した説明変数を予測モデルに利用することは非常に難しいです。危険性を理解して、十分に対処できる方以外にはお勧めしません。また、機械学習モデルを学習したあとの運用時には製品種別ごとの平均障害率を利用した障害予測モデルを活用して予測を行うときには、製品種別ごとの平均障害率は学習データ全体の製品種別ごとの平均障害率を利用しましょう。

9-5 カテゴリ型の数値化　219

type	length	thickness	fault_flg	fault_rate_per_type
C	417.1607	4.699548	FALSE	0.07619048
E	171.1516	21.019763	TRUE	0.05612245
A	107.6991	7.890867	FALSE	0.05472637
B	234.1504	19.391544	FALSE	0.03448276
C	360.0682	57.483525	FALSE	0.07619048
C	187.2249	14.671020	TRUE	0.07142857

サンプルコード▶009_category/05

SQLによる前処理

　今まで学んできた前処理を組み合わせればカテゴリ型の数値化を実現できます。WITH
句を利用して、製品種別ごとの製造数と障害数を計算してから、製品種別ごとの平均障害
率を計算／付与しましょう。

SQL Awesome

sql_awesome.sql

```
-- 製品種別ごとの製造数と障害数の計算
WITH type_mst AS(
  SELECT
    type,

    -- 製造数
    COUNT(*) AS record_cnt,

    -- 障害数
    SUM(CASE WHEN fault_flg THEN 1 ELSE 0 END) AS fault_cnt

  FROM work.production_tb
  GROUP BY type
)
SELECT
```

```
  base.*,

  -- 自身のレコードを除いた製品種別ごとの平均障害率
  CAST(t_mst.fault_cnt - (CASE WHEN fault_flg THEN 1 ELSE 0 END) AS FLOAT)/
    (t_mst.record_cnt - 1) AS type_fault_rate

FROM work.production_tb base
INNER JOIN type_mst t_mst
  ON base.type = t_mst.type
```

■ Point

CASE文でブール型を数値型に変換することで簡潔なコードを実現しているAwesomeな
コードです。type_mstの時点で、対象レコードのfault_flgがTRUEとFALSEの両パターン
のtype_fault_rateを計算する方が計算量を少しだけ減らすことができますが、それよりは
このコードの方が可読性が高くAwesomeでしょう。

Rによる前処理

　group_by関数はsummarise関数を利用しなくても利用できます。集約値と対象レコー
ドの値がまたがった計算のときに利用すると、この問題も簡潔に記述できます。

R Awesome   r_awesome.R（抜粋）

```
production_tb %>%
  group_by(type) %>%
  mutate(fault_rate_per_type=(sum(fault_flg) - fault_flg) / (n() - 1))
```

■ Point

Rのlogical型の実態は数値で、TRUEが1、FALSEが0をとります。この性質を利用するこ
とで、数値を対象とした関数をlogical型に適用できます。このコードでもsum(fault_flg)に
よって障害数を計算しています。Rのlogical型の仕様をうまく利用したAwesomeなコード
です。

9-6 カテゴリ型の補完　221

Part 3

Pythonによる前処理

　Pythonでは特別な関数を使用せず実装できます。やや処理が複雑になるので、STEPを分けてわかりやすいコードを心がけましょう。

Python **Awesome**　　　　　　　　　　　　　python_awesome.py（抜粋）

```python
# 製品種別ごとの障害数
fault_cnt_per_type = production \
  .query('fault_flg') \
  .groupby('type')['fault_flg'] \
  .count()


# 製品種別ごとの製造数
type_cnt = production.groupby('type')['fault_flg'].count()


production['type_fault_rate'] = production[['type', 'fault_flg']] \
  .apply(lambda x:
         (fault_cnt_per_type[x[0]] - int(x[1])) / (type_cnt[x[0]] - 1),
         axis=1)
```

■Point

Pythonのboolをintに変換すると、TRUEは1、FALSEは0に変換されます。この性質をうまく利用したAwesomeコードです。Rと違い明示的に変換する必要があるので注意しましょう。

9
カテゴリ型

9-6
カテゴリ型の補完

R
Python

　カテゴリ型のデータが欠損している場合、数値の欠損（「**8-7 数値型の補完**」）と同様に、どのような欠損なのかを確認したあとに適切な対処方法を選択する必要があります。また、対処方法については、数値の欠損と同様に欠損値のあるレコードデータを丸ごと削除

してしまう方法や補完せずに分析する方法もあります。本書では、次の6種類の補完方法について説明します。

1. 固定値によって補完

   任意の値を指定して、欠損値の補完値として利用する方法です。カテゴリ型の場合、「その他」や「欠損」といったカテゴリ値を新たに作り、欠損値を新たなカテゴリ値として利用するのが一般的です。本来は存在しないカテゴリ値を作ってしまうことになり、ありもしない傾向を学んでしまうことがあるので、非推奨です。

2. 集計値によって補完

   欠損していないデータから最頻値を計算し、欠損値の補完値として利用する方法です。たとえば、顧客の性別で男性の方が多ければ、性別不明の顧客の性別を男性として補完します。ただし、指定した最頻値のデータが極端に増えてしまうので、欠損値が多い場合は非推奨です。

3. 欠損していないデータに基づく予測値によって補完

   欠損していない列の値と一部欠損している列の値の関係から、欠損している値を予測して補完する方法です。予測するための関係は、機械学習モデルなどによって表現されます。また、欠損していない列を1列利用することもあれば、複数列を利用することもあります。たとえば、一部の人の年収ランクのデータが欠けていた場合に、年収ランクと年齢や職業の関係を分析し、年齢や職業から欠損している年収ランクを予測し、補完します。数値と同様に、多重代入法を使うことも多いです。

4. 時系列の関係から補完

   欠損しているデータの前後のデータから欠損値を予測して補完する方法です。カテゴリ型ではあまり利用することはありません。たとえば、2016年の居住地が不明で、2015年と2017年の居住地が同じであればその値で補完し、2015年と2017年の居住地が異なればどちらかの値をランダムに選択して補完します。

5. 多重代入法

   「8-7 数値型の補完」と同様です。

6. 最尤法

   「8-7 数値型の補完」と同様です。

それでは、実際にカテゴリ型の補完を行ってみましょう。

KNNによる補完

対象のデータセットは、fault_flgに欠損が存在する製造レコードです。fault_flgが欠損していないデータを用いた予測結果から、欠損しているfault_flgを補完しましょう。予測には、KNNを利用しましょう（図9.7）。

図9.7 KNNによる補完

type	length	thickness	fault_flg
	203.3790	30.286454	FALSE
B	153.1424	1.104218	FALSE
B	150.3598	10.995655	FALSE
C	249.4818	20.940242	FALSE
E	257.4337	37.155603	FALSE
	157.4632	11.166165	FALSE

→

type	length	thickness	fault_flg
C	203.3790	30.286454	FALSE
B	153.1424	1.104218	FALSE
B	150.3598	10.995655	FALSE
C	249.4818	20.940242	FALSE
E	257.4337	37.155603	FALSE
E	157.4632	11.166165	FALSE

lengthとthicknessを基準にtypeを補完

　KNN（k-nearest neighbor algorithm、k近傍法）とは、利用している変数に基づくデータ間の距離から、対象データから近いk個の値から値を予測するアルゴリズムです（図9.8）。kはパラメータで設定できます。

図9.8 KNNの概要

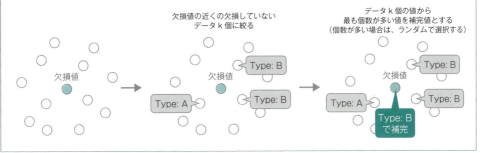

サンプルコード▶009_category/06

Rによる前処理

　Rでは、KNNモデルをclassパッケージのknn関数によって利用できます。一度の呼び出しで学習から予測まで実行する関数です。

224　第9章　カテゴリ型

R Awesome
r_awesome.R（抜粋）

```r
# knn関数のためのライブラリを読み込み
library(class)

# typeをfactorに変換
production_missc_tb$type <- factor(production_missc_tb$type)

# 欠損していないデータの抽出
train <- production_missc_tb %>% filter(type != '')

# 欠損しているデータの抽出
test <- production_missc_tb %>% filter(type == '')

# knnによってtype値を補完
# kはknnのパラメータ、probをFALSEにし出力を補完値に設定
test$type <- knn(train=train %>% select(length, thickness),
                 test=test %>% select(length, thickness),
                 cl=factor(train$type), k=3, prob=FALSE)
```

　knn関数はKNNモデルを学習し、予測値を返す関数です。train引数にはデータ間の距離の算出に利用する学習データ、test引数にはデータ間の距離の算出に利用する適用データ、cl引数には学習データの正解データを指定します。k引数には、対象データから何個までの近いデータを予測元の対象にするのかを設定します。prop引数にTRUEを指定すると予測値とその確率を返し、FALSEに指定すると予測値のみを返します。

Point
knn関数を利用した簡潔なAwesomeなコードです。事前に対象の値をfactorに変換することを忘れないようにしましょう。

Pythonによる前処理

　Pythonでは、KNNモデルをsklearnライブラリのKNeighborsClassifierクラスによって利用できます。Rと異なり、予測までのステップが3段階に分かれています。モデルオブ

9-6 カテゴリ型の補完　225

Part 3

ジェクトを生成し、学習データを利用して学習したあとに、適用データを使用することで
予測できます。

Python Awesome

python_awesome.py（抜粋）

```python
# KNeighborsClassifierをsklearnライブラリから読み込み
from sklearn.neighbors import KNeighborsClassifier


# replace関数によって、Noneをnanに変換
production_missc_tb.replace('None', np.nan, inplace=True)


# 欠損していないデータの抽出
train = production_missc_tb.dropna(subset=['type'], inplace=False)


# 欠損しているデータの抽出
test = production_missc_tb \
    .loc[production_missc_tb.index.difference(train.index), :]


# knnモデル生成、n_neighborsはknnのkパラメータ
kn = KNeighborsClassifier(n_neighbors=3)


# knnモデル学習
kn.fit(train[['length', 'thickness']], train['type'])


# knnモデルによって予測値を計算し、typeを補完
test['type'] = kn.predict(test[['length', 'thickness']])
```

9

カテゴリ型

　DataFrame.index.difference関数は引数のindex(行番号)と異なるindexを返す関数です。つまり、呼び出し元のindexにしかないindexを取得できます。

KNeighborsClassifierクラスはKNNモデルを学習し、予測値を返すオブジェクトを生成するクラスです。KNeighborsClassifierクラスのオブジェクトを生成し、生成したオブジェクトからtrain関数によって学習し、学習後のオブジェクトからpredict関数によって予測を行います。クラス生成時のn_neighbors引数にKNNのkパラメータを設定します。

fit関数には、1つ目の引数にデータ間の距離の算出に利用する学習データ、2つ目の引数に学習データの正解データを指定します。正解データはCategory型に変換しておく必要はありません。predict関数には、データ間の距離の算出に利用する適用データを引数に指定します。

Point

fit関数で学習したあとのモデルは使い回すことができ、新たな欠損データがあった場合は、同じモデルに基づく補完を適用できます。再利用性もあるAwesomeなコードです。

10-1 日時型、日付型への変換　227

Part 3

第10章　日時型

　データ分析において、数値、カテゴリ値の次によく扱うデータが**日時型**です。日時型とは、その名の通り日付／時間を持っているデータです。さらにタイムゾーン（標準時刻との時差ごとのゾーン）という情報も持っていますが、本書では扱いません。

　日時型は1つのデータからさまざまなデータ要素を取り出すことができる、非常に価値が高いデータです。たとえば、日時型の1つのデータから年／月／日／時刻などの1要素を取り出すことができます。さらに、月を季節に、日を月初／月中／月末に、時刻を朝／昼／夕方／夜に、年月日を曜日や平／休日に変換するなど、カテゴリ値に変換することもできます。また、2つの日時型のデータを用いて日数差、週数差などが算出できます。このように、日時型を変換することによって、さまざまなデータが得られます。

10-1
日時型、日付型への変換

SQL
R
Python

　日時型には、TimestampやDateTimeといったデータ型があります。データを読み込んだ時点で日時型になっている場合には問題ないですが、年／月／日／時間の文字列やUNIXTIME（1970年1月1日から何秒が経過したという表現方法）の数値として、日時型が保持されている場合もあります。このような場合、まず日時型にデータを変換する必要があります。

　日時型以外に時間に関する代表的なデータ型として、日付型（Date）が存在します。これは名前の通り、日付のみの情報を保持しているデータ型です。日付型は休日データへの変換のような日単位の変換に有用です。また、それ以外にも時刻型のデータ型が提供されていることもありますが、あまり利用されていません。本書でも時刻型については取り扱いません。

Q 日時型、日付型の変換

対象のデータセットは、ホテルの予約レコードです。予約テーブルのreserve_datetimeを日時型と日付型に変換しましょう。また、checkin_dateとcheckin_timeをあわせて日時型に変換し、checkin_dateを日付型に変換しましょう。

サンプルコード▶010_datetime/01

SQLによる前処理

SQLでは、日時型（timestamp）と日付型（Date）をサポートしています。その他には、timestamptzというtimestampにtimezone情報を付与したデータ型がありますが、本書ではtimezoneについては扱いません。

SQL Awesome　　　　　　　　　　　　　　　　　　　　　sql_awesome.sql

```sql
SELECT
  -- timestamptzに変換
  TO_TIMESTAMP(reserve_datetime, 'YYYY-MM-DD HH24:MI:SS')
    AS reserve_datetime_timestamptz,

  -- timestamptzに変換後に、timestampに変換
  CAST(
    TO_TIMESTAMP(reserve_datetime, 'YYYY-MM-DD HH24:MI:SS') AS TIMESTAMP
  ) AS reserve_datetime_timestamp,

  -- 日付と時刻の文字結合してから、TIMESTAMPに変換
  TO_TIMESTAMP(checkin_date || checkin_time, 'YYYY-MM-DDHH24:MI:SS')
    AS checkin_timestamptz,

  -- 日時文字列を日付型に変換（時刻情報は変換後削除されている）
  TO_DATE(reserve_datetime, 'YYYY-MM-DD HH24:MI:SS') AS reserve_date,

  -- 日付文字列を日付型に変換
  TO_DATE(checkin_date, 'YYYY-MM-DD') AS checkin_date
```

10-1 日時型、日付型への変換　229

```
FROM work.reserve_tb
```

　TO_TIMESTAMP関数は文字列をtimestamptz型に変換する関数です。1つ目の引数に変換する文字列、2つ目の引数に文字列と日時の対応関係を日時フォーマットを利用して指定します。timestamptz型はtimestamp型と併用してもほぼ同様に利用できますが、timestamp型に変換したい場合は、CAST関数にTIMESTAMPを指定します。

　TO_DATE関数は日付型に変換する関数です。TO_TIMESTAMP関数と同様に、1つ目の引数に変換する文字列、2つ目の引数に日付フォーマットを指定します。

　表10.1によく利用する日時フォーマットの例を示します。

表10.1　代表的なRedshiftの日時フォーマット

データ型	フォーマット	例
4桁の西暦年	YYYY	2017
月（0埋め）	MM	11
日（0埋め）	DD	06
24時間表示の時刻	HH24	06
分（0埋め）	MI	06
秒（0埋め）	SS	09

■**Point**
特別なことはしていませんが、適切に変換しているAwesomeなコードです。

Rによる前処理

　Rでは、日時型にPOSIXct型とPOSIXlt型の2種類があり、日付型にDate型があります。POSIXct型とPOSIXlt型の違いは、プログラム上のデータの持ち方です。POSIXct型は日時を1970年1月1日0時0分0秒からの秒数でデータを保持しています。一方、POSIXlt型は年／月／日／時／分／秒を別々の数値データとして保持しています。POSIXct型は日時型同士を比較したり、日時型同士の差分を計算するのに向いています。一方、POSIXlt型は年／月など特定の日時要素を取り出すのに向いています。ただし、POSIXlt型は複数の値を内部にリストとして持っているため、関数の引数として利用できないケースがあります。dplyrの処理内でも利用できないので、POSIXct型を利用してください。

第10章 日時型

R Awesome   r_awesome.R（抜粋）

```r
# lubridateライブラリ
# (parse_date_time, parse_date_time2, fast_strptimeのライブラリ)
library(lubridate)


# POSIXct型に変換
as.POSIXct(reserve_tb$reserve_datetime, format='%Y-%m-%d %H:%M:%S')
as.POSIXct(paste(reserve_tb$checkin_date, reserve_tb$checkin_time),
           format='%Y-%m-%d %H:%M:%S')


# POSIXlt型に変換
as.POSIXlt(reserve_tb$reserve_datetime, format='%Y-%m-%d %H:%M:%S')
as.POSIXlt(paste(reserve_tb$checkin_date, reserve_tb$checkin_time),
           format='%Y-%m-%d %H:%M:%S')


# parse_date_time関数によって、POSIXct型に変換
parse_date_time(reserve_tb$reserve_datetime, orders='%Y-%m-%d %H:%M:%S')
parse_date_time(paste(reserve_tb$checkin_date, reserve_tb$checkin_time),
                orders='%Y-%m-%d %H:%M:%S')


# parse_date_time2関数によって、POSIXct型に変換
parse_date_time2(reserve_tb$reserve_datetime, orders='%Y-%m-%d %H:%M:%S')
parse_date_time2(paste(reserve_tb$checkin_date, reserve_tb$checkin_time),
                 orders='%Y-%m-%d %H:%M:%S')


# strptime関数によって、POSIXltに変換
strptime(reserve_tb$reserve_datetime, format='%Y-%m-%d %H:%M:%S')
strptime(paste(reserve_tb$checkin_date, reserve_tb$checkin_time),
         orders='%Y-%m-%d %H:%M:%S')


# fast_strptime関数によって、POSIXlt型に変換
```

10-1 日時型、日付型への変換 231

```
fast_strptime(reserve_tb$reserve_datetime, format='%Y-%m-%d %H:%M:%S')
fast_strptime(paste(reserve_tb$checkin_date, reserve_tb$checkin_time),
              format='%Y-%m-%d %H:%M:%S')


# Date型に変換
as.Date(reserve_tb$reserve_datetime, format='%Y-%m-%d')
as.Date(reserve_tb$checkin_date, format='%Y-%m-%d')
```

　as.POSIXct関数はPOSIXct型に変換する関数です。1つ目の引数にPOSIXct型に変換する文字列、format引数に文字列と日時の対応関係を日時フォーマットを利用して指定します。as.POSIXlt関数もas.POSIXct関数と引数は同様で、POSIXlt型に変換する関数です。as.POSIXlt関数と同等な関数としてstrptime関数も提供されています。また、lubridateライブラリでは、POSIXct型に変換するparse_date_time関数とparse_date_time2関数、POSIXlt型に変換するfast_strptime関数を提供しています。引数などの仕様が関数によって多少異なりますが、parse_date_time2関数とfast_strptime関数はデフォルトで提供されている関数より変換処理が非常に早いので、データ量が多い場合はこちらを利用しましょう。

　as.Date関数はDate型に変換する関数です。1つ目の引数にDate型に変換する文字列、format引数に文字列と年月日の対応関係を日時フォーマットを利用して指定します。

　lubridateライブラリでは、時間を表すデータ型としてhms型が提供されています。しかし、時刻型ではなく時間／分／秒で表した時間の長さです。つまり25時間10分30秒といった値をとることがあります。

　表10.2にRの代表的な日時フォーマットを示します。

表10.2 代表的なRの日時フォーマット

データ型	フォーマット	例
4桁の西暦年	%Y	2017
月（0埋め）	%m	11
日（0埋め）	%d	06
24時間表示の時刻	%H	06
分（0埋め）	%M	06
秒（0埋め）	%S	09

232　第10章　日時型

Point

parse_date_time2関数やfast_strptime関数といったデフォルトで提供されている関数より
パフォーマンスの良い関数を利用しているAwesomeなコードです。

Pythonによる前処理

　Pythonにはさまざまな日時型がありますが、datetime64[ns]型を利用できれば十分なこ
とが多いです。[ ]内の文字は日時で扱う最小単位を表した文字です。日付型として、
datetime64[D]という型も指定できますが、datetime64[ns]からdatetime64[D]に変換でき
ないなど不都合なことが多いので、datetime64[ns]型に変換したあとに日時要素を取り出
す方が便利です。

Python Awesome

python_awesome.py（抜粋）

```python
# to_datetime関数で、datetime64[ns]型に変換
pd.to_datetime(reserve_tb['reserve_datetime'], format='%Y-%m-%d %H:%M:%S')
pd.to_datetime(reserve_tb['checkin_date'] + reserve_tb['checkin_time'],
               format='%Y-%m-%d%H:%M:%S')


# datetime64[ns]型から日付情報を取得
pd.to_datetime(reserve_tb['reserve_datetime'],
               format='%Y-%m-%d %H:%M:%S').dt.date
pd.to_datetime(reserve_tb['checkin_date'], format='%Y-%m-%d').dt.date
```

　Pandasライブラリのto_datetime関数は、datetime64型に変換する関数です。扱う
最小単位は自動で指定されますが、基本的にはdatetime64[ns]となります。1つ目の引
数にPOSIXct型に変換する文字列、format引数に文字列と日時の対応関係を日時フォー
マットを利用して指定します。代表的な日時フォーマットはRと同様です。また、変換
したdatetime64型からdt.date要素にアクセスすることで日付を取得できます。また同
様にdt.time要素からはdatetime64型から時刻を取得できます（datetime.date型といっ
たデータ型も存在しますが、date型をdatetime64[ns]型として扱っても問題ないので、
無理に利用する必要はありません）。

Part 3

10-2 年／月／日／時刻／分／秒／曜日への変換 233

■Point

Pythonのデータ型はPandasライブラリやNumPyライブラリの仕様が複雑に絡み合いすべてを理解することは難しいです。しかし、datetime64[ns]型に変換できるようになれば、基本的な日時型に対する前処理は実現できます。覚えることが必要最小限なAwesomeなコードです。

10-2
年／月／日／時刻／分／秒／曜日への変換

`SQL` `R` `Python`

10
日時型

　日時型から特定の日時要素を取り出す操作は、よく利用されます。たとえば、年ごとの売上を計算するために年要素を取り出す操作などです。特定の日時要素は文字列から正規表現などを使って取り出すこともできますが、日時型に変換してから取り出す方が簡単に記述できます。

Q 各日時要素の取り出し

　対象のデータセットは、ホテルの予約レコードです。予約テーブルのreserve_datetimeから、年／月／日／時／分／秒を取り出しましょう。また、"年-月-日 時:分:秒"の文字列に変換しましょう（図10.1）。

図10.1 日時要素の取り出し

```
      reserve_datetime    reserve_date
      2016-03-06 13:09:42   2016-03-06
      2016-07-16 23:39:55   2016-07-16
      2016-09-24 10:03:17   2016-09-24
      2017-03-08 03:20:10   2017-03-08
      2017-09-05 19:50:37   2017-09-05
      2017-11-27 18:47:05   2017-11-27
```

日時要素を取得

reserve_datetime	reserve_date	month	day_in_month	wday	weekdays	hour	minute	second	format_str
2016-03-06 13:09:42	2016-03-06	3	31	7	日曜日	13	9	42	2016-03-06 13:09:42
2016-07-16 23:39:55	2016-07-16	7	31	7	土曜日	23	39	55	2016-07-16 23:39:55
2016-09-24 10:03:17	2016-09-24	9	30	7	土曜日	10	3	17	2016-09-24 10:03:17
2017-03-08 03:20:10	2017-03-08	3	31	4	水曜日	3	20	10	2017-03-08 03:20:10
2017-09-05 19:50:37	2017-09-05	9	30	3	火曜日	19	50	37	2017-09-05 19:50:37
2017-11-27 18:47:05	2017-11-27	11	30	2	月曜日	18	47	5	2017-11-27 18:47:05

第**10**章 日時型

サンプルコード▶010_datetime/02

SQLによる前処理

　SQLでは、DATE_PART関数で特定の日付要素を取得する方法とTO_CHAR関数で指定した文字列に変換する方法があります。特定の日付要素を1つ取り出すだけであればDATE_PART関数を使う方が良いでしょう。

SQL Awesome   sql_awesome.sql

```sql
WITH tmp_log AS(
  SELECT
    CAST(
      TO_TIMESTAMP(reserve_datetime, 'YYYY-MM-DD HH24:MI:SS') AS TIMESTAMP
    ) AS reserve_datetime_timestamp,
  FROM work.reserve_tb
)
SELECT
  -- DATE型もDATE_PART関数は利用可
  -- TIMESTAMPTZ型はDATE_PART関数は利用不可
  -- 年を取得
  DATE_PART(year, reserve_datetime_timestamp)
    AS reserve_datetime_year,

  -- 月を取得
  DATE_PART(month, reserve_datetime_timestamp)
    AS reserve_datetime_month,

  -- 日を取得
  DATE_PART(day, reserve_datetime_timestamp)
    AS reserve_datetime_day,

  -- 曜日(0 は日曜日、1＝月曜日)を取得
  DATE_PART(dow, reserve_datetime_timestamp)
    AS reserve_datetime_day,
```

10-2 年／月／日／時刻／分／秒／曜日への変換   235

Part 3

```
-- 時刻の時を取得
DATE_PART(hour, reserve_datetime_timestamp)
  AS reserve_datetime_hour,

-- 時刻の分を取得
DATE_PART(minute, reserve_datetime_timestamp)
  AS reserve_datetime_minute,

-- 時刻の秒を取得
DATE_PART(second, reserve_datetime_timestamp)
  AS reserve_datetime_second,

-- 指定したフォーマットの文字列に変換
TO_CHAR(reserve_datetime_timestamp, 'YYYY-MM-DD HH24:MI:SS')
  AS reserve_datetime_char

FROM tmp_log
```

10
日
時
型

　DATE_PART関数は日時の要素を取り出す関数です。1つ目の引数に取り出す日時要素を指定し、2つ目の引数にTIMESTAMP型またはDATE型の列を指定します。TIMESTAMPTZ型は指定できないので注意しましょう。また、DATE型を指定してhour、minuteやsecondを取り出そうとするとエラーではなく0を返すだけなので、気を付けましょう。

　TO_CHAR関数は指定したフォーマットの文字列を日時データ型に変換する関数です。1つ目の引数にTIMESTAMP型またはDATE型の列を指定し、2つ目の引数に日時フォーマットを指定します。日時要素だけでなく、決まった形式に変換できます。

■Point
一度TIMESTAMP型に変換してから日時要素を取り出しているAwesomeなコードです。急がば回れの精神はAwesomeになるには重要なのです。

236　第10章　日時型

Rによる前処理

　Rで日時要素を取り出す際は、対象がPOSIXct型／Date型の場合とPOSIXlt型の場合で異なります。

　POSIXct型の場合は、日時データを1970年1月1日0時0分0秒からの秒数で保持しているため、一度計算してから各日時要素を取得する必要があります。Date型も同様です。一方、POSIXlt型は、年／月／日／時／分／秒を別々の数値データとして持っているため直接変数にアクセスして取得できます。

　日時要素を取り出す際は、POSIXlt型の方が計算が必要ないので便利です。また、format関数を利用して、指定したフォーマットの文字列に変更することもできます。

R Awesome

r_awesome.R（抜粋）

```
library(lubridate)

# reserve_datetimeをPOSIXct型に変換
reserve_tb$reserve_datetime_ct <-
  as.POSIXct(reserve_tb$reserve_datetime, orders='%Y-%m-%d %H:%M:%S')

# reserve_datetimeをPOSIXlt型に変換
reserve_tb$reserve_datetime_lt <-
  as.POSIXlt(reserve_tb$reserve_datetime, format='%Y-%m-%d %H:%M:%S')

# POSIXct型とDate型の場合、関数を利用して特定の日時要素を取り出す
# （内部で日時要素を取り出すための計算を行っている）
# POSIXlt型の場合、直接特定の日時要素を取り出せる

# 年を取得
year(reserve_tb$reserve_datetime_ct)
reserve_tb$reserve_datetime_lt$year

# 月を取得
month(reserve_tb$reserve_datetime_ct)
reserve_tb$reserve_datetime_lt$mon
```

10-2 年／月／日／時刻／分／秒／曜日への変換　237

Part 3

```r
# 日を取得
days_in_month(reserve_tb$reserve_datetime_ct)
reserve_tb$reserve_datetime_lt$mday

# 曜日 (0=日曜日、1＝月曜日) を数値で取得
wday(reserve_tb$reserve_datetime_ct)
reserve_tb$reserve_datetime_lt$wday

# 曜日を文字列で取得
weekdays(reserve_tb$reserve_datetime_ct)

# 時刻の時を取得
hour(reserve_tb$reserve_datetime_ct)
reserve_tb$reserve_datetime_lt$hour

# 時刻の分を取得
minute(reserve_tb$reserve_datetime_ct)
reserve_tb$reserve_datetime_lt$min

# 時刻の秒を取得
second(reserve_tb$reserve_datetime_ct)
reserve_tb$reserve_datetime_lt$sec

# 指定したフォーマットの文字列に変換
format(reserve_tb$reserve_datetime_ct, '%Y-%m-%d %H:%M:%S')
```

　year関数、month関数、days_in_month関数、wday関数、weekdays関数、hour関数、minute関数、second関数は各日時要素を取得する関数です。引数に、POSIXct型／Date型／POSIXlt型のいずれかを指定します。

10
日時型

POSIXlt型であれば直接各日時要素を取得できます。変数名はyear、mon、mday、wday、hour、min、secです。ただし、fast_strptime関数でPOSIXlt型にしている場合は、wdayは計算されていないので取得することはできません。

format関数は指定したフォーマットの文字列に日時型を変換する関数です。1つ目の引数にPOSIXct型／Date型／POSIXlt型のいずれかの列を指定し、2つ目の引数に日時フォーマットを指定します。

▆ Point

型に応じた適切な日時要素の取得方法を選択しているAwesomeなコードです。

Pythonによる前処理

datetime64[ns]型はRのPOSIXlt型と同様に日時要素をデータ内に保持しています。よって、直接保持している日時要素を取得できます。また、strftime関数を利用して、指定したフォーマットの文字列に変更することもできます。日時要素もstrftime関数の呼び出しも列内にあるdtというオブジェクトが保持しているので、dtオブジェクト経由で呼び出しましょう。

Python Awesome

python_awesome.py（抜粋）

```python
# reserve_datetimeをdatetime64[ns]型に変換
reserve_tb['reserve_datetime'] =
  pd.to_datetime(reserve_tb['reserve_datetime'], format='%Y-%m-%d %H:%M:%S')


# 年を取得
reserve_tb['reserve_datetime'].dt.year


# 月を取得
reserve_tb['reserve_datetime'].dt.month


# 日を取得
reserve_tb['reserve_datetime'].dt.day


# 曜日（0=日曜日、1＝月曜日）を数値で取得
reserve_tb['reserve_datetime'].dt.dayofweek
```

10-2 年／月／日／時刻／分／秒／曜日への変換 239

Part 3

```python
# 時刻の時を取得
reserve_tb['reserve_datetime'].dt.hour

# 時刻の分を取得
reserve_tb['reserve_datetime'].dt.minute

# 時刻の秒を取得
reserve_tb['reserve_datetime'].dt.second

# 指定したフォーマットの文字列に変換
reserve_tb['reserve_datetime'].dt.strftime('%Y-%m-%d %H:%M:%S')
```

10
日
時
型

　strftime関数は指定したフォーマットの文字列に日時型を変換する関数です。呼び出し元の列が変換対象となり、引数に日時フォーマットを指定します。

■ **Point**

特別なことはしていませんが、適切に日時要素を取り出しているAwesomeなコードです。ここでAwesomeなこぼれ話を1つ。日本では2016/08/14と年月日を／を使って区切って表現しますが、これは世界標準ではありません。そのため、デフォルトの日時文字列フォーマットでも／は使われていません。これは、データ分析に限らず、文章上でも当てはまるルールなので海外とのメールのやりとりでは気を付けましょう。

240 第10章　日時型

10-3
日時差への変換

SQL
R
Python

日時型のデータが複数ある場合、日時型データ間の**日時差**（年数／月数／週数／日数／時間差）の取得が求められることはよくあります。たとえば、Webにアクセスしてから商品の購入までにかかる時間や宿の予約日と宿泊日の日数差などを知りたい場合です。

日時の差分といっても明確に定義を決めなければ、値の意味が分からなくなってしまいます。たとえば、12:45:59と12:46:00の分の差分といっても、秒以下を無視して46 − 45 = 1分と考えるべきなのか、秒以下を考慮して(60 − 59)／60 = 0.016666...分と考えるべきなのかはケースによって異なります。ただし、月と年単位は必ず前者で扱います。なぜなら、月も年も長さが一定ではなく、単位として利用できないからです。うるう年の影響によって、年によっては日数が異なりますし、月も何月なのかによって日数が異なります。

Q 日時差の計算

対象のデータセットは、ホテルの予約レコードです。予約テーブルの予約日時とチェックイン日時の年／月／日／時／分／秒の差分を計算しましょう（図10.2）。ただし、年／月は、月／日以下の要素を考慮せずに差分を計算し、時／分／秒は単位に換算して差分を計算しましょう。

図10.2 日時差の計算

reserve_datetime	checkin_date	checkin_time
2016-03-06 13:09:42	2016-03-26	10:00:00
2016-07-16 23:39:55	2016-07-20	11:30:00
2016-09-24 10:03:17	2016-10-19	09:00:00
2017-03-08 03:20:10	2017-03-29	11:00:00
2017-09-05 19:50:37	2017-09-22	10:30:00
2017-11-27 18:47:05	2017-12-04	12:00:00

日時差分を計算

reserve_datetime	checkin_datetime_ct	diff_year	diff_month	diff_day	diff_hour	diff_min	diff_sec
2016-03-06 13:09:42	2016-03-26 10:00:00	0	0	19.868264 days	476.83833 hour	28610.300 mins	1719918 secs
2016-07-16 23:39:55	2016-07-20 11:30:00	0	0	3.493113 days	83.83472 hour	5030.083 mins	301805 secs
2016-09-24 10:03:17	2016-10-19 09:00:00	0	1	24.956053 days	598.94528 hour	35936.717 mins	2156203 secs
2017-03-08 03:20:10	2017-03-29 11:00:00	0	0	21.319329 days	511.66389 hour	30699.833 mins	1841990 secs
2017-09-05 19:50:37	2017-09-22 10:30:00	0	0	16.610683 days	398.65639 hour	23919.383 mins	1435163 secs
2017-11-27 18:47:05	2017-12-04 12:00:00	0	1	6.717303 days	161.21528 hour	9672.617 mins	580375 secs

▶サンプルコード010_datetime/03

10-3 日時差への変換 241

Part 3

SQLによる前処理

　SQLで実現する方法はさまざまあります。たとえば、前節で解説した方法で日時要素を取得して、引き算を行う方法もあります。しかし、DATEDIFF関数を利用する方がよりAwesomeに書けます。ただし、DATEDIFF関数は単位換算の計算ではなく、指定した単位以下の日時要素は切り捨てて計算します（2015年12月31日と2016年1月1日の年差分は1年、2016年1月1日と2016年12月31日の年差分は0年となります）。

SQL Awesome

sql_awesome.sql

```
WITH tmp_log AS(
  SELECT
    -- reserve_datetimeをTIMESTAMP型へ変換
    CAST(
      TO_TIMESTAMP(reserve_datetime, 'YYYY-MM-DD HH24:MI:SS') AS TIMESTAMP
    ) AS reserve_datetime,

    -- checkin_datetimeをTIMESTAMP型へ変換
    CAST(
      TO_TIMESTAMP(checkin_date || checkin_time, 'YYYY-MM-DDHH24:MI:SS')
      AS TIMESTAMP
    ) AS checkin_datetime

  FROM work.reserve_tb
)
SELECT
  -- 年の差を計算（月以下の日時要素は考慮しない）
  DATEDIFF(year, reserve_datetime, checkin_datetime) AS diff_year,

  -- 月の差を取得（日以下の日時要素は考慮しない）
  DATEDIFF(month, reserve_datetime, checkin_datetime) AS diff_month,

  -- 下記3つは問題には該当しないが参考までに

  -- 日の差分を計算（時間以下の日時要素は考慮しない）
```

10

日時型

```
      DATEDIFF(day, reserve_datetime, checkin_datetime) AS diff_day,

      -- 時の差分を計算（分以下の日時要素は考慮しない）
      DATEDIFF(hour, reserve_datetime, checkin_datetime) AS diff_hour,

      -- 分の差分を計算（秒以下の日時要素は考慮しない）
      DATEDIFF(minute, reserve_datetime, checkin_datetime) AS diff_minute,

      -- 日単位で差分を計算
      CAST(DATEDIFF(second, reserve_datetime, checkin_datetime) AS FLOAT) /
        (60 * 60 * 24) AS diff_day2,

      -- 時間単位で差分を計算
      CAST(DATEDIFF(second, reserve_datetime, checkin_datetime) AS FLOAT) /
        (60 * 60) AS diff_hour2,

      -- 分単位で差分を計算
      CAST(DATEDIFF(second, reserve_datetime, checkin_datetime) AS FLOAT) /
        60 AS diff_minute2,

      -- 秒単位で差分を計算
      DATEDIFF(second, reserve_datetime, checkin_datetime) AS diff_second
FROM tmp_log
```

　DATEDIFF関数は日時型の差分を計算できる関数です。1つ目の引数に、差分を計算する際の単位を指定します。2つ目と3つ目の引数に、日時型のデータを指定します。差分は3つ目の引数から2つ目の引数を引く形になります。日時型のデータの差分は、指定した単位以下の日時要素は切り捨てて計算します。そのため指定した単位以下の日時要素も考慮して差分を計算したい場合は、secondなど細かな日時単位を指定して、分単位に変換するときは60で割るなどの計算が必要です。本コードでは解説していませんがweeksといった単位もあります。

10-3 日時差への変換   243

Part 3

■Point

DATEDIFF関数を利用して2パターンの日時差分を計算したAwesomeなコードです。日時差分には2種類あることをきちんと把握しておきましょう。

Rによる前処理

Rでも日／時／分／秒単位で日時差分を計算する方法はさまざまあります。たとえば、POSIXct型同士を引き算すれば差分の秒数を取得できるので（Date型同士の引き算の場合は日数）、特別な関数を利用せずに実現できます。しかし、difftime関数を利用した方が可読性が良くなり、よりAwesomeなコードになります。ただし、年／月の差分を計算するときは、difftime関数を利用できず、年／月の日時要素を取り出す必要があります。

R Awesome

r_awesome.R（抜粋）

```
library(lubridate)

# reserve_datetimeをPOSIXct型に変換
reserve_tb$reserve_datetime <-
  as.POSIXct(reserve_tb$reserve_datetime, orders='%Y-%m-%d %H:%M:%S')

# checkin_datetimeをPOSIXct型に変換
reserve_tb$checkin_datetime <-
  as.POSIXct(paste(reserve_tb$checkin_date, reserve_tb$checkin_time),
             format='%Y-%m-%d %H:%M:%S')

# 年の差分を計算（月以下の日時要素は考慮しない）
year(reserve_tb$checkin_datetime_lt) - year(reserve_tb$reserve_datetime)

# 月の差分を取得（日以下の日時要素は考慮しない）
(year(reserve_tb$checkin_datetime) * 12
 + month(reserve_tb$checkin_datetime)) -
(year(reserve_tb$reserve_datetime) * 12
 + month(reserve_tb$reserve_datetime))
```

10
日時型

244　第10章　日時型

```r
# 日単位で差分を計算
difftime(reserve_tb$checkin_datetime, reserve_tb$reserve_datetime,
         units='days')

# 時間単位で差分を計算
difftime(reserve_tb$checkin_datetime, reserve_tb$reserve_datetime,
         units='hours')

# 分単位で差分を計算
difftime(reserve_tb$checkin_datetime, reserve_tb$reserve_datetime,
         units='mins')

# 秒単位で差分を計算
difftime(reserve_tb$checkin_datetime, reserve_tb$reserve_datetime,
         units='secs')
```

　difftime関数は日時型の差分を計算できる関数です。1つ目と2つ目の引数に、日時型のデータを指定します。日時型はPOSIXct型とPOSIXlt型のどちらでも指定できます。POSIXlt型が利用できる理由は、difftime関数内でPOSIXct型に変換されているからです。units引数には差分を計算する際の単位を指定します。差分は1つ目の引数から2つ目の引数を引いて計算します。差分の計算は、指定した単位以下の日時要素も考慮されます。本コードでは解説していませんがweeksといった単位もあります。

　月の差分を計算するときには、注意が必要です。年であれば、年の要素を取り出して引き算をすれば良いですが、月の差分の場合は年を月換算して加えてから引き算を行わなければおかしな結果になってしいまします。たとえば、2017年3月と2015年5月の月の差分を単純に月要素を取り出して引き算すると3−5＝−2となってしまいます。年を月換算して計算することで、(2017×12＋3)−(2015×12＋5)＝22となり、正しい結果が得られます。

■Point
日時要素取得による計算とdifftime関数の利用をうまく使い分けたAwesomeなコードです。

10-3 日時差への変換　245

Part 3

Python による前処理

　datetime64[ns]型同士を引き算すると、timedelta64[ns]型の日時分秒に分解された差分のデータが返されます。差分を把握したいだけであれば、引き算するだけで十分です。また、差分を日／時／分／秒単位に変換したい場合には、astype関数でtimedelta64[D/h/m/s]型に変換することで実現できます。また、R同様に年／月の差分を計算するときは、年／月の日時要素を取り出して計算する必要があります。

Python Awesome　　　　　　　　　　　　　　　　　　　python_awesome.py（抜粋）

10
日時型

```python
# reserve_datetimeをdatetime64[ns]型に変換
reserve_tb['reserve_datetime'] = \
  pd.to_datetime(reserve_tb['reserve_datetime'], format='%Y-%m-%d %H:%M:%S')

# checkin_datetimeをdatetime64[ns]型に変換
reserve_tb['checkin_datetime'] = \
  pd.to_datetime(reserve_tb['checkin_date'] + reserve_tb['checkin_time'],
                 format='%Y-%m-%d%H:%M:%S')

# 年の差分を計算（月以下の日時要素は考慮しない）
reserve_tb['reserve_datetime'].dt.year - \
reserve_tb['checkin_datetime'].dt.year

# 月の差分を取得（日以下の日時要素は考慮しない）
(reserve_tb['reserve_datetime'].dt.year * 12 +
 reserve_tb['reserve_datetime'].dt.month) \
 - (reserve_tb['checkin_datetime'].dt.year * 12 +
    reserve_tb['checkin_datetime'].dt.month)

# 日単位で差分を計算
(reserve_tb['reserve_datetime'] - reserve_tb['checkin_datetime']) \
  .astype('timedelta64[D]')

# 時単位で差分を計算
```

第10章 日時型

```
(reserve_tb['reserve_datetime'] - reserve_tb['checkin_datetime']) \
  .astype('timedelta64[h]')

# 分単位で差分を計算
(reserve_tb['reserve_datetime'] - reserve_tb['checkin_datetime']) \
  .astype('timedelta64[m]')

# 秒単位で差分を計算
(reserve_tb['reserve_datetime'] - reserve_tb['checkin_datetime']) \
  .astype('timedelta64[s]')
```

timedelta64[D/h/m/s]型によって差分を日／時／分／秒単位に変換した場合、小数点以下は切り上げた結果が返ってきます。そのため、SQLやRとは異なる結果になります。たとえば、差分が2日と3時間のときに日単位に変換すると、3（日）が返ってきます。

■Point
日時要素取得による計算とtimedelta64型の利用をうまく使い分けたAwesomeなコードです。

10-4
日時型の増減

SQL
R
Python

　分析において、日時型のデータを特定の期間だけずらしたい場合は良くあります。たとえば、宿泊予約した日までの直近30日間に予約を何回したか調べるためには、対象の日時データを予約した日から30日前までに絞り込み、予約回数をカウントする必要があります。日時型のデータを基準にして特定の期間をずらした日時を計算は、各言語でさまざまな実現方法が提供されていますが、少ない機能で簡潔に書くことを心がけることがAwesomeへの近道です。

　期間を指定する際には、前節で解説したように年／月を利用すると、条件によって長さが異なります。これにより、データ値に依存して期間が変動する処理になってしまうので、利用しないほうが良いでしょう。

Q 日時の増減処理

対象のデータセットは、ホテルの予約レコードです。予約テーブルの予約日時に1日間／1時間／1分間／1秒間を加えましょう（図10.3）。また予約日にも1日間を加えましょう。

図10.3 日時の増減処理

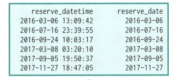

サンプルコード ▶ 010_datetime/04

SQLによる前処理

SQLで日時型データを増減させる場合は、intervalを利用するのが便利です。DATEADD関数といった関数もあるのですが、この関数は時／分／秒単位の増減はできず、日以上の単位しか利用できません。

SQL Awesome　　　　　　　　　　　　　　　　　　　　sql_awesome.sql

```
WITH tmp_log AS(
  SELECT
    -- reserve_datetimeをTIMESTAMP型へ変換
    CAST(
      TO_TIMESTAMP(reserve_datetime, 'YYYY-MM-DD HH24:MI:SS') AS TIMESTAMP
    ) AS reserve_datetime,

    -- reserve_dateをDATE型へ変換
    TO_DATE(reserve_datetime, 'YYYY-MM-DD HH24:MI:SS') AS reserve_date
```

```
  FROM work.reserve_tb
)
SELECT
  -- reserve_datetimeに1日加える
  reserve_datetime + interval '1 day' AS reserve_datetime_1d,

  -- reserve_dateに1日加える
  reserve_date + interval '1 day' AS reserve_date_1d,

  -- reserve_datetimeに1時間加える
  reserve_datetime + interval '1 hour' AS reserve_datetime_1h,

  -- reserve_datetimeに1分加える
  reserve_datetime + interval '1 minute' AS reserve_datetime_1m,

  -- reserve_datetimeに1秒加える
  reserve_datetime + interval '1 second' AS reserve_datetime_1s

FROM tmp_log
```

intervalは間隔リテラル（間隔を表した定数）です。TIMESTAMP型やDATE型のデータに対して、ある特定の時間間隔を加えたり引くことができます。また+ interval '1 day 1 hour' というように複数の単位を組み合わせることもできます。本コードでは解説していませんがweekといった単位もあります。

■Point

intervalを利用することで、時／分／秒をずらしているAwesomeなコードです。

10-4 日時型の増減　249

Rによる前処理

　Rで日時型データを増減する方法は、POSIXct型またはDate型に対して、直接数値を増減させます。POSIXct型は秒単位、Date型は日単位で数値を増減させます。しかし、lubridateパッケージが提供しているweeks関数、days関数、hours関数、minutes関数、seconds関数を利用すれば、元のデータ型を気にせずに、時間単位を指定できます。各関数の引数には、各時間単位に基づいた長さを指定します。たとえば、days(3)なら3日間という意味です。

R Awesome

r_awesome.R（抜粋）

```r
library(lubridate)

# reserve_datetimeをPOSIXct型に変換
reserve_tb$reserve_datetime <-
  as.POSIXct(reserve_tb$reserve_datetime, orders='%Y-%m-%d %H:%M:%S')

# reserve_dateをDate型に変換
reserve_tb$reserve_date <-
  as.Date(reserve_tb$reserve_datetime, format='%Y-%m-%d')

# reserve_datetimeに1日加える
reserve_tb$reserve_datetime + days(1)

# reserve_datetimeに1時間加える
reserve_tb$reserve_datetime + hours(1)

# reserve_datetimeに1分加える
reserve_tb$reserve_datetime + minutes(1)

# reserve_datetimeに1秒加える
reserve_tb$reserve_datetime + seconds(1)

# reserve_dateに1日加える
reserve_tb$reserve_date + days(1)
```

> **Point**
> 数値でデータを保持するPOSIXct型とDate型の特性をうまく利用したAwesomeなコードです。

Pythonによる前処理

　Pythonではtimedelta型という日時の間隔を表すデータ型があり、これを利用するのがお勧めです。「**10-3 日時差への変換**」の例題でtimedelta型は解説しましたが、datetime型同士の差分の結果だけではなく、datetime型に加えたり引いたりすることができます。timedelta型はdatetime.timedelta関数を利用して生成できます。

Python Awesome　　　　　　　　　　　　　　　　　python_awesome.py（抜粋）

```python
# timedelta用にdatetimeライブラリを読み込み
import datetime

# reserve_datetimeをdatetime64[ns]型に変換
reserve_tb['reserve_datetime'] = \
  pd.to_datetime(reserve_tb['reserve_datetime'], format='%Y-%m-%d %H:%M:%S')

# reserve_datetimeからdateを抽出
reserve_tb['reserve_date'] = reserve_tb['reserve_datetime'].dt.date

# reserve_datetimeに1日加える
reserve_tb['reserve_datetime'] + datetime.timedelta(days=1)

# reserve_dateに1日加える
reserve_tb['reserve_date'] + datetime.timedelta(days=1)

# reserve_datetimeに1時間加える
reserve_tb['reserve_datetime'] + datetime.timedelta(hours=1)

# reserve_datetimeに1分加える
reserve_tb['reserve_datetime'] + datetime.timedelta(minutes=1)
```

10-5 季節への変換　251

```
# reserve_datetimeに1秒加える
reserve_tb['reserve_datetime'] + datetime.timedelta(seconds=1)
```

　datetime.timedelta関数はtimedelta型を生成する関数です。引数にdays/hours/minutes/secondsの数値を設定することで、それぞれの日時単位の長さを設定できます。引数には複数の日時単位の長さを設定できます。本コードでは解説していませんがweeksといった単位もあります。

■ Point
timedeltaをうまく利用したAwesomeなコードです。

10-5
季節への変換

SQL
R
Python

　分析対象によっては傾向が**季節**によって大きく異なるため、季節変動を分析したい場合があります。月のデータを用いて季節を表現することもできますが、12種類のカテゴリ値を扱うことになってしまいます。「**8-3 カテゴリ化による非線形な変化**」で述べたように、カテゴリ数が多くなり過ぎると全体的な傾向が把握しづらくなるので、月別ではなく季節に基づいて分析したい場合もあります。そのような場合は、日付型のデータを季節に変換することが有効です。

　季節変動を分析したい場合に、すぐに日付型のデータを季節に変換することはお勧めしません。変換を行う前に、分析対象が季節の何に影響されているのかを深く考え、季節として扱うべきかを考えることが重要です。なぜなら、適切なデータ要素を表現できれば、分析対象の傾向を正確に把握でき、さらには頑健性の高い予測モデルの構築が実現できるからです。

　たとえば、アイスクリームの売上と季節変動について考えてみましょう。アイスクリームが最も売れる季節は夏です。ここで、さらに夏の何がアイスクリームの売上に影響しているか考えてみると、夏の暑い気温が影響していることが予想できます。この予想が正しいとすると、季節ではなく気温を分析要素として取り入れる方が良いということになりま

す。なぜなら、アイスクリームの売上を夏という要素だけで説明してしまうと、猛暑の夏と冷夏をデータ上で区別できません。一方、気温という要素でアイスクリームの売上を説明できれば、冷夏や猛暑の夏といった違いを表現できるようになります。

　また、春夏秋冬の4つの季節で表現することが良いわけでもありません。たとえば、引っ越しの件数であれば、年度の変わり目となる春／秋の時期が最も多いでしょうが、正確には4／10月前の時期が多いだけで、春／秋が特別多いわけではありません。無理に4つの季節で表現するのではなく、4月前の一定期間を「春の繁忙期」、10月前の一定期間を「秋の繁忙期」、その他の時期を「閑散期」として表現する方が、正確に引っ越しの件数の傾向について把握できるようになるので良いでしょう。

　以上のように、季節変動を考慮する際は、季節変動よりも直接的に影響を与えている要素を考えることが重要です。思いつかなかったり、思いついたとしてもデータ化されていなかったりと、利用できないこともちろんありますが、常に意識することが重要です。

 季節に変換

　対象のデータセットは、ホテルの予約レコードです。予約テーブルのreserve_datetimeの月から、予約時の季節のデータを生成しましょう（図10.4）。3／4／5月は春、6／7／8月は夏、9／10／11月は秋、12／1／2月は冬とします。

図10.4　季節に変換

サンプルコード▶010_datetime/05

SQLによる前処理

SQLで日時型の変換を行う場合は、CASE文を利用しましょう。

SQL Awesome　　　　　　　　　　　　　　　　　　　　sql_awesome.sql

```
WITH tmp_log AS(
  SELECT
    -- reserve_datetimeをTIMESTAMP型へ変換し、月を取得
```

10-5 季節への変換　253

```
    DATE_PART(
      month,
      CAST(
        TO_TIMESTAMP(reserve_datetime, 'YYYY-MM-DD HH24:MI:SS') AS TIMESTAMP
      )
    ) AS reserve_month


  FROM work.reserve_tb
)
SELECT
  CASE
    -- 月が3以上5以下の場合、springを返す
    WHEN 3 <= reserve_month and reserve_month <= 5 THEN 'spring'


    -- 月が6以上8以下の場合、springを返す
    WHEN 6 <= reserve_month and reserve_month <= 8 THEN 'summer'


    -- 月が9以上11以下の場合、autumnを返す
    WHEN 9 <= reserve_month and reserve_month <= 11 THEN 'autumn'


    -- 上記の全てに当てはまらない場合(月が1,2,12の場合)、winterを返す
    ELSE 'winter' END


  AS reserve_season
FROM tmp_log
```

■Point

CASE文を利用して季節に変換しているAwesomeなコードです。複数の条件をCASE文に指定する際は、WHENとTHENの組み合わせを繰り返すことで簡潔にコードが書けます。間違えてもCASE文を繰り返し、複雑にネストしたSQLを書くことはやめましょう。筆者は繰り返せることを忘れていて、最初はCASE文を繰り返した解答コードを書いてしまいました。

第10章 日時型

Rによる前処理

Rで日時型を季節に変換するときには、POSIXct型とDate型を利用する場合とPOSIXlt型を利用する場合で異なります。POSIXct型とDate型は、dplyr内で利用できるので、mutate関数内で季節への変換ができます。POSIXlt型はdplyr内で利用できないので、sapply関数を利用する必要があります。

R Awesome

r_1_awesome.R（抜粋）

```r
# reserve_datetimeをPOSIXct型に変換
reserve_tb$reserve_datetime_ct <-
  as.POSIXct(reserve_tb$reserve_datetime, orders='%Y-%m-%d %H:%M:%S')


# 月の数字を季節に変換する関数(mutate関数内に直接記述も可能)
to_season <- function(month_num){
  case_when(
    month_num >= 3 & month_num < 6  ~ 'spring',
    month_num >= 6 & month_num < 9  ~ 'summer',
    month_num >= 9 & month_num < 12 ~ 'autumn',
    TRUE                            ~ 'winter'
  )
}


# 季節に変換
reserve_tb <-
  reserve_tb %>%
    mutate(reserve_datetime_season=to_season(month(reserve_datetime_ct)))

# カテゴリ型に変換
reserve_tb$reserve_datetime_season <-
  factor(reserve_tb$reserve_datetime_season,
         levels=c('spring', 'summer', 'autumn', 'winter'))
```

10-5 季節への変換　　255

Part 3

Point

mutate関数内で利用できる季節に変換する関数を準備し、POSIXct型を季節に変換した可読性の高いAwesomeなコードです。mutate内に無名関数（名前のない関数）として指定することもできますが、変換関数を別に定義しておいたほうが可読性が高く、変換内容を変更することも容易になるので、複雑な変換処理の場合は別に定義しておきましょう

R Awesome

r_2_awesome.R（抜粋）

```r
# reserve_datetimeをPOSIXlt型に変換
reserve_tb$reserve_datetime_lt <-
  as.POSIXlt(reserve_tb$reserve_datetime, format='%Y-%m-%d %H:%M:%S')


# 月の数字を季節に変換する関数
to_season <-function(month_num){
  case_when(
    month_num >= 3 & month_num < 6  ~ 'spring',
    month_num >= 6 & month_num < 9  ~ 'summer',
    month_num >= 9 & month_num < 12 ~ 'autumn',
    TRUE                            ~ 'winter'
  )
}


# 季節に変換
reserve_tb$reserve_datetime_season <-
  sapply(reserve_tb$reserve_datetime_lt$mon, to_season)


# カテゴリ型に変換
reserve_tb$reserve_datetime_season <-
  factor(reserve_tb$reserve_datetime_season,
        levels=c('spring', 'summer', 'autumn', 'winter'))
```

10
日時型

第10章 日時型

> **Point**
>
> POSIXlt型を利用している場合は、mutate関数内で利用できません。その代わりにsapply関数を利用して季節に変換し、新たな列として加えています。また、POSIXlt型は月を計算せずに取り出すことができます。このようにPOSIXct型とPOSIXlt型には互いに良いところがありますが、特徴をふまえて適切に対応しましょう。POSIXlt型の良い部分が表れているAwesomeなコードです。

Pythonによる前処理

Pythonで日時型を変換をするときは、apply関数に変換関数を指定すれば簡単に実現できます。

Python Awesome　　　　　　　　　　　　　　python_awesome.py（抜粋）

```python
# reserve_datetimeをdatetime64[ns]型に変換
reserve_tb['reserve_datetime'] = pd.to_datetime(
  reserve_tb['reserve_datetime'], format='%Y-%m-%d %H:%M:%S'
)


# 月の数字を季節に変換する関数
def to_season(month_num):
  season = 'winter'
  if 3 <= month_num <= 5:
    season = 'spring'
  elif 6 <= month_num <= 8:
    season = 'summer'
  elif 9 <= month_num <= 11:
    season = 'autumn'

  return season


# 季節に変換
reserve_tb['reserve_season'] = pd.Categorical(
  reserve_tb['reserve_datetime'].dt.month.apply(to_season),
```

```
    categories=['spring', 'summer', 'autumn', 'winter']
)
```

> **▊Point**
>
> 特別な処理は利用していないAwesomeなコードです。月のSeriesオブジェクトからapply
> 関数を呼び出し、季節に変換する関数を指定しています。apply関数は指定する関数に直接
> 呼び出し元のSeriesオブジェクトの値を渡す仕様になっています。関数に渡す前に値を変換
> したい場合は、ラムダ式を利用する必要があります。

10-6
時間帯への変換

　「**10-3 日時差への変換**」で述べた季節と同様に、時間帯ごとに分析したい場合もありま
す。ただし、時刻をそのままカテゴリ値にしてしまうと24種類のカテゴリ値になってし
まうため、大量のデータが用意できていない場合は、時刻を時間帯に変化する必要があり
ます。このとき季節と同様に、分析対象が時間帯の何に影響されているのかを深く考え、
時間帯として扱うべきか考えることが重要です。

　たとえば、コンビニのコーヒーの売上について考えてみましょう。コーヒーは朝の時間
帯に売れますが、内訳としては朝の出勤時間帯が売上を引っ張っています。出勤による売
上増効果を把握するには、朝といった時間帯を定義するのでなく、出勤前の時間帯を定義
して分析した方が良いでしょう。また、同じ時間帯だとしても日付の種類によって分けた
方が良い場合があります。この例で考えると、出勤の時間帯でも平日と休日で大きく傾向
が違うことが予想できます。「**9-4 カテゴリ値の組み合わせ**」で解説したカテゴリ値の組
み合わせによって、平日の朝、休日の朝、休日の夜などに分けた方が良いでしょう。この
ように時間帯をどのように設定するか、仮説を立て、検証し、決定するプロセスを経て変
換することが重要です。

　時刻データの時間帯への変換は、「**10-5 季節への変換**」と同様の解説なので省略します。

10-7 平日／休日への変換

`SQL` `R` `Python`

　人々の生活パターンは平日と休日で大きく違います。そのため、人の活動を対象としたデータ分析において、平日／休日を考慮することは重要です。日付を平日／休日に分けるためには、土日を抽出する他に祝日を抽出する必要があります。祝日のルールは複雑な上に数年ごとに変更されることも考慮しなければなりません。一方、祝日数は多くないので、手作業でマスタを作るのが簡単です。

　平日と休日の分け方について解説しましたが、経験上、これだけでは休日のすべての影響を考慮することはできません。たとえば、休前日の金曜日の夜であれば他の平日より居酒屋のお客さんは多いですし、大型連休であれば旅行客は通常の休日より多いですし、連休の合間の平日であれば通常の平日より休みを取っている人は多くなっています。このような影響を考慮するためには、さらに休前日、連休や連休の合間の平日をさらに見分ける必要があります。

 休日フラグの付与

　対象のデータセットは、ホテルの予約レコードです。予約テーブルのcheckin_dateに対して、休日マスタ（休日フラグ、休前日フラグ）を付与しましょう（図10.5）。

図10.5 休日フラグの付与

reserve_id	hotel_id	customer_id	reserve_datetime	checkin_date	checkin_time	checkout_date	people_num	total_price
r1	h_75	c_1	2016-03-06 13:09:42	2016-03-26	10:00:00	2016-03-29	4	97200
r2	h_219	c_1	2016-07-16 23:39:55	2016-07-20	11:30:00	2016-07-21	2	20600
r3	h_179	c_1	2016-09-24 10:03:17	2016-10-19	09:00:00	2016-10-22	2	33600
r4	h_214	c_1	2017-03-08 03:20:10	2017-03-29	11:00:00	2017-03-30	4	194400
r5	h_16	c_1	2017-09-05 19:50:37	2017-09-22	10:30:00	2017-09-23	3	68100
r6	h_241	c_1	2017-11-27 18:47:05	2017-12-04	12:00:00	2017-12-06	3	36000

↓ 休日マスタを付与

reserve_id	hotel_id	customer_id	reserve_datetime	checkin_date	checkin_time	checkout_date	people_num	total_price	holidayday_flg	nextday_is_holiday_flg
r1	h_75	c_1	2016-03-06 13:09:42	2016-03-26	10:00:00	2016-03-29	4	97200	TRUE	TRUE
r2	h_219	c_1	2016-07-16 23:39:55	2016-07-20	11:30:00	2016-07-21	2	20600	FALSE	FALSE
r3	h_179	c_1	2016-09-24 10:03:17	2016-10-19	09:00:00	2016-10-22	2	33600	FALSE	FALSE
r4	h_214	c_1	2017-03-08 03:20:10	2017-03-29	11:00:00	2017-03-30	4	194400	FALSE	FALSE
r5	h_16	c_1	2017-09-05 19:50:37	2017-09-22	10:30:00	2017-09-23	3	68100	FALSE	TRUE
r6	h_241	c_1	2017-11-27 18:47:05	2017-12-04	12:00:00	2017-12-06	3	36000	FALSE	FALSE

サンプルコード▶010_datetime/07

SQLによる前処理

休日マスタ（日付、休日フラグ、休前日フラグを持つテーブル）と結合すれば休日フラグ、休前日フラグを付与できます。

SQL Awesome

sql.awesome.sql

```sql
SELECT
  base.*,

  -- 休日フラグを付与
  mst.holidayday_flg,

  -- 休日フラグを付与
  mst.nextday_is_holiday_flg

FROM work.reserve_tb base

-- 休日マスタと結合
INNER JOIN work.holiday_mst mst
  ON base.checkin_date = mst.target_day
```

■Point

結合をして簡単に休日マスタを付与できています。CASE文や曜日取得を駆使した休日マスタの付与と比較し、非常に簡単なAwesomeなコードです。

Rによる前処理

Rでも休日マスタと結合すれば休日フラグ、休前日フラグを付与できます。Rで休日マスタを作成することもできますが、複雑になるのでお勧めしません。

R Awesome

r_awesome.R（抜粋）

```r
# 休日マスタと結合
inner_join(reserve_tb, holiday_mst, by=c('checkin_date'='target_day'))
```

260 第10章 日時型

> **Point**
>
> 結合しているだけのAwesomeなコードです。

Pythonによる前処理

　Pythonでも、休日マスタと結合すれば休日フラグ、休前日フラグを付与できます。R同様にPython上でも休日マスタを作成できますが、やはり複雑になるのでお勧めしません。

Python Awesome　　　　　　　　　　　　　　　pythom_awesome.py（抜粋）

```python
# 休日マスタと結合
pd.merge(reserve_tb, holiday_mst,
        left_on='checkin_date', right_on='target_day')
```

> **Point**
>
> このコードも結合しているだけのAwesomeなコードです。

Part 3

第11章 文字型

　文字は多くのデータの中に単語や文章といった形で利用されています。人間は知識を持っているので、文字を読めば意味を理解できますが、コンピュータは最初からそのような知識を持っておらず、人間同様に理解することはできません。しかし、コンピュータは人が扱いきれない文字量を扱うことができ、大量の文章から傾向や特徴を発見できる可能性があります。今まで解説したデータ型と異なり分析で扱うのは難しいデータですが、挑戦する価値は十分あるでしょう。文字を対象とした前処理およびデータ分析には大きく2種類の方法があります。**言語依存**と**言語非依存**の分析です。

　言語依存の手法では、日本語や英語といった言語の種類によって、前処理や分析の方法を変えます。たとえば、日本語の文章であれば、名詞／動詞／副詞／助詞／助動詞／形容詞の単語に辞書データを用いて分解する**形態素解析**と呼ばれる方法を用います。英語の文章であれば、スペースによって品詞が区切られているので、スペースを目印に分解する方法を用います。また、文章に含まれる単語の種類によって文章の内容を分類する際に、英語の場合は、三人称単数（getとgetsなど）や過去形（getとgotなど）によって同じ単語の種類でも語尾が違うので、語尾をカットして語幹を取り出したり（gets → get）、過去形を現在系に戻す（got → get）前処理を行います。

　それに対して、言語非依存の手法とは、言語の種類によって左右されない、前処理や分析を指します。たとえば、**N-gram**といった前処理があります。これは、連続したN文字以下の固まりを文章から1文字ずつずらしながら取り出す方法です。N = 3のときに、「明日は晴れ。」という文章からは、下記のような文字の固まりが取得できます。

- 「明」、「日」、「は」、「晴」、「れ」、「。」
- 「明日」、「日は」、「は晴」、「晴れ」、「れ。」
- 「明日は」、「日は晴」、「は晴れ」、「晴れ。」

　取り出した文字の固まりの中には、意味のないものもありますが、適切に品詞を取り出せている固まりもあります。今回の例では、N=3なので、文字数の少ない単語しか取り出せませんが、より大きなNを設定することで長い単語を取り出すことができます（N-gramは、必ずしも1文字を1単位として扱うものではありません。たとえば、1単位を1単語と

して、連続した単語の固まりを抽出する場合に利用することもあります)。

　N-gramは抜け漏れなく文章を分解できる特性から、検索するための前処理や新たな単語を抽出する前処理として利用されます。たとえば、新たな単語の抽出は、取り出した文字の固まりを種類別にカウントし、カウント数が多いよく出現する固まりは何らかの意味を持っている可能性が高いという傾向を利用して実現できます。

　この他にもディープラーニングの一種であるRecurrent Neural Network (RNN) を用いて、文字1文字ずつをモデルに入出力するような分析も言語非依存の方法に該当します。

　言語非依存の方法は、言語が異なっても同じ方法を利用できます。前処理もほとんど必要なく、非常に便利です。その代わりに、すべての傾向や特徴をデータから学ぶ必要があり、言語依存の方法と比較すると必要なデータ量が多くなる傾向があります。テキストデータを大量に保有していれば問題ありませんが、特定のサービスやビジネスにおける文章を対象にした分析の場合、十分なテキスト量を確保できないことが多いです。このような場合は、言語依存の方法の方が有効です。本書では言語依存の方法のみ解説します。

　文字の前処理は、それだけで1冊の本にできるほど奥が深いです。本書では、よく利用されている言語依存の前処理を解説します。さらに学びたい方は、ぜひ自然言語処理の専門書を読んでみてください。

　文字の前処理は、形態素解析処理における辞書データの参照や分解パターンのスコア付けなど、複雑な計算処理が多く、RやPythonで処理するのが望ましいです。

11-1
形態素解析による分解

R
Python

　文章のデータを取り扱う際、単語に分解するのが一般的です。単語に分解することで、文章内にある一部の共通点を見付けやすくする (共通の単語を見付ける)、重要な意味を持たない接続詞 (「は」、「が」など) の削除などができるようになります。日本語の文章を単語に分解するときには、形態素解析を用います。形態素解析は文法や辞書を用いて分解する方法です。自ら開発するのは非常に大変なので、OSS (Open Source Software) として提供されている形態素解析ライブラリを利用するのが良いでしょう。また提供されている辞書は、一般的な単語をある程度網羅していますが、専門用語があれば形態素解析ライブラリの辞書に自ら追加しましょう。本書ではMeCabという形態素解析ライブラリを利

用します。

名詞、動詞の抽出

走れメロスのテキストから、MeCabを利用して、名詞と動詞の単語を取り出してみましょう（図11.1）。

図11.1 名詞、動詞の抽出

サンプルコード▶011_character/01

Rによる前処理

RでMeCabを利用するときには、RMeCabパッケージを利用するのが便利です。

R Awesome　　　　　　　　　　　　　　　　　　　　　　r_awesome.R（抜粋）

```r
# MeCabをRで利用するためのライブラリ読み込み
library(RMeCab)

# merosには、メロスの文章データが格納
# MeCabを用いて、形態素解析を実行
words <- RMeCabC(meros)

# 形態素解析の結果のリストをdata.frameに変換
words <- data.frame(part=names(unlist(words)), word=unlist(words))

# 名詞と動詞の単語を抽出
word_list <- words %>% filter(part == '名詞' | part == '動詞') %>%
select(word)
```

264　第11章　文字型

RMeCabC関数は引数の文章を対象に形態素解析を行います。形態素解析の結果は、リストで返され、namesに品詞、valuesに単語が格納されています。

■Point
RMeCabライブラリを利用することで、複雑な形態素解析を簡潔に書けているAwesomeなコードです。

Pythonによる前処理

PythonでMeCabを利用するときには、いろいろなライブラリがありますが、nattoライブラリがシンプルで使いやすいです。

Python Awesome
python_awesome.py

```python
# MeCabをPythonで利用するためのライブラリ読み込み
import os
from natto import MeCab


# merosには、メロスの文章データが格納
# MeCabを実行するオブジェクトを生成
mc = MeCab()


# テキストのときは下記のようにする
with open(os.path.dirname(__file__) + '/path/txt/meros.txt', 'r') as f:
  txt = f.read()


word_list = []
# MeCabを用いて、形態素解析を実行
for part_and_word in mc.parse(txt, as_nodes=True):

  # 形態素解析結果のpart_and_wordが開始/終了オブジェクトでないことを判定
  if not (part_and_word.is_bos() or part_and_word.is_eos()):

    # 形態素解析結果から品詞と単語を取得
```

```
part, word = part_and_word.feature.split(',', 1)


# 名詞と動詞の単語を抽出
if part == '名詞' or part == '動詞':
    word_list.append(part_and_word.surface)
```

　MeCabオブジェクトのparse関数は、形態素解析を実行する関数です。引数には、形態素解析を行う文章を指定します。また、as_nodes引数をTrueにすることで、単語ごとの形態素解析の結果がまとまったリストとして返します。as_nodes引数がFalseの場合は、形態素解析の結果がすべて書かれている1つの文字列として返されます。理由がない限りは、as_nodes引数はTrueにしておきましょう。

　単語ごとの形態素解析結果オブジェクトは、featureプロパティに形態素解析の結果（動詞,自立,*,*,五段・タ行,連用タ接続,放つ,ハナッ,ハナッ）を、surfaceプロパティに元の単語（放つ）を保持しています。また、単語ごとの形態素解析の結果のオブジェクトが持つis_bos関数とis_eos関数は、それぞれ文章の最初または文章の最後なのかを判定する関数です。該当する場合は、単語情報を持っていないので解析対象から外しましょう。

■Point
nattoライブラリを介してMeCabを利用したAwesomeなコードです。

11-2
単語の集合データに変換

`R`
`Python`

　前節では、形態素解析によって文章を単語に分解できました。分析で扱うためには、さらなる前処理が必要です。この前処理には、文章の**語順**を考慮する方法と考慮しない方法の2種類の方法があります。

　文章の語順を考慮する必要性は、後続の分析内容によって決まります。たとえば、文章の内容がポジティブ／ネガティブのどちらかを判定する場合は、語順を考慮する必要性が高いです。「良い意味で期待を裏切られた」という文章に対して語順を考えず、含まれて

266　第11章　文字型

いる単語のみから判定しようとすると「期待」、「裏切られた」といった単語からネガティブと判定してしまいそうです。一方、文章の内容を分類する場合は、語順を考慮する必要性が低いです。「今日、本橋選手がロスタイムにゴールを決めました。」といったニュース文章の分類をしようとすると「選手」、「ロスタイム」、「ゴール」といった単語からスポーツのニュースであると分類できそうです。

　文章の語順を考慮する場合は、構文解析と呼ばれる前処理をすることが一般的です。これは、定義される文法にしたがって文の構造を明確にする前処理です。複雑な処理ですが、Googleが発表したSyntaxNetなどのライブラリが提供されており、これを利用すれば簡単に実現できます。しかし、構文解析したあとのデータをうまく活用することは、まだ自然言語処理の専門家以外は難しいのが現状です。一方、文章の語順を考慮しないデータ形式（**bag of words**と呼ばれます）は、多次元の数値データとして扱えるので、クラスタリングなどの数値やカテゴリ値を対象にした手法を簡単に適用でき、自然言語処理の専門家でなくても扱うことは容易です。本節では、文章の語順を考慮しないbag of wordsに変換する前処理について解説します。文章の語順を参考にした前処理については、他の専門書を参考にしてください。

　bag of wordsは文章に含まれる単語の種類ごとの指標を数値化する前処理です。たとえば、表11.1は単語の出現回数のbag of wordsの変換を示しています。

表11.1　bag of wordsによる単語の出現回数の例

文章	今日	明日	明後日	晴れ	雨	曇り	は	も
明日は晴れです	0	1	0	1	0	0	1	0
明日は雨で明後日も雨です	0	1	1	0	2	0	1	1
今日は曇りです	1	0	0	0	0	1	1	0

　この例では、出現回数を数値にしましたが、他にも文章内の単語の出現割合（＝［対象の単語の数］÷［文章に含まれる単語の合計数］）や単語の出現有無（文章内に単語が出現しない場合は0、出現する場合は1）といった値を利用する前処理もあります。

　また、対象とする名詞や動詞に絞ることも一般的です。上記の例で考えると、「です」や「も」といった品詞の単語は、どんな文章にも多く含まれており、文章の内容を特徴づけることはほとんどありません。特徴づけに役立たないデータは必要ないので、特徴づけしやすい名詞や動詞のみを対象にすることが多いです。

　データの保持形式は、「**7-2 スパースマトリックスへの変換**」で解説したスパースマトリックスの形式が望ましいです。なぜなら、文章数に対して単語の種類数は非常に多く、文章で何度も出現する単語はごく一部だからです。つまり、文章×単語の出現回数の表を

11-2 単語の集合データに変換

作成した際に多くの単語の列の値は0となります。

 bag of wordsの作成

テキストフォルダ配下のテキストファイル別に、出現回数のbag of wordsを作成しましょう（図11.2）。

図11.2 bag of wordsの作成

走れメロス	メロスは激怒した。必ずかの邪智暴虐の王を除かなけれ…
アグニの国	支那の上海の或町です。昼でも薄暗い或家の二階に、人相…
トロッコ	小田原熱海間に、軽便鉄道敷設の工事が始まったのは、良…

単語の出現回数の
`bag of words`を作成

```
       TERM       aguni.txt       meros.txt      torokko.txt
       あたり             0               1                0
       ある              0               2                2
       いる              0               4                1
       うたう             0               1                0
       うち              0               1                0
       お婆さん            1               0                0
```

サンプルコード▶011_character/02

Rによる前処理

RMeCabパッケージは非常に便利で、形態素解析とbag of wordsの作成を同時に行ってくれるdocDF関数が提供されています。

R Awesome　　　　　　　　　　　　　　　　　　　　　　　　r_awesome.R（抜粋）

```r
library(RMeCab)

# poc引数で対象の品詞を指定
# typeは文字単位または単語単位のどちらかを指定（単語単位の処理は、1）
word_matrix <- docDF('data/txt', pos=c('動詞', '名詞'), type=1)
```

第**11**章　文字型

　docDF関数は引数で指定した文章を対象に形態素解析を行い、形態素解析後にbag of wordに変換する関数です。1つ目の引数にbag of wordに変換する対象を指定します。変換対象はフォルダパス、ファイルパス、data.frameの3種類のいずれかを指定します。

　フォルダパスを指定した場合は、フォルダパス配下のテキストファイルが対象となります。ファイルパスを指定した場合は、ファイルパス上にあるテキストファイルが対象となります。data.frameを指定した場合は、data.frame内のある一列が対象となります。対象の列は、column引数に列名を設定することで指定できます。

　pos引数はbag of wordsの対象にする品詞をベクトルで指定します。type引数は文章からwordを抽出する際の単位を決める引数です。0の場合は文字、1の場合は単語になります。基本的には1を選択しましょう。

▌Point

コード1行で複数の文章をbag of wordsに変換しているAwesomeなコードです。ただし、bag of wordsはスパースマトリックスではなく、通常のdata.frameになっています。スパースマトリックスとしてbag of wordsを作成するには、コーパスリストを作成してスパースマトリックスに変換する必要があります。次のPythonのコード例と「7-2 スパースマトリックスへの変換」を参考に挑戦してみてください。コーパスの説明は、次のPythonのコード解説を参照してください。

▌Pythonによる前処理

　Pythonでは、RのdocDF関数のような便利な関数はないので、ファイルごとに前節と同様に形態素解析によって動詞と名詞を抽出したあとに、gensimライブラリを利用して、bag of wordsに変換します。

▌Python｜Awesome

python_awesome.py

```
import os
from natto import MeCab
# bag of wordsを作成するためのライブラリ読み込み
from gensim import corpora, matutils


mc = MeCab()
txt_word_list = []
```

11-2 単語の集合データに変換　　269

Part 3

```
# テキストファイルを格納しているフォルダを読み込み
files = os.listdir(os.path.dirname(__file__)+'/path/txt')

# フォルダ配下のテキストファイルを1つずつ読み込み
for file in files:

    # テキストファイルから名詞と動詞の単語を取り出したリスト作成（Q11-1の処理と同じ）
    with open(os.path.dirname(__file__) + '/path/txt/'+file, 'r') as f:
        txt = f.read()
        word_list = []
        for n in mc.parse(txt, as_nodes=True):
            if not (n.is_bos() or n.is_eos()):
                part, word = n.feature.split(',', 1)
                if part == "名詞" or part == "動詞":
                    word_list.append(n.surface)

    # テキストファイルごとの単語リストを追加
    txt_word_list.append(word_list)

# bag of wordsを作成するため全種類の単語を把握し、単語IDを付与した辞書を作成
corpus_dic = corpora.Dictionary(txt_word_list)

# 各文章の単語リストをコーパス（辞書の単語IDと単語の出現回数）リストに変換
corpus_list = [corpus_dic.doc2bow(word_in_text) for word_in_text in txt_
word_list]

# コーパスリストをスパースマトリックス（csc型）に変換
word_matrix = matutils.corpus2csc(corpus_list)
```

11
文
字
型

270 第**11**章 文字型

corpora.Dictionary関数は文章内の単語リストがまとまったリストの引数から単語をすべて取り出し、単語の全種類を把握し、それぞれに単語IDを付与した辞書オブジェクトを生成します。辞書オブジェクトからdoc2bow関数を呼び出し、引数に単語リストを指定することで、辞書に基づいたコーパスを取得できます。コーパスとは、文章に含まれる単語を辞書の単語IDと単語の出現回数の組み合わせに変換したものです。bag of wordsに変換するときは、変換元のデータ番号が行列の行番号に、単語IDの番号が行列の列番号に、出現回数が行列の値に該当します。

matutilsオブジェクトのcorpus2csc関数は、引数に指定したコーパスリストをスパースマトリックス（csc型、「**7-2 スパースマトリックスへの変換**」を参照してください）のbag of wordsに変換する関数です。

■Point
Rと比較してコードは長いですが、bag of wordsをスパースマトリックスとして作成しているAwesomeなコードです。

11-3
TF-IDFによる単語の重要度調整

R
Python

前節でbag of wordsの変換処理を解説しましたが、ここではさらなる文字データの前処理として、TF-IDFによる単語の重要度の調整を解説します。単語の重要度とは、ある単語が文章の特徴づけにどの程度の影響力があるのかを表した値です。TF-IDFでは、特定の文章にしか含まれておらず（IDFに該当）、対象の文章内で占める割合が高い単語ほど（TFに該当）、大きな値になるように調整されます。

TFとは、Term Frequencyの略で、文章内の単語の出現割合（＝［対象の単語の数］÷［文章に含まれる単語の合計数］）のことです。また、IDFとは、Inverse Document Frequencyの略で、全文章内の単語の出現割合によるスコア（＝log（［全文書数］÷［対象の単語が出現している文書数］）＋1）のことです。この両方を用いて、TF×IDFを値として利用するのがTF-IDFによる単語の重要度の調整です。

前節の表11.1の「明日 は 雨 で 明後日 も 雨 です」の「明日」と「雨」という単語の重要度を計算してみると、次のようになります。

- 「明日」
  - TF: $1 \div 8$
  - IDF: $\log(3 \div 2) + 1$
  - TF-IDF: $1 \div 8 \times (\log(3 \div 2) + 1) = 約\,0.147$
- 「雨」
  - TF: $2 \div 8$
  - IDF: $\log(3 \div 1) + 1$
  - TF-IDF: $2 \div 4 \times (\log(3 \div 1) + 1) = 約\,0.369$
- 「です」
  - TF: $1 \div 8$
  - IDF: $\log(3 \div 3) + 1$
  - TF-IDF: $1 \div 8 \times (\log(3 \div 3) + 1) = 0.125$

　「雨」という単語が、TFもIDFも高くなり、重要度が大きいことが分かります。また、「明日」と「です」は同じ出現回数ですが、全文章内の単語の出現割合が「明日」の方が低いため、重要度が上がっていることが分かります。このように、TF-IDFによる単語の重要度の調整は、簡単なロジックながら適切に作用します。

　ただし、文章によって含まれる単語の数（文章の長さ）が大きく異なる場合は、文章間で単語の重要度のスケールをそろえるために、正規化を行う必要が出てきます。さまざまな正規化の方法がありますが、1文章に含まれる全単語のTF-IDFの2乗の合計値を1にそろえるL2ノルムという手法がよく利用されます。

　これまでと同様、形態素解析に続く前処理なので、Python／Rによって、TF-IDFによる単語の重要度を計算してみましょう。

Q TF-IDF を利用したbag of wordsの作成

　テキストフォルダ配下のテキストファイル別に、TF-IDFを計算します。さらに文章ごとにL2ノルムによる正規化された値に変化させたbag of wordsを作成しましょう（図11.3）。

272　第11章　文字型

図11.3 TF-IDF を利用した bag of words の作成

走れメロス	メロスは激怒した。必ずかの邪智暴虐の王を除かなけれ…
アグニの国	支那の上海の或町です。昼でも薄暗い或家の二階に、人相…
トロッコ	小田原熱海間に、軽便鉄道敷設の工事が始まったのは、良…

TF-IDF値が
L2ノルムで正規化した値の
bag of wordsを作成

TERM	aguni.txt	meros.txt	torokko.txt
あたり	0.00000000	0.05304666	0.00000000
ある	0.00000000	0.06505082	0.08686008
いる	0.00000000	0.13010165	0.04343004
うたう	0.00000000	0.05304666	0.00000000
うち	0.00000000	0.05304666	0.00000000
お婆さん	0.09782755	0.00000000	0.00000000

サンプルコード▶011_character/03

Rによる前処理

docDF 関数の weight 引数を利用することで簡単に TF-IDF と正規化を利用できます。

R Awesome
r_awesome.R（抜粋）

```
library(RMeCab)

word_matrix <-
  docDF('data/txt', pos=c('動詞', '名詞'), type=1, weight='tf*idf*norm')
```

docDF 関数の weight 引数に tf*idf*norm を指定することで、出現回数ではなく、TF-IDF 値を L2 ノルムによって正規化した値が採用されます。tf*idf に指定すれば、正規化なしの TF-IDF 値になります。

Point
TF-IDF と正規化を引数1つで実現している Awesome なコードです。

Part 3

11-3 TF-IDFによる単語の重要度調整　273

Pythonによる前処理

　gensimライブラリのmodelsオブジェクトのTfidfModel関数を利用することで、簡単に
TF-IDFと正規化を利用できます。

Python Awesome

python_awesome.py（抜粋）

```python
from gensim import matutils, models


# corpus_listを準備するコードは省略


# TF-IDFのモデルを生成
tfidf_model = models.TfidfModel(corpus_list, normalize=True)


# corpusにTF-IDFを適用
corpus_list_tfidf = tfidf_model[corpus_list]
word_matrix = matutils.corpus2csc(corpus_list_tfidf)
```

　models.TfidfModel関数はコーパスリストをTF-IDF値に変換するオブジェクトを生成
する関数です。引数にコーパスリストを指定します。normalize引数をTrueにするとTF-
IDF値をL2ノルムによって正規化した値に変換するオブジェクトになります。Falseに
すると正規化はしません。作成したオブジェクトにコーパスリストを渡すことで、変換
された結果のコーパスリストが返ってきます。

■ Point

R同様にTF-IDFと正規化を便利な関数を利用した簡単に実現しているAwesomeなコード
です。

11
文字型

第**12**章 位置情報型

第12章 位置情報型

位置情報と言えば、昔は地図情報が中心でした。最近ではスマートフォンの爆発的な普及やIoTのブームを受けてさまざまな位置情報が取得できるようになりました。それにともない、位置情報を用いたデータ分析の活躍の場も増えてきています。本書では、代表的な位置情報である緯度／経度についての基本的な前処理について解説します。

12-1
日本測地系から世界測地系の変換、度分秒から度への変換

SQL
R
Python

緯度／経度の表現方法は、**世界測地系**と**日本測地系**の2種類があります。日本測地形は明治時代頃から使われており、現在では世界標準である世界測地系を使うのが一般的です。しかし、いまだに日本測地系の緯度／経度を用いたデータは存在しており、筆者もいくつかの分析プロジェクトにおいて扱う経験がありました。ただし、GoogleMapなど現在提供されている緯度／経度データを用いたサービスは、世界測地系[1]に準じており、日本測地系のデータがあった場合は世界測地系にそろえることが望ましいです。

緯度／経度の表現方法として、度だけで表す方法の他に、度分秒で表す方法があります。これは度の小数点以下の値を10進数で表すのではなく、60進数で表す表現方法です。具体的には、度の下の単位として分があり、60分で1度となります。さらに、分の下の単位として秒があり、60秒で1分となります。たとえば、「35度30分15秒」の15秒は0.25（15/60）分なので、「35度30.25分」となり、さらに30.25分は約0.504（30.25/60）度です。つまり、「35度30分15秒」は「35.504度」と同じ意味となります。データ分析で緯度／経度を扱う場合は、度分秒で表す方法は数値が表す意味がおのおの異なり比較や計算が難しいため、すべて度だけで表す方法にそろえることが望ましいです。

---

[1]　正確には、世界測地系の中でも複数の仕様があり、赤道半径が若干異なります。現在主流なものはWGS84系と言われている仕様です。GoogleMapも現在はWGS84に準拠しています。

12-1 日本測地系から世界測地系の変換、度分秒から度への変換

 日本測地系から世界測地系への変換

対象のデータセットは、ホテルの予約レコードです。顧客テーブルの家の緯度、経度を度単位に変更し、日本測地系から世界測地系に変換[1]しましょう（図12.1）。

図12.1 日本測地系から世界測地系への変換

customer_id	age	sex	home_latitude	home_longitude
c_1	41	man	35.09219	136.5123
c_2	38	man	35.32508	139.4106
c_3	49	woman	35.12054	136.5112
c_4	43	man	43.03487	141.2403
c_5	31	man	35.10266	136.5238
c_6	52	man	34.44077	135.3905

日本測地系を
世界測地系に変換

customer_id	age	sex	home_latitude	home_longitude
c_1	41	man	35.15932	136.8536
c_2	38	man	35.55069	139.6816
c_3	49	woman	35.20473	136.8503
c_4	43	man	43.06595	141.3971
c_5	31	man	35.17728	136.8743
c_6	52	man	34.73871	135.6485

サンプルコード ▶ 012_gis/01

Rによる前処理

　分秒の度単位を変更する便利な関数はありませんが、簡単な関数で実現できるので自ら実装しましょう。測地系の変換は、spパッケージのSpatialオブジェクトを利用すると簡単に実現できます。Spatialオブジェクトは経度緯度がセットとなったデータセットです。

　ただし、最近ではspパッケージの代わりとなるsfパッケージが積極的に開発されています。spパッケージには、読み込めないデータ型があることやdata.frameのように扱うことが難しいなどの問題点があります。これらの問題の解決を目指し、sfパッケージが登場しています。今後はこちらが主流になる可能性が高く、興味のある人はキャッチアップしましょう。

---

[1] さらに正確な変換には、国勢地理院配布のパラメータファイルを適用し、バイリニア補完する必要があります。

276 第**12**章 位置情報型

R Awesome
r_awesome.R（抜粋）

```r
# Spatialオブジェクトを扱うためにspパッケージを読み込み
library(sp)


# 対象の顧客テーブルの家の緯度、経度を取得
home_locations <- customer_tb %>% select(home_longitude, home_latitude)


# 分・秒を度に変換する関数を定義
convert_to_continuous <- function(x){
  x_min <- (x * 100 - as.integer(x * 100)) * 100
  x_sec <- (x - as.integer(x) - x_min / 10000) * 100
  return(as.integer(x) + x_sec / 60 + x_min / 60 / 60)
}


# 分・秒を度に変換
home_locations['home_longitude'] <-
  sapply(home_locations['home_longitude'], convert_to_continuous)
home_locations['home_latitude'] <-
  sapply(home_locations['home_latitude'], convert_to_continuous)


# Spatialオブジェクト（経度緯度のセットのデータ型）に変換
coordinates(home_locations) <- c('home_longitude', 'home_latitude')


# 日本測地系の設定
# 誌面の関係上、文章を分割してpasete0関数でつなぐ
proj4string(home_locations) <-CRS(
  paste0('+proj=longlat +ellps=bessel ',
        '+towgs84=-146.336,506.832,680.254,0,0,0,0 +no_defs')
)


# 世界測地系（WGS84）へ変換
```

12-1 日本測地系から世界測地系の変換、度分秒から度への変換 277

Part 3

```
# rgdalパッケージをspTransform関数内部で利用
home_locations <-
  spTransform(home_locations,
              CRS('+proj=longlat +ellps=WGS84 +datum=WGS84 +no_defs'))

# data.frameに変換
home_locations <- data.frame(home_locations)

# customer_tbの経度緯度を世界測地系に更新
customer_tb$home_longitude <- home_locations$home_longitude
customer_tb$home_latitude <- home_locations$home_latitude
```

12
位置情報型

　coordinates関数はSpatialオブジェクトを生成する関数です。引数には、Spatialオブジェクトに変換するdata.frameを設定し、対象の経度と緯度の列名を代入します。proj4string関数は引数のSpatialオブジェクトの設定値（Coordinate Reference System（CRS）arguments）にアクセスできます。生成した直後は何も設定されていないので、CRS関数で作成した日本測地系の情報を設定しています。CRSの引数の文字列の細かな仕様を把握することは難しいので、定型文として覚えておきましょう。
　spTransform関数は1つ目の引数のSpatialオブジェクトを2つ目のCRSにしたがって変換する関数です。

■ Point
spパッケージを活用して、簡単に測地系の変換を実現したAwesomeなコードです。パッケージを使わず変換ロジックを書いている人もいますが、バグを埋め込みやすいのでspパッケージを活用しましょう。

Pythonによる前処理

　PythonはR同様に分秒の度単位を変更する便利な関数はありませんが、簡単な関数で実現できるので自ら実装しましょう。

Python Awesome
python_awesome.py（抜粋）

```
import pyproj
```

```python
# 分・秒を度に変換する関数を定義
def convert_to_continuous(x):
    # 下記の式で実行すると丸め誤差が発生
    # 正確な値を計算したい場合は、文字列にしてから桁数を見て度・分・秒の数字を抽出
    x_min = (x * 100 - int(x * 100)) * 100
    x_sec = (x - int(x) - x_min / 10000) * 100
    return int(x) + x_sec / 60 + x_min / 60 / 60


# 分・秒を度に変換
customer_tb['home_latitude'] = customer_tb['home_latitude'] \
  .apply(lambda x: convert_to_continuous(x))
customer_tb['home_longitude'] = customer_tb['home_longitude'] \
  .apply(lambda x: convert_to_continuous(x))

# 世界測地系（EPSGコード4326は、WGS84と同等）の取得
epsg_world = pyproj.Proj('+init=EPSG:4326')

# 日本測地系の取得
epsg_japan = pyproj.Proj('+init=EPSG:4301')

# 日本測地系を世界測地系への変換
home_position = customer_tb[['home_longitude', 'home_latitude']] \
  .apply(lambda x:
        pyproj.transform(epsg_japan, epsg_world, x[0], x[1]), axis=1)

# customer_tbの経度緯度を世界測地系に更新
customer_tb['home_longitude'] = [x[0] for x in home_position]
customer_tb['home_latitude'] = [x[1] for x in home_position]
```

pyprojライブラリのtransform関数は、経度緯度の測地系を変換する関数です。1つ目の引数は変換前の測地系オブジェクト、2つ目の引数は変換後の測地系オブジェクト、3つ目の引数が経度、4つ目の引数が経度を指定します。返り値は経度と緯度のタプルです。測地系オブジェクトはpyprojライブラリのProj関数で生成できます。Proj関数に引数には測地系を表す文字列を設定します。

Point
pyprojライブラリを利用して簡潔なコードを実現したAwesomeなコードです。

12-2
2点間の距離、方角の計算

データ分析では、2点の位置情報から距離や方角の計算を求められることがあります。たとえば、お店と顧客の住所が分かれば2点の距離が計算できますし、移動前と移動後の車の位置が分かれば移動方角が計算できます。緯度／経度から距離を計算するのは簡単ですが、1つだけ気を付ける点があります。それは、地球が球面であるため、計算式によっては誤差が発生するという点です。

距離の計算式にもさまざまな式がありますが、簡単な計算で実現でき、それなりに精度も良いHubeny（ヒュベニ）の式を用いることが多いです。誤差は0.1%程度で、距離が長くなるほど誤差は増えていきます。Vincenty（ヴィンセンティ）の式やHaversineの式といった、計算は複雑でも測定距離に大きく依存せずに小さな誤差に収める方法もあります。精度を求める度合と対象の距離の長さによって使い分けるのが望ましいですが、2,000km以内の問題の場合にはHubenyを用いれば基本的には問題ないでしょう。また、方角は方位角を計算したあと、北を-45〜45度、東を45〜135度、南を-180〜-135と135〜180度、-45度〜-135度を西とすることで、取得できます（図12.2）。より細かい方角が欲しい場合は、方位角から方角に変換する際の範囲を細かくすれば実現できます。

図12.2 方位角の取得

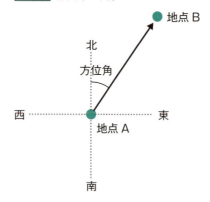

 距離の計算

　対象のデータセットは、ホテルの予約レコードです。予約テーブルに顧客テーブルとホテルテーブルを結合し、家からホテルへの距離（Haversineの式とVincentyの式とHubenyの式の3種類）と方角（方位角）を計算しましょう（図12.3）。

図12.3 距離の計算

reserve_id	home_latitude	home_longitude	hotel_latitude	hotel_longitude
r1	35.15932	136.8536	35.54586	139.7012
r2	35.15932	136.8536	35.64473	139.6934
r3	35.15932	136.8536	33.59996	130.6320
r4	35.15932	136.8536	38.33399	140.7918
r5	35.15932	136.8536	35.91139	139.9325
r6	35.15932	136.8536	35.81541	139.8390

↓ 世界測地系の緯度経度から距離と方位角を計算

reserve_id	dist_haversine	dist_vincenty	dist_hubeny	azimuth
r1	262093.5	262093.5	262389.9	79.77027
r2	263272.9	263272.9	236567.4	77.38752
r3	597245.5	597245.5	597948.8	-105.04604
r4	498194.2	498194.2	498653.8	43.78791
r5	291191.6	291191.6	291510.8	72.47102
r6	280277.3	280277.3	280586.6	74.09673

サンプルコード▶012_gis/02

12-2 2点間の距離、方角の計算　　281

Part 3

Rによる前処理

　Haversineの式とVincentyの式による距離および方位角の計算をする関数は、geosphere パッケージで提供されています。Hubenyの式による距離計算は提供されていませんが、簡単に実装できるので自ら実装しましょう。

R Awesome　　　　　　　　　　　　　　　　　　　　　　　r_awesome.R

```r
library(dplyr)
source('preprocess/load_data/data_loader.R')
load_hotel_reserve()


# Spatialオブジェクトを扱うためにspパッケージを読み込み
library(sp)


# 対象の顧客テーブルの家の緯度、経度を取得
home_locations <- customer_tb %>% select(home_longitude, home_latitude)


# 分・秒を度に変換する関数を定義
convert_to_continuous <- function(x){
  x_min <- (x * 100 - as.integer(x * 100)) * 100
  x_sec <- (x - as.integer(x) - x_min / 10000) * 100
  return(as.integer(x) + x_sec / 60 + x_min / 60 / 60)
}


# 分・秒を度に変換
home_locations['home_longitude'] <-
  sapply(home_locations['home_longitude'], convert_to_continuous)
home_locations['home_latitude'] <-
  sapply(home_locations['home_latitude'], convert_to_continuous)


# Spatialオブジェクト (経度緯度のセットのデータ型) に変換
coordinates(home_locations) <- c('home_longitude', 'home_latitude')
```

12
位置情報型

```
# 日本測地系の設定
# 文章を分割して、pasete0関数でつないでいるのは書面の関係
proj4string(home_locations) <-CRS(
  paste0('+proj=longlat +ellps=bessel ',
         '+towgs84=-146.336,506.832,680.254,0,0,0,0 +no_defs')
)


# 世界測地系 (WGS84) へ変換
# rgdalパッケージをspTransform関数内部で利用
home_locations <-
  spTransform(home_locations,
              CRS('+proj=longlat +ellps=WGS84 +datum=WGS84 +no_defs'))

# data.frameに変換
home_locations <- data.frame(home_locations)


# customer_tbの経度緯度を世界測地系に更新
customer_tb$home_longitude <- home_locations$home_longitude
customer_tb$home_latitude <- home_locations$home_latitude



# 下記から本書掲載
library(geosphere)


# ・・・日本測地形に修正するまでのコード省略・・・


# 予約テーブルに顧客テーブルとホテルテーブルを結合
reserve_all_tb <- inner_join(reserve_tb, hotel_tb, by='hotel_id')
reserve_all_tb <- inner_join(reserve_all_tb, customer_tb, by='customer_id')


# 方位角の計算
```

12-2 2点間の距離、方角の計算 283

```r
bearing(reserve_all_tb[, c('home_longitude', 'home_latitude')],
        reserve_all_tb[, c('hotel_longitude', 'hotel_latitude')])


# Haversineの式による距離計算
distHaversine(reserve_all_tb[, c('home_longitude', 'home_latitude')],
              reserve_all_tb[, c('hotel_longitude', 'hotel_latitude')])


# Vincentyの式による距離計算
distVincentySphere(reserve_all_tb[, c('home_longitude', 'home_latitude')],
                   reserve_all_tb[, c('hotel_longitude', 'hotel_latitude')])


# Hubenyの式の関数定義
distHubeny <- function(x){
  a=6378137
  b=6356752.314245
  e2 <- (a ** 2 - b ** 2) / a ** 2
  points <- sapply(x, function(x){return(x * (2 * pi) / 360)})
  lon1 <- points[[1]]
  lat1 <- points[[2]]
  lon2 <- points[[3]]
  lat2 <- points[[4]]
  w = 1 - e2 * sin((lat1 + lat2) / 2) ** 2
  c2 = cos((lat1 + lat2) / 2) ** 2
  return(sqrt((b ** 2 / w ** 3) * (lat1 - lat2) ** 2
              + (a ** 2 / w) * c2 * (lon1 - lon2) ** 2))
}


# Hubenyの式による距離計算
apply(
  reserve_all_tb[, c('home_longitude', 'home_latitude',
                     'hotel_longitude', 'hotel_latitude')],
```

```
    distHubeny, MARGIN=1
)
```

bearing関数とdistHaversine関数とdistVincentySphere関数は、それぞれ順に方位角の計算、Haversineの式による距離計算、Vincentyの式による距離計算をする関数です。1つ目の引数には出発点の経度緯度のdata.frameを、2つ目の引数には終着点の経度緯度のdata.frameを指定します。

▌Point
geosphereパッケージを活用して、距離計算や方位角を実現しているAwesomeなコードです。

Pythonによる前処理

pyproj.Geodオブジェクトのinv関数は、距離計算も方位角の計算を一度にでき、多くの場合はこの関数を利用すれば問題ありません。ただし、Haversineの式の距離計算についてはサポートしていないためgeopyライブラリを利用しています。

Python Awesome
python_awesome.py（抜粋）

```python
# pythonで経度緯度の位置情報を扱うライブラリ読み込み
import math
import pyproj


# 距離を計算するためのライブラリ読み込み
from geopy.distance import great_circle, vincenty


# ・・・日本測地形に修正するまでのコード省略・・・


# 予約テーブルに顧客テーブルとホテルテーブルを結合
reserve_tb = \
  pd.merge(reserve_tb, customer_tb, on='customer_id', how='inner')
reserve_tb = pd.merge(reserve_tb, hotel_tb, on='hotel_id', how='inner')


# 家とホテルの経度緯度の情報を取得
```

12-2 2点間の距離、方角の計算　　285

Part 3

```python
home_and_hotel_points = reserve_tb \
  .loc[:, ['home_longitude', 'home_latitude',
            'hotel_longitude', 'hotel_latitude']]


# 赤道半径をWGS84準拠で設定
g = pyproj.Geod(ellps='WGS84')


# 方位角、反方位角、Vincentyの式による距離の計算
home_to_hotel = home_and_hotel_points \
  .apply(lambda x: g.inv(x[0], x[1], x[2], x[3]), axis=1)


# 方位角を取得
[x[0] for x in home_to_hotel]


# Vincentyの式による距離を取得
[x[2] for x in home_to_hotel]


# Haversineの式による距離計算
home_and_hotel_points.apply(
  lambda x: great_circle((x[1], x[0]), (x[3], x[2])).meters, axis=1)


# Vincentyの式による距離計算
home_and_hotel_points.apply(
  lambda x: vincenty((x[1], x[0]), (x[3], x[2])).meters, axis=1)



# Hubenyの式の関数定義
def hubeny(lon1, lat1, lon2, lat2, a=6378137, b=6356752.314245):
    e2 = (a ** 2 - b ** 2) / a ** 2
    (lon1, lat1, lon2, lat2) = \
      [x * (2 * math.pi) / 360 for x in (lon1, lat1, lon2, lat2)]
```

12 位置情報型

```
        w = 1 - e2 * math.sin((lat1 + lat2) / 2) ** 2
        c2 = math.cos((lat1 + lat2) / 2) ** 2
        return math.sqrt((b ** 2 / w ** 3) * (lat1 - lat2) ** 2 +
                         (a ** 2 / w) * c2 * (lon1 - lon2) ** 2)

# Hubenyの式による距離計算
home_and_hotel_points \
    .apply(lambda x: hubeny(x[0], x[1], x[2], x[3]), axis=1)
```

　pyproj.Geodオブジェクトのinv関数は、方位角／反方位角／vincentyの式による距離を計算する関数です。1つ目の引数に出発点の経度、2つ目の引数に出発点の緯度、3つ目の引数に終着点の経度、4つ目の引数に終着点の緯度を指定します。

　great_circle関数とvincenty関数は、Haversineの式による距離計算、Vincentyの式による距離計算を行う関数です。1つ目の引数に出発点の緯度と経度のタプルを、2つ目の引数に終着点の緯度と経度のタプルを指定します。

Point

pyprojライブラリとgeopyライブラリを活用して簡潔に距離計算と方位角の計算を実現したAwesomeなコードです。Pythonにはこの他にもgeodistanceやgeographiclibといった多数の位置情報用のライブラリが提供されているので、必要に応じて用途に合うライブラリを探しましょう。

Q Awesome Quiz

さて、ここまでに何回Awesomeという言葉がでてきたでしょうか？

Part 4

実践前処理

| 第13章 | 演習問題

世の中にあるデータは簡単に前処理できるわけでは
ありません。複雑なデータもあれば、細かいデータ
の仕様を要求されることもあるでしょう。本書のま
とめとして、演習問題を掲載します。前処理の流れ
を体験してみてください。

第13章 演習問題

本章ではここまでに得た前処理の知識をふまえて演習問題に取り組みます。

13-1
集計分析の前処理

SQL
R
Python

本節では、集計分析のための前処理を例題にそって解説します。分析の中で最も基本的であり、よく行われるのが集計分析です。BI（Business Intelligence）ツールのようなソフトウェアを使うことで簡単に集計処理ができます。しかし、一部のBIツールは有償ですのでコストがかかります。また、マウス操作を前提としていることが多く、分析の自動化を容易にする観点からは本書で解説してきたSQL／Python／Rを利用する方が望ましいです。一方で、BIツールはプログラマでなくても容易に利用でき、可視化の機能が充実している点は有用です。

Q 集計分析の準備

2016年に宿泊した予約の傾向を年代×性別ごとに集計をしましょう。年代は10歳きざみで、60歳以上は1つにまとめましょう。予約傾向を分析するために、該当人数／合計予約回数／平均予約人数／平均予約単価を計算しましょう（図13.1）。

図13.1 集計分析の準備

予約テーブル、顧客テーブル、ホテルテーブル

↓ 年齢と性別を軸に
各指標を計算

13-1 集計分析の前処理 289

Part 4

age_rank	sex	customer_cnt	rsv_cnt	people_num_avg	price_per_person_avg
20	man	8	22	2.227273	69950.00
20	woman	9	23	2.913043	44930.43
30	man	111	282	2.609929	41801.06
30	woman	104	266	2.605263	39225.56
40	man	116	309	2.566343	38075.73
40	woman	116	289	2.512111	42566.78
50	man	74	189	2.597884	42148.68
50	woman	61	169	2.414201	43113.61
60 以上	man	151	382	2.581152	39637.17
60 以上	woman	138	371	2.493261	39614.29

↓ 年齢と性別を軸に
各指標の表を作成

13 演習問題

customer_cnt					
sex	20	30	40	50	60 以上
man	8	111	116	74	151
woman	9	104	116	61	138

rsv_cnt					
sex	20	30	40	50	60 以上
man	22	282	309	189	382
woman	23	266	289	169	371

people_num_avg					
sex	20	30	40	50	60 以上
man	2.227273	2.609929	2.566343	2.597884	2.581152
woman	2.913043	2.605263	2.512111	2.414201	2.493261

price_per_person_avg					
sex	20	30	40	50	60 以上
man	69950.00	41801.06	38075.73	42148.68	39637.17
woman	44930.43	39225.56	42566.78	43113.61	39614.29

サンプルコード▶013_problem/01_insight

前処理の流れ

1. SQLを用いて顧客情報と予約情報を結合し、集計対象のデータを取得
2. Rを用いてSQLで取得したデータの変換を行い、集計処理を実行

SQLを用いて集計処理までを実現することもできますが、ここではあえてしていません。なぜなら、分析結果を確認したあとに、新たに集計方法を変えて計算することが頻繁に起こるからです。集計方法を変更することは、SQLでも実現できますが、記述コストが大きくかかります。一方で、Rで記述する場合は、処理の途中からでもすぐ実行でき、簡単に新たな集計を独立に追加することができます。よって、集計対象のデータがメモリにのるサイズであれば、集計対象データをSQLで取得し、Rで加工／集計する方が良いでしょう（余談ですが、Rにはプログラミングで分析処理とレポーティングを同時に実現できるR Markdownパッケージが提供されています。これを利用するとより効率的に基礎分析ができるとともに、分析レポートの修正が容易になるのでお勧めです）。

● 1. SQLによる集計データの取得

SQLでは、集計対象の2016年の予約情報に顧客テーブルの情報を結合して、取得します。このSQLはRのプログラム上から実行します。

01_select_base_log.sql

```sql
SELECT
  cus.customer_id,
  cus.age,
  cus.sex,
  rsv.hotel_id,
  rsv.people_num,
  rsv.total_price
FROM work.reserve_table rsv

-- 顧客情報を結合
INNER JOIN work.customer_table cus
  ON rsv.customer_id = cus.customer_id

-- 集計の対象期間を設定
WHERE rsv.checkin_date >= '2016-01-01'
  AND rsv.checkin_date < '2017-01-01'
```

13-1 集計分析の前処理　291

Part 4

> 　顧客テーブルと予約テーブルを結合させ、集計対象期間によって必要なデータ項目を取得しています。結合（JOIN）処理は、R／Pythonを用いると中間データがメモリに収まりきらなくなることがあったり、処理が重かったりするので、なるべくSQLを用いるのが良いでしょう。

● 2. Rによるデータの変換と集計処理

　1.のSQLの実行結果をR上で取得し、年齢（age）をカテゴリ化します。そのあと、性別／年代ごとに集計し、各指標ごとに年代を横持ちに展開します。

02.summarise.R

```
library(tidyr)
library(RPostgreSQL)

# 分析対象データをSQLで取り出す
con <- dbConnect(dbDriver('PostgreSQL'),
                 host='IPアドレスまたはホスト名',
                 port='接続ポート番号',
                 dbname='DB名',
                 user='接続ユーザ名',
                 password='接続パスワード')
sql <- paste(readLines('01_select_base_log.sql'), collapse='\n')
base_log <- dbGetQuery(con,sql)

# 年代のカテゴリを作成する
base_log$age_rank <- as.factor(floor(base_log$age/10)*10)
levels(base_log$age_rank) <- c(levels(base_log$age_rank),'60以上')
base_log[base_log$age_rank %in% c('60', '70', '80'), 'age_rank'] <- '60以上'
base_log$age_rank <- droplevels(base_log$age_rank)

# 年代、性別で傾向を把握する
age_sex_summary <-
  base_log %>%
```

13
演習問題

```
    group_by(age_rank, sex) %>%
    summarise(customer_cnt=n_distinct(customer_id),
             rsv_cnt=n(),
             people_num_avg=mean(people_num),
             price_per_person_avg=mean(total_price/people_num)
    )


# 各指標ごとに、性別を横持ちに展開
age_sex_summary %>%
  select(age_rank, sex, customer_cnt) %>%
  spread(age_rank, customer_cnt)


age_sex_summary %>%
  select(age_rank, sex, rsv_cnt) %>%
  spread(age_rank, rsv_cnt)


age_sex_summary %>%
  select(age_rank, sex, people_num_avg) %>%
  spread(age_rank, people_num_avg)


age_sex_summary %>%
  select(age_rank, sex, price_per_person_avg) %>%
  spread(age_rank, price_per_person_avg)
```

RPostgreSQLパッケージはRからRedshiftを利用できるパッケージです。もともとはPostgreSQLというDBを利用するためのパッケージですが、RedshiftはPostgreSQL準拠のDBなので、Redshiftでも利用できます。まずdbConnect関数の引数に設定情報を設定して、接続情報を生成します。そのあと、生成した接続情報と実行するSQLをdbGetQuery関数の引数に設定して呼び出すことで、SQLの結果をRのdata.frameとして受け取ることができます。

13-2 レコメンデーションの前処理 293

Part 4

　RedshiftのSQLの実行結果をcsvファイルとしてダウンロードし、Rから読み込むこともできますが、手作業になるのでミスをしてしまったり、意図せぬデータ型の変換が起きたりすることもあるので、サンプルコードのように直接Rから読み出す方法が良いでしょう（RPostgreSQLパッケージ以外にもRedshiftに接続できるパッケージが提供されています。好みで使い分けましょう）。

　今回のようにグループ化する項目が2種類ある場合は、傾向を把握しやすくするために、spread関数を用いて展開した集計表を作った方が人間が傾向を読み解きやすくなります。

13-2
レコメンデーションの前処理

`SQL`

`Python`

13
演習問題

　本節では、ユーザ×アイテムのマトリックスを用いたレコメンデーションのための前処理について解説します。レコメンデーションにはさまざまな手法があります。詳細はふれませんが、協調フィルタリングに用いるMatrix Factorizartionといった手法などが有名です。また、レコメンデーションはレポーティングのような出口ではありません。レコメンデーションをシステム化することが前提となります。そのため、データ取得部分をSQL、マトリックスを作成する部分にPythonを用いるのがお勧めです。

Q レコメンデーション用のスパースマトリックス作成

　レコメンデーションのためにスパースマトリックスを作成しましょう（図13.2）。2016年に宿泊した予約数の顧客IDとホテルIDが軸の予約数を用います。

294　第13章　演習問題

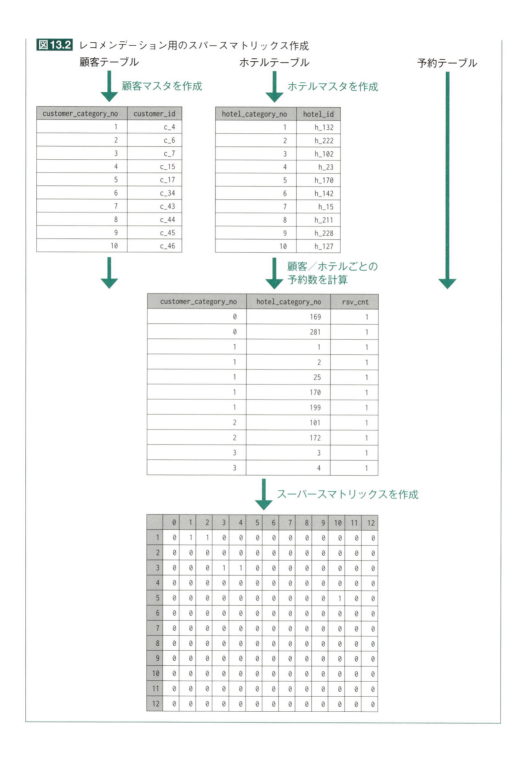

図13.2 レコメンデーション用のスパースマトリックス作成

13-2 レコメンデーションの前処理　295

サンプルコード▶013_problem/02_recommend

前処理の流れ

ここでの前処理の流れは下記のようになります。

1. SQLを用いて顧客のカテゴリマスタを作成
2. SQLを用いてホテルのカテゴリマスタを作成
3. SQLを用いて顧客／ホテルの2016年の宿泊予約数を計算
4. Pythonを用いて顧客／ホテルのスパースマトリックスを作成

存在するホテルに対して顧客が予約したことのあるホテルはごく一部となるので、顧客ID×ホテルのマトリックスはスパース（ほとんどの値が0）になります。レコメンデーションで利用するマトリックスは、縦持ちのデータを作成しスパースマトリックスに変換するのが良いでしょう。

1.と2.を省略して、3.の顧客／ホテルのスパースマトリックスを直接作成することもできますが、解答コードでは一度カテゴリマスタを作成しています。なぜなら、カテゴリマスタを作成することによって処理を軽くできるからです。

カテゴリマスタを作成しない場合とカテゴリマスタを作成する場合の、SQLによる顧客／ホテルの2016年の宿泊予約数のデータ形式について考えてみましょう。

* カテゴリマスタを利用しない場合：
  [文字(顧客ID),文字(ホテルID),数字(予約数)]
* カテゴリマスタを利用する場合：
  [数値(顧客カテゴリのインデックス),数値(ホテルカテゴリのインデックス),数値(予約数)]

このようにカテゴリマスタを利用しない場合は、顧客とホテルのIDの文字列を取得することになります。一方、カテゴリマスタを利用する場合は、顧客とホテルのカテゴリのインデックスの数値が送られてきます。そのため、カテゴリマスタを利用する方がデータのサイズが小さくなります。よって、RedshiftからPythonにデータを送るのが早くなり、さらにPython上で必要となるメモリ量が小さくなります。また、スパースマトリックスへの変換も早くなります。これは、[文字(顧客ID),文字(ホテルID),数字(予約数)]からスパースマトリックスを作成する際には、顧客IDとホテルIDをカテゴリ化する処理を行う必要がありますが、カテゴリマスタを利用すればこの処理は不要になるからです。レコ

メンデーションに必要なデータのサイズは、非常に大きいことがほとんどなので、カテゴリマスタを事前に作成し利用することを強くお勧めします。

1. SQLによる顧客カテゴリマスタの作成

SQLを用いて、顧客テーブルから顧客のカテゴリマスタを作成します。このSQLは、Redshift上から直接実行します。

01_create_customer_category_mst.sql

```sql
CREATE TABLE work.customer_category_mst AS(
  SELECT
    -- カテゴリのインデックス番号作成（0スタートになるように1を引く）
    ROW_NUMBER() OVER() - 1 AS customer_category_no,

    customer_id
  FROM work.reserve_tb rsv

  -- レコメンデーション対象のデータに出てくる顧客のみに絞り込み
  WHERE rsv.checkin_date >= '2016-01-01'
    AND rsv.checkin_date < '2017-01-01'

  GROUP BY customer_id
)
```

CREATE TABLE文を利用して、対象の顧客IDをカテゴリ化した結果を保存しています。なぜテーブル保存しているのかというと、Pythonでレコメンド結果を作成した際に顧客カテゴリのインデックス番号から顧客IDに変換する際に利用するからです。

2. SQLによるホテルカテゴリマスタの作成

SQLを用いて、ホテルテーブルからホテルのカテゴリマスタを作成します。このSQLは、Redshift上から直接実行します。

02_create_model_category_mst.sql

```sql
CREATE TABLE work.hotel_category_mst AS(
```

13-2 レコメンデーションの前処理　　297

Part 4

```
SELECT
    -- カテゴリのインデックス番号作成
    ROW_NUMBER() OVER() - 1 AS hotel_category_no,

    hotel_id
FROM work.reserve_tb rsv

    -- レコメンデーション対象のデータに出てくるホテルのみに絞り込み
    WHERE rsv.checkin_date >= '2016-01-01'
    AND rsv.checkin_date < '2017-01-01'

    GROUP BY hotel_id
)
```

> 顧客IDと同様に、ホテルIDのカテゴリマスタを作成します。

● 3. SQLによる宿泊予約数の計算

　SQLを用いて、顧客／ホテルの2016年の宿泊予約数を計算します。同時に顧客とホテルのカテゴリマスタと結合し、カテゴリのインデックス番号を付与しています。このSQLは、Pythonのプログラム上から実行します。

03_select_recommendation_data.sql

```
SELECT
    c_mst.customer_category_no,
    h_mst.hotel_category_no,

    -- 予約数を計算
    COUNT(rsv.reserve_id) AS rsv_cnt

FROM work.reserve_tb rsv

-- 顧客のカテゴリマスタと結合
```

13 演習問題

```
INNER JOIN work.customer_category_mst c_mst
  ON rsv.customer_id = c_mst.customer_id


-- ホテルのカテゴリマスタと結合
INNER JOIN work.hotel_category_mst h_mst
  ON rsv.hotel_id = h_mst.hotel_id


-- レコメンデーション対象のデータに出てくるホテルのみに絞り込み
WHERE rsv.checkin_date >= '2016-01-01'
  AND rsv.checkin_date < '2017-01-01'


GROUP BY c_mst.customer_category_no,
         h_mst.hotel_category_no
```

作成したカテゴリマスタを結合して、インデックス番号を利用した予約回数カウント表を作成します。COUNT(rsv.reserve_id)の部分を書き換えることで、予約回数以外のマトリックスに変更できます。たとえば、1 as rsv_flgとし、Group BYにrsv_flgを追加することで、宿泊ありなしのフラグに変換できます。

● 4. Pythonによるスパースマトリックスの作成

Pythonを用いて、Redshiftから顧客／ホテルの2016年の宿泊予約数のデータを受け取り、顧客／ホテルのスパースマトリックスを作成します。

04_create_recommendation_matrix.py

```python
import psycopg2
import os
from scipy.sparse import csr_matrix


# psycopg2を利用して、Redshiftとの接続を作成
con = psycopg2.connect(host='IPアドレスまたはホスト名',
                       port=接続ポート番号,
                       dbname='DB名',
```

13-2 レコメンデーションの前処理 　299

```python
                        user='接続ユーザ名',
                        password='接続パスワード')


# 顧客カテゴリマスタをRedshiftから取得
# レコメンド計算後にインデックス番号からIDに変換するために利用
customer_category_mst = \
  pd.read_sql('SELECT * FROM work.customer_category_mst', con)


# ホテルカテゴリマスタをRedshiftから取得
# レコメンド計算後にインデックス番号からIDに変換するために利用
hotel_category_mst = \
  pd.read_sql('SELECT * FROM work.hotel_category_mst', con)


# SQL文をファイルから読み込む
sql_path = os.path.dirname(__file__)+"/03_select_recommendation_data.sql"
with open(sql_path) as f:
  sql = f.read()


# 顧客・ホテルの2016年の宿泊予約数の縦持ちデータをRedshiftから取得
matrix_data = pd.read_sql(sql, con)


# csc_matrixを利用して、スパースマトリックスを作成
recommend_matrix = csr_matrix(
  (matrix_data['rsv_cnt'],
   (matrix_data['customer_category_no'], matrix_data['hotel_category_no'])),
  shape=(customer_category_mst.shape[0], hotel_category_mst.shape[0])
)
```

> psycopg2ライブラリはPythonからRedshiftのコネクションを作ることができます。connect関数の引数に設定情報を記述して、接続情報を生成します。そのあと、生成した接続情報と実行するSQLをPandasライブラリのread_sql関数の引数に設定して呼び出すことで、SQLの結果をPandasのDataFrameとして受け取ることができます。
>
> RedshiftのSQLの実行結果をcsvファイルとしてダウンロードし、Pythonから読み込むこともできますが、Rと同様にデータ型が意図しないデータ型に暗黙的に変換される問題が発生することがあり、望ましくありません。
>
> スパースマトリックスの種類の選択については、レコメンドロジックによりますが、行のアクセスも列のアクセスもどちらも発生するので、csr_matrixまたはcsc_matrixを利用すれば問題ありません。

13-3 予測モデリングの前処理

`SQL` `R` `Python`

本節では、予測モデリングのための前処理を例題にそって解説します。主な前処理は次のように多数あります。

- 予測対象データの準備
- 説明変数の作成－モデリングのためのデータ変換
- カテゴリのダミー化
- 正規化
- 学習／テストデータの分割

例題の中には、さまざまな前処理が含まれており、まさに前処理の総合格闘技と言っても過言ではないでしょう。この例題は、これから本格的な前処理に立ち向かうみなさんへ、筆者から最後のAwesomeプレゼントです。

 予測モデリングのための前処理

ある月に顧客が予約するのかを予測するモデルを作成します。2016年度（2016-04-01から2017-03-31）のデータを利用して、データを準備しましょう（図13.3）。

13-3 予測モデリングの前処理

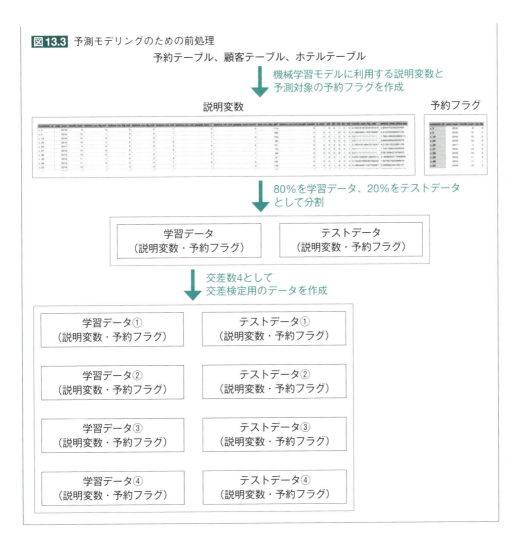

図13.3 予測モデリングのための前処理

サンプルコード▶013_problem/03_predict

前処理の流れ

1. SQLを用いて、モデリングに利用するためのデータを作成
    i. 顧客テーブルと月マスタテーブルを全結合して、ベースとなるデータを準備
    ii. 1で作成したデータと予約テーブルを結合して、顧客／月ごとに予約フラグを作成
    iii. 1〜3ヵ月前の予約フラグを説明変数として、2のテーブルから作成

iv. 顧客IDごとにランダムにある月のデータをサンプリング

v. 4でサンプリングしたデータとそのデータの過去の1年の予約テーブルを結合

vi. 5で作成したデータを、顧客／月ごとに集約して、結合した過去の1年の予約テーブルの項目を集約した説明変数に変換

2. Pythonを用いて、モデリングのための変換を行い、学習／テストデータに分割

i. PythonからSQLをRedshiftに投げて、データを取得

ii. ダミー化や対数化などモデリングのためのデータ変換

iii. ホールドアウト検証用のテストデータを取り出し、残ったデータを交差検証用に分割

「13-1 集計分析の前処理」や「13-2 レコメンデーションの前処理」の例題と異なり、この問題については上記のように多くの前処理を必要とします。しかし、これらは第2章、第3章で解説した前処理の組み合わせであり、1つずつ適切な処理を選択することができれば実現できます。

今回の前処理では、全顧客の1年分のデータを顧客と月の組み合わせごとのデータに分割して、顧客ごとに12ヶ月のあるデータから特定の1ヶ月をランダムに選択して、モデル用のデータを抽出しています。なぜこのようなサンプリングを選択したかというと、リークする危険性を避け、かつ季節性を考慮できるモデルを実現するためです。

顧客IDごとにサンプリングすることで、同一の顧客のデータは重複しません。これによってリークによる過学習の危険性を大きく下げることができています。たとえば、顧客Aの3月のデータと顧客Aの2月のデータが同時に学習データに存在していません。これが逆に、同時に存在し、顧客Aの3月のデータ内に先月の予約の有無フラグを持っていた場合、顧客Aの3月のデータ内に顧客Aの2月のデータの答えを持っていることになってしまいます。これでは、学習データ内に答えを持っていることになり、他の説明変数の組み合わせ次第では過学習を誘発してしまいます。また、ランダムに月を選択することによって、特定の月のデータになることを防ぎ、季節性を考慮できるデータを準備できています。たとえば、ランダムにサンプリングせずに、8月のデータのみをモデリングのデータとして利用してしまうと、8月の予約の有無を予測するモデルとなってしまい、夏休みなどの8月特有の影響が説明変数の値にかかわらず含まれる可能性が高くなってしまいます。具体的に言えば、夏休みを活用したいと考える子育て世代の顧客の予約確率が月にかかわらず非常に高いというモデルになるということです。しかし、ランダムサンプリングによって、モデリングデータがいろいろな月からまんべんなく選択されることによって、

13-3 予測モデリングの前処理 　303

このような問題を防ぎ、季節性を考慮できるデータを準備できています。

1. SQLによるモデリング用データの作成

01_select_model_data.sql

```
WITH target_customer_month_log AS(
  -- データ構造をわかりやすくするために、2段階のWithを利用
  -- 顧客テーブルと月マスタテーブルを全結合して、予測単位の基本となるデータを構築
  WITH customer_month_log AS(
    SELECT
      cus.customer_id,
      cus.age,
      cus.sex,
      mst.year_num,
      mst.month_num,
      TO_DATE(mst.month_first_day, 'YYYY-MM-DD') AS month_first_day,
      TO_DATE(mst.month_last_day, 'YYYY-MM-DD') AS month_last_day
    FROM work.customer_tb cus
    CROSS JOIN work.month_mst mst

    -- 期間は2016-04-01から2017-04-01の1年間ではなく、それよりも過去に3ヶ月長くして
いる
    -- 理由は、後段で最大3ヶ月前の予約フラグを説明変数として加えているため
    WHERE mst.month_first_day >= '2016-01-01'
      AND mst.month_first_day < '2017-04-01'
  )
  -- 予約テーブルを結合し、予約フラグを付与
  -- 後段に、説明変数を作るために予約テーブルと再度結合する処理があり、
  -- 処理をまとめることもできるが、今回はわかりやすくするために分割
  , tmp_rsvflg_log AS(
    SELECT
      base.customer_id,
```

```
    base.sex,

    base.age,

    base.year_num,

    base.month_num,

    base.month_first_day,


    -- 予約フラグを作成
    CASE WHEN COUNT(target_rsv.reserve_id) > 0 THEN 1 ELSE 0 END
      AS rsv_flg


FROM customer_month_log base

-- 対象月の期間に該当する予約テーブルを結合
LEFT JOIN work.reserve_tb target_rsv
  ON base.customer_id = target_rsv.customer_id
  AND TO_DATE(target_rsv.reserve_datetime, 'YYYY-MM-DD HH24:MI:SS')
      BETWEEN base.month_first_day AND base.month_last_day


GROUP BY base.customer_id,
         base.sex,
         base.age,
         base.year_num,
         base.month_num,
         base.month_first_day
)
-- LAG関数を用いて、1〜3ヶ月前の予約フラグを付与
, rsvflg_log AS(
  SELECT
    *,

    -- 1ヶ月前の予約フラグ
```

```
                LAG(rsv_flg, 1) OVER(PARTITION BY customer_id
                                 ORDER BY month_first_day)
            AS before_rsv_flg_m1,


            -- 2ヶ月前の予約フラグ
            LAG(rsv_flg, 2) OVER(PARTITION BY customer_id
                                 ORDER BY month_first_day)
            AS before_rsv_flg_m2,


            -- 3ヶ月前の予約フラグ
            LAG(rsv_flg, 3) OVER(PARTITION BY customer_id
                                 ORDER BY month_first_day)
            AS before_rsv_flg_m3

    FROM tmp_rsvflg_log
)
-- 顧客ごとに特定の月のデータをサンプリングするために、乱数による順位を付与
, rsvflg_target_log AS(
    SELECT
        *,


        -- 乱数による順位を計算
        ROW_NUMBER() OVER (PARTITION BY customer_id ORDER BY RANDOM())
            AS random_rank


    FROM rsvflg_log

    -- 2016年度(2016-04-01から2017-03-31)のデータに絞る
    WHERE month_first_day >= '2016-04-01'
        AND month_first_day < '2017-04-01'
)
```

```
-- 乱数による順位を利用して、ランダムサンプリング
SELECT * FROM rsvflg_target_log where random_rank = 1
)
-- 過去1年間 (365日間) の予約レコードと結合して、説明変数を作るためのデータを準備
, rsvflg_and_history_rsv_log AS(
SELECT
  base.*,
  before_rsv.reserve_id AS before_reserve_id,

  -- 予約日に変換
  TO_DATE(before_rsv.reserve_datetime, 'YYYY-MM-DD HH24:MI:SS')
    AS before_reserve_date,
  before_rsv.total_price AS before_total_price,

  -- 宿泊人数1人フラグを計算
  CASE WHEN before_rsv.people_num = 1 THEN 1 ELSE 0 END
    AS before_people_num_1,

  -- 宿泊人数2人以上フラグを計算
  CASE WHEN before_rsv.people_num >= 2 THEN 1 ELSE 0 END
    AS before_people_num_over2,

  -- 過去の宿泊月が同じ月 (年は違ってもよい) であるかどうかのフラグを計算
  CASE
    WHEN base.month_num =
      CAST(DATE_PART(MONTH, TO_DATE(before_rsv.reserve_datetime,
                                    'YYYY-MM-DD HH24:MI:SS')) AS INT)
      THEN 1 ELSE 0 END AS before_rsv_target_month

FROM target_customer_month_log base
```

13-3 予測モデリングの前処理　　307

Part 4

```
-- 同じ顧客の過去1年間（365日間）の予約テーブルを結合
LEFT JOIN work.reserve_tb before_rsv
  ON base.customer_id = before_rsv.customer_id
  AND TO_DATE(before_rsv.checkin_date, 'YYYY-MM-DD')
      BETWEEN DATEADD(DAY, -365,
                      TO_DATE(base.month_first_day, 'YYYY-MM-DD'))
          AND DATEADD(DAY, -1,
                      TO_DATE(base.month_first_day, 'YYYY-MM-DD'))
)
-- 結合した過去1年間の予約レコードを集約して、説明変数に変換
--（前段のSQLと処理をまとめることも可能）
SELECT
  customer_id,
  rsv_flg,
  sex,
  age,
  month_num,
  before_rsv_flg_m1,
  before_rsv_flg_m2,
  before_rsv_flg_m3,

  -- 過去1年間の予約金額の合計を計算（予約がない場合は、0円として補完）
  COALESCE(SUM(before_total_price), 0) AS before_total_price,

  -- 過去1年間の予約回数
  COUNT(before_reserve_id) AS before_rsv_cnt,

  -- 過去1年間の宿泊人数1人で予約した回数
  SUM(before_people_num_1) AS before_rsv_cnt_People_num_1,

  -- 過去1年間の宿泊人数2人以上で予約した回数
```

13
演習問題

```
    SUM(before_people_num_over2) AS before_rsv_cnt_People_num_over2,

    -- 最近の予約の日時が何日前なのかを計算
    -- （最近の予約が見付からない場合は、1年前（365日前）+1日前の366で補完）
    COALESCE(DATEDIFF(day, MAX(before_reserve_date), month_first_day), 0)
      AS last_rsv_day_diff,

    -- 過去1年間の同じ月の予約回数を計算
    SUM(before_rsv_target_month) AS before_rsv_cnt_target_month

FROM rsvflg_and_history_rsv_log
GROUP BY
    customer_id,
    sex,
    age,
    month_num,
    before_rsv_flg_m1,
    before_rsv_flg_m2,
    before_rsv_flg_m3,
    month_first_day,
    rsv_flg,
    month_first_day
```

　長いSQLですが、1つ1つは難しい処理ではありません。処理が重い場合は、中間テーブルのデータ件数を最も増やしている結合条件を見直して、可能な限り件数を減らすようにしましょう。また解説では1つのSQLにまとめましたが、処理が長くわかりづらい場合は中間テーブルを利用し、各中間テーブルで確認をしながら前処理を実現させましょう。

13-3 予測モデリングの前処理　309

2. Pythonによるデータの変換と分割

02_create_model_data.py（抜粋）

```python
import psycopg2
import os
import random
from sklearn.model_selection import train_test_split
from sklearn.model_selection import KFold


# psycopg2を利用して、Redshiftとの接続を作成
con = psycopg2.connect(host='IPアドレスまたはホスト名',
                       port=接続ポート番号,
                       dbname='DB名',
                       user='接続ユーザ名',
                       password='接続パスワード')



# SQL文をファイルから読み込み
with open(os.path.dirname(__file__)+'/01_select_model_data.sql') as f:
  sql = f.read()


# モデリング用のデータをRedshiftから取得
rsv_flg_logs = pd.read_sql(sql, con)


# ダミー変数を作成
rsv_flg_logs['is_man'] = \
  pd.get_dummies(rsv_flg_logs['sex'], drop_first=True)


# 数値の状態でカテゴリを集約してから、カテゴリ型に変換
rsv_flg_logs['age_rank'] = np.floor(rsv_flg_logs['age'] / 10) * 10
rsv_flg_logs.loc[rsv_flg_logs['age_rank'] < 20, 'age_rank'] = 10
rsv_flg_logs.loc[rsv_flg_logs['age_rank'] >= 60, 'age_rank'] = 60
```

310　第13章　演習問題

```python
# カテゴリ型に変換
rsv_flg_logs['age_rank'] = rsv_flg_logs['age_rank'].astype('category')

# 年齢のカテゴリ型をダミーフラグに変換して追加
rsv_flg_logs = pd.concat(
  [rsv_flg_logs,
   pd.get_dummies(rsv_flg_logs['age_rank'], drop_first=False)],
  axis=1
)

# 月を12種類のカテゴリ値から数値化
# 過学習の傾向があった場合は最初にこの変数を疑うこと
rsvcnt_m = rsv_flg_logs.groupby('month_num')['rsv_flg'].sum()
cuscnt_m = rsv_flg_logs.groupby('month_num')['customer_id'].count()
rsv_flg_logs['month_num_flg_rate'] =\
  rsv_flg_logs[['month_num', 'rsv_flg']].apply(
    lambda x: (rsvcnt_m[x[0]] - x[1]) / (cuscnt_m[x[0]] - 1), axis=1)

# 過去1年間の予約金額の合計を対数化
# 金額が大きくなるほど、金額の絶対的な大きさの意味は小さくなると予測できるため
rsv_flg_logs['before_total_price_log'] = \
  rsv_flg_logs['before_total_price'].apply(lambda x: np.log(x / 10000 + 1))

# 学習データと検証データに分割

# モデルに利用する変数名を設定
target_log = rsv_flg_logs[['rsv_flg']]
# 必要なくなった変数を削除
rsv_flg_logs.drop(['customer_id', 'rsv_flg', 'sex', 'age', 'age_rank',
                   'month_num', 'before_total_price'], axis=1, inplace=True)
```

13-3 予測モデリングの前処理　　311

Part 4

```python
# ホールドアウト検証のために、学習データと検証データを分割
train_data, test_data, train_target, test_target =\
  train_test_split(rsv_flg_logs, target_log, test_size=0.2)

# インデックス番号をリセット
train_data.reset_index(inplace=True, drop=True)
test_data.reset_index(inplace=True, drop=True)
train_target.reset_index(inplace=True, drop=True)
test_target.reset_index(inplace=True, drop=True)

# 交差検定用にデータを分割
row_no_list = list(range(len(train_target)))
random.shuffle(row_no_list)
k_fold = KFold(n_splits=4)

# 交差数分繰り返し
for train_cv_no, test_cv_no in k_fold.split(row_no_list):
  train_data_cv = train_data.iloc[train_cv_no, :]
  train_target_cv = train_target.iloc[train_cv_no, :]
  test_data_cv = train_data.iloc[test_cv_no, :]
  test_target_cv = train_target.iloc[test_cv_no, :]

  # 交差検定のモデリング
  # 学習データ: train_data_cv, train_target_cv
  # テストデータ: test_data_cv, test_target_cv

# ホールドアウト検証のモデリング
# 学習データ: train_data, train_target
# テストデータ: test_data, test_target
```

13

演習問題

312　第**13**章　演習問題

　　上記のような予測モデリングのための前処理は、一度書いて終わりということはほとんどありません。実際の現場ではモデリングの精度結果を確認したあとに、前処理を変更したり、追加したりすることが多いです。たとえば、説明変数の型を変更したり、新たな説明変数を追加したりします。

　　結合／集約処理はSQLで書き、型の変換や学習／テストデータの分割などのデータの変換はPythonで行うのがお勧めです。

　　SQLは結合処理の条件式に不等式を利用でき、PythonやRと比較して、パフォーマンスよく簡潔な表現で結合を実現できます。また、集約関数も充実しており、データを集約してデータサイズを小さくしてからPythonやR上で読み込んだ方が必要なメモリサイズが小さくなり、パフォーマンスが向上します。

　　一方、データ型は機械学習を行うプログラムによって異なり、SQLではなくPythonやR上で行う必要があります。さらには、対数化などデータの値を変換する場合は、変換方法をモデリングの精度の結果次第で何度も修正したくなります。データの変換は、再実行しやすいPythonやR上で書く方が修正しやすいです。

モデル予測時の前処理への書き換え

　モデリング完了後には、モデルを使った予測を行うために、予測に利用する適用データに、モデル学習に行った前処理と同様の前処理を適用する必要があります。この前処理は、モデリングする際の前処理とほとんど同じですが、一部だけ変更する必要があります。基本的には、次の箇所を変更します。

1. 取得するデータの対象期間の起点を予測対象期間のみにする
2. サンプリングはしない
3. モデリングの学習のための前処理はしない
4. 予測対象値を利用した前処理の変換方法を変更する

上記の4点の変更を今回のサンプルコード適用する場合、次のような修正が必要です。

1. SQL上でデータ抽出時の対象期間を予測対象期間の1ヵ月間に指定
2. SQL上でサンプリングを行う部分を削除
3-1. Python上でホールドアウト検証や交差検定のデータ分割部分を削除
3-2. SQL／Python上で学習のための予測フラグを準備している部分の削除
4. Python上で変数の月を数値に変換する部分を過去データの平均値によって実現す

るように変更

Python 上ではもう 1 点注意することがあります。それは、性別／年齢のカテゴリ値において、「モデル学習時にはなく、予測時にはある」というカテゴリ値が出現しないようにすることです。カテゴリ値の集約や十分なサンプル数の確保、カテゴリ値別のデータ分割によって担保してください。

説明変数の補足

最後に余談ではありますが、サンプルコードで作成した説明変数の意図を解説します。

1. is_man, age_rank
   - 予約する人の性別／年齢を分類
   - 性別／年齢によって、生活パターンが異なることを想定

2. before_rsv_flg_m1, before_rsv_flg_m2, before_rsv_flg_m3
   - 1〜3ヵ月前の予約の有無
   - 直近予約がある顧客はアクティブで、予約する確率が高いであろうことを想定
   - 1ヵ月前にのみ予約がある顧客は、周期性からしばらくは予約しない確率が高いと想定

3. before_rsv_cnt
   - 過去1年間の予約数
   - 予約数が多い人ほど、予約する確率が高いと想定

4. before_rsv_cnt_people_num_1, before_rsv_cnt_people_num_over2
   - 過去1年間の予約人数1人と2人以上のときの予約回数
   - 1人のときがビジネス出張、2人以上のときが家族／友人の旅行と想定
   - ビジネス出張が多い人は、定期的に出張があり、予約する確率が安定していると想定
   - 家族／友人との旅行が多い人は、直前に旅行しているとしばらく予約しないと想定

5. before_rsv_cnt_target_month
   - 1年前の同じ月の予約回数
   - 1年周期で旅行をする顧客がいる場合、同じ月の予約回数が多いほど予約する確率が高いと想定

6. last_rsv_day_diff
   - 最後の予約日からの経過日数

○ 経過日数が長過ぎるまたは短過ぎる場合は、予約確率が低くなる想定
　7.　before_total_price_log
　　　○ 過去1年間の合計予約金額の対数化
　　　○ 利用している金額が多いほど、お金に余裕がなくなり、予約確率が低くなると想定
　　　○ 予約回数と相関しているが、予約対数に対して多い少ないで傾向が変わると想定
　8.　month_num_flg_rate
　　　○ 予約月の平均予約確率
　　　○ 季節によって需要が異なり、予約確率に影響を与えると想定
　　　○ 利用する機械学習モデルが非線形であれば、月による変数の影響度の強さを切り
　　　　替えられる期待もあるので必ずしも数値化が良いとは限らない

　上記のような想定からさまざまな説明変数を作っていますが、必ずしも想定通りになる
とは限りません。モデル構築時の説明変数の重要度や基礎分析によって、想定を確認する
とともに説明変数を磨き込んでいくことが重要です。

　また、上記の想定の中には線形モデルでは表現しきれないことがあります。たとえば、
last_rsv_day_diffは連続数ですが、大きな値でも小さな値でも予約確率が低くなり、ちょ
うど良い値の場合のみ予約確率が高くなるという想定です。線形モデルではこのような傾
向を表現することができません。このように、線形モデルを利用する場合には、連続数に
非線形な関数を適用したり、カテゴリ型に変換する必要が出てきます。

　さて、私はこの問題について驚くべき解法を見付けたのですが、本書に掲載するには余
白が少なすぎると編集者から注意を受けました。したがって、これから先のモデル構築や
テスト検証などは読者への課題としておきます。

　データ大航海時代、読者のみなさんが前処理の深淵という暗闇の世界に堕ちてしまった
際に、本書が進むべき方向を照らす道標（と書いてひかりと読む）となれば幸いです。

　May the Awesome be with you.

おわりに

　「今日からオレはお前をAwesomeデータサイエンティストとしてプロデュースする！」転職したての会社で、知り合って間もないおじさんからいきなりこう言われたらみなさんはどう思うでしょうか。このあと私は、ああ……このおじさんは本当にやばい人なんだなと確信しました。なんと彼は、私の了承もなく、すでに仲間と執筆企画を考え、出版社に話を通しているのです。争う暇もなく、私は気付いたら編集者と打ち合わせをしていました。これが本書を執筆するきっかけになった本当の話です。

　執筆の企画がスタートしても、無名で技術的にもまだまだな私が本を書いて良いものかとずっと迷っていました。良い本を出してちょっと自慢したいというやましい思いと、世間に叩かれたらどうしようという不安な思いが交差して、執筆への使命感も何もあったもんじゃない状態でした。しかし、あるとき担当編集者に「この本はよくわからないままデータ分析の現場に放り込まれた人を救うための書物であり、同時にエンターテイメント書でもある」と言われたことでふっきれました。私に求められていることは、学問的に高度で素晴らしい高尚な書物を書くのではなく、理不尽な環境や制約に苦しめられながらも学び続ける同士達に現場を乗り越えるためのノウハウを提供することなのだと。そして、ユーモアを交えて同じような境遇で苦しんでいる仲間を少しでも楽しませることなのだと。仲間の役に立つならば、多少世間に叩かれることはあろうとも、挑戦的に執筆しようと覚悟を決めました。覚悟を決めすぎて、あまりにも挑戦的な表現は修正されました。

　本書を書くにあたっては、株式会社ホクソエムのメンバー、特に高柳慎一さん、松浦健太郎さん、市川太祐さん、湯谷啓明さんにアドバイスやレビューをいただきました。感謝を記させていただきます。また、一時「おれはもうだめだ……」、「もう誰にも怒られたくない！」とかいうかまって欲しい度MAXの酔っ払いを優しく相手にするサポートもありがたかったです。飲みに付き合ってくれた方々に本当に感謝しています。また、担当編集者には基礎的なことから執筆に関するご指導をいただき多大な感謝を記させていただきます。さらに、子供が生まれたばかりの大変な時期に執筆作業の時間を確保してくれた妻の千恵やアンパンマンごっこをやりたいのに時折我慢してくれた息子の創士朗にも感謝を記したいと思います。

　最後に、本書を読んでくださった読者の方にも感謝を述べたいと思います。本書が少しでもみなさんの役に立つことがあるように願って、終わりの言葉とさせていただきます。

参考文献

- 岩崎学（2010），『不完全データの統計解析』エコノミスト社.
- 星野崇宏（2009），『調査観察データの統計科学』岩波書店.
- 高橋将宜，渡辺美智子（2017），『欠測データ処理』共立出版.
- David Nettleton（2014），『Commercial Data Mining』Morgan Kaufmann（市川太祐，島田直希（訳）（2017），『データ分析プロジェクトの手引』共立出版.）
- 福島真太朗（2015），『データ分析プロセス』共立出版.
- あんちべ（2015），データ解析の実務プロセス入門，森北出版.
- 酒巻隆治, 里洋平（2014）,『ビジネス活用事例で学ぶ データサイエンス入門』SB クリエイティブ.
- 有賀康顕，中山心太，西林 孝（2018），『仕事ではじめる機械学習』オライリージャパン.
- 加嵩長門，田宮直人（2017），『ビッグデータ分析・活用のための SQL レシピ』マイナビ出版.
- 青木峰郎（2015），『10 年戦えるデータ分析入門 SQL を武器にデータ活用時代を生き抜く』SB クリエイティブ.
- 株式会社 ALBERT 巣山剛，データ分析部，システム開発・コンサルティング部（2014），『データ集計・分析のための SQL 入門』マイナビ出版.
- Kun Ren（2017），『Learning R Programming』Packt Publishing（湯谷啓明，松村 杏子，市川太祐（訳）（2017），『R プログラミング本格入門』共立出版.）
- Wes Mckinney（2017），『Python for Data Analysis』Oreilly & Associates Inc. Jacqueline
- Kazil，Katharine Jarmul（2016），『Data Wrangling with Python』O'Reilly Media.
- 東京大学教養学部統計学教室（1991），『統計学入門』東京大学出版会.
- Mark Lutz（2009），『Learning Python』O'Reilly Media（夏目 大（訳）（2009）『初めての Python』オライリージャパン.）
- Sebastian Raschka,Vahid Mirjalili（2017）『Python Machine Learning』Packt Publishing（福島真太朗（監訳）株式会社クイープ（訳）（2018）『[第 2 版] Python 機械学習プログラミング 達人データサイエンティストによる理論と実践』インプレス.）
- Garrett Grolemund（2014）『Hands-On Programming with R』O'Reilly Media（大橋 真也（監修），長尾 高弘（訳）（2015）『RStudio ではじめる R プログラミング入門』オライリージャパン.）

索引 Index

記号・A・B・C

%>% (パイプ) ･･････････････････ 27
|| `SQL` ･････････････････････････ 216
add_categories 関数 `Python` ･･････ 213
agg 関数 `Python` ･････････ 56, 58, 65
and_ 関数 `Python` ･･････････････ 128
apply 関数 `Python` ･･････････ 171, 256
as.Date 関数 ･･･････････････････ 231
as.factor 関数 `R` ････････････････ 175
as.integer 関数 `R` ･･････････････ 166
as.logical 関数 `R` ･･･････････････ 204
as.numeric 関数 `R` ････････････ 166
as.POSIXct 関数 `R` ････････････ 231
AS `SQL` ････････････････････････ 26
astype 関数 `Python` ･･･ 175, 205, 245
AVG 関数 `SQL` ････････････ 63, 114
bag of words ･････････････････････ 266
bearing 関数 `R` ･････････････････ 284
BETWEEN ････････････････････ 35
between 関数 `R` ･･･････････････････ 38
bind_rows 関数 `R` ･･････････････ 101
CASE文 `SQL` ･･･ 98, 156, 203, 208, 211, 220, 252, 259
CAST 関数 `SQL` ････････････････ 166
COALESCE 関数 `SQL` ･･････ 67, 193
coordinates 関数 `R` ････････････ 277
corpora.Dictionary 関数 `Python` ･･ 270
corpus2csc 関数 `Python` ････････ 270
COUNT 関数 `SQL` ･････････････ 53
CREATE TABLE文 `SQL` ･･････ 296
createTimeSlices 関数 `R` ･･･････ 142
CROSS JOIN 句 `SQL` ････････ 123

csc_matrix 関数 `Python` ･･･････ 161
cvFolds 関数 `R` ･･･････････････ 134

D・F

data.frame ･･････････････････ 21, 26
DataFrame ･･･････････････････ 21, 29
DataFrame.index.difference 関数 `Python` ･･･ 225
DATE_PART 関数 `SQL` ････････ 234
DATEADD 関数 `SQL` ･････････ 247
DATEDIFF 関数 `SQL` ･････････ 241
datetime.timedelta 関数 `Python` ･･ 251
days_in_month 関数 `R` ･･･････ 237
days 関数 `R` ･･･････････････････ 249
difftime 関数 `R` ･･････････････ 243
distHaversine 関数 `R` ･･･････ 284
distVincentySphere 関数 `R` ･･ 284
docDF 関数 `R` ･････････････ 267, 274
dplyr パッケージ ････････････････ 13
drop_na 関数 `R` ･･････････････ 191
droplevels 関数 `R` ･･･････････ 213
dropna 関数 `Python` ･･･････････ 192
drop 関数 `Python` ････････････････ 30
dummyVars 関数 `R` ･････････ 208
factor 関数 `R` ･･･････････････ 204
factor 型 `R` ･･･････････････････ 174
fillna 関数 `Python` ･･･････ 69, 194, 197
filter 関数 `R` ････････････････････ 37
FIRST_VALUE 関数 `SQL` ･･････ 50
fit_sample 関数 ････････････････ 153
FLOAT `SQL` ･･･････････････････ 165
float 関数 `Python` ･･･････････････ 168

floor 関数 `Python`	175
floor 関数 `R`	174
FLOOR 関数 `SQL`	174
format 関数 `Python`	217
format 関数 `R`	236

G・H・I

get_dummies 関数 `Python`	209
great_circle 関数 `Python`	286
GROUP BY 句 `SQL`	53
group_by 関数 `R`	55
groupby 関数 `Python`	56
hours 関数 `R`	249
hour 関数 `R`	237
Hubeny	279
if_else 関数 `R`	101
iloc 関数 `Python`	29
INT `SQL`	165
integer `R`	166
intersect 関数 `R`	36
int 関数 `Python`	168
inv 関数 `Python`	284
isin 関数 `Python`	51
ix 関数 `Python`	29

J・K・L

join 関数 `R`	91, 119
JOIN 句 `SQL`	86, 118
KFold 関数 `Python`	136
KNeighborsClassifier クラス `Python`	224
KNN	223
knn 関数 `R`	223
lag 関数 `R`	106, 114
LAG 関数 `SQL`	105
lead 関数 `R`	107

lil_matrix 関数 `Python`	162
loc 関数 `Python`	29, 39
logical 型 `R`	204, 220
log 関数 `Python`	171
log 関数 `R`	171
LOG 関数 `SQL`	170
lubridate ライブラリ `R`	231

M・N

MAR	188
max 関数 `Python`	65
max 関数 `R`	64
MAX 関数 `SQL`	63
MCAR	188
mean 関数 `Python`	65
mean 関数 `R`	64, 196
median 関数 `Python`	65
median 関数 `R`	64
MEDIAN 関数 `SQL`	63
merge 関数 `Python`	92
merge 関数 `R`	125
MICE クラス `Python`	199
mice 関数 `R`	198
minutes 関数 `R`	249
minute 関数 `R`	237
min 関数 `Python`	65
min 関数 `R`	64
MIN 関数 `SQL`	63
MNAR	188
models.TfidfModel 関数 `Python`	273
mode 関数 `Python`	74
mode 関数 `R`	166
month 関数 `R`	237
multiple_imputations 関数 `Python`	199
mutate 関数 `R`	79, 254

N-gram	261
na.omit 関数 R	191
names 関数 R	74
natto ライブラリ Python	264
numeric R	166
NumPy	14
nunique 関数 Python	56
n 関数 R	55

P・Q・R

Pandas	14
parse 関数 Python	265
paste 関数 R	216
PCA クラス Python	186
PERCENTILE_CONT 関数 SQL	63
pivot_table 関数 Python	157
PMM	197
prcomp 関数 R	185
psycopg2 ライブラリ Python	300
Python	11
quantile 関数 Python	65
quantile 関数 R	64
R	11
RANDOM 関数 SQL	43
rank 関数 Python	79
RANK 関数 SQL	81
remove_unused_categories 関数	213
rename 関数 Python	61
replace_na 関数 R	69, 193
replace 関数 Python	192
reset_index 関数 Python	57
RMeCabC 関数 R	264
roll_sum 関数 R	110
rolling 関数 Python	112, 115
roll 関数 R	114

round 関数 R	73
ROUND 関数 SQL	43, 72
row_number 関数 R	78, 115
ROW_NUMBER 関数 SQL	77
RPostgreSQL パッケージ R	292

S

sample_frac 関数 R	45
sample.split 関数 R	134
sample 関数 Python	45
sample 関数 R	50
sapply 関数 R	254, 256
scale 関数 R	178
std 関数 Python	69
sd 関数 R	68
seconds 関数 R	249
second 関数 R	237
SELECT SQL	25
select 関数 R	28
set.seed 関数 R	136
shift 関数 Python	107, 115
SMOTE	148
sort_values 関数 Python	108
sparseMatrix 関数 R	159
Spatial オブジェクト R	275
spread 関数 R	157
spTransform 関数 R	277
SQL	11
StandardScaler クラス	179
starts_with 関数 R	28
STDDEV 関数 SQL	67
strftime 関数 Python	128, 238
summarise 関数 R	55
sum 関数 Python	60
sum 関数 R	60

SUM 関数 `SQL`	59, 109	WITH 句 `SQL`	49, 219
		year 関数 `R`	237

T・U・V

table 関数 `R`	74
TF-IDF	270
tidyverse パッケージ	13
timedelta64[D/h/m/s] 型 `Python`	245
timedelta 型 `Python`	250
TO_CHAR 関数 `SQL`	234
to_datetime 関数 `Python`	232
TO_DATE 関数 `SQL`	229
TO_TIMESTAMP 関数 `SQL`	229
train_test_split 関数 `Python`	136
transform 関数 `Python`	180, 187, 279
transmute 関数 `R`	82
type 関数 `Python`	168
ubBalance 関数 `R`	152
union 関数 `R`	36
unique 関数 `Python`	51
unique 関数 `R`	50
VARIANCE 関数 `SQL`	67
var 関数 `Python`	69
var 関数 `R`	68
vincenty 関数 `Python`	286

W・Y

wday 関数 `R`	237
weekdays 関数 `R`	237
weeks 関数 `R`	249
where 関数 `Python`	103
WHERE 句 `SQL`	33, 190
which.max 関数 `R`	74
which.min 関数 `R`	74
which 関数 `R`	36
Window 関数	75

あ

アンダーサンプリング	146, 147
位置情報型	274
インデックス	31, 40
オーバーサンプリング	146, 148

か

カウント	53
過去データ	103
学習データ	5
カテゴリ化	70, 172
カテゴリ型	201
機械学習	4
季節	251
休日	258
教師あり学習	5
教師なし学習	5
極値	61
寄与率	184
グラフデータ	3
クロスバリデーション	131
形態素解析	261, 262
結合	84
欠損値	188
言語依存	261
言語非依存	261
合計値	58
交差検証	131
交差数	132
語順	265

さ

最頻値	70
最尤法	189
サンプリング	42, 46
時系列データ	138
次元削減	183
次元圧縮	183
集計分析	288
集約	52
主成分分析	183
順位付け	75
数値型	164
数値ベクトル Ⓡ	26
スパースマトリックス	158
整数型	164
生成	146
正則化	176
世界測地系	274
線形モデル	168
全結合	122

た

対数化	169, 170
代表値	62
多重代入法	189
縦持ち	154
ダミー変数	206
抽出	24
テストデータ	5
データ型	3
展開	154

な

日時型	227, 246
日時差	240

日本測地系	274

は

外れ値	180
標準偏差値	66
不均衡	146
浮動小数点型	164
分割	130
分散値	66
平均値	61
方角	279
補完	188, 192, 195, 223
ホールドアウト検証	132

ま

前処理	iv
マルチメディアデータ	2
文字ベクトル Ⓡ	27
文字型	261

や

横持ち	154

ら

ランキング	80
レコードデータ	2
レコメンド	93

▌著者プロフィール

本橋智光（もとはし ともみつ）

システム開発会社の研究員、Web系企業のデータサイエンティストを経て、現在はデジタル医療スタートアップのサスメド株式会社のCTO。株式会社ホクソエムにも所属。量子アニーリングコンピュータの検証に個人事業主として従事している。製造業、小売業、金融業、運輸業、レジャー業、Webなど多様な業種のデータ分析経験を持つ。KDD CUP 2015 2位。趣味でマリオのAIを開発。Twitter：@tomomoto_LV3

▌Staff

装丁	トップスタジオデザイン室（轟木亜紀子）
本文デザイン	BUCH⁺
担当	高屋 卓也

本書へのご意見、ご感想は、技術評論社ホームページ（http://gihyo.jp/）または以下の宛先へ、書面にてお受けしております。電話でのお問い合わせにはお答えいたしかねますので、あらかじめご了承ください。

〒 162-0846　東京都新宿区市谷左内町 21-13
株式会社技術評論社　雑誌編集部
『前処理大全』係
FAX：03-3513-6173

前処理大全

［データ分析のための SQL/R/Python 実践テクニック］

2018年4月26日　初版　第1刷発行
2018年8月 7日　初版　第4刷発行

監　　　修	株式会社ホクソエム
著　　　者	本橋智光
発 行 者	片岡 巌
発 行 所	株式会社技術評論社
	東京都新宿区市谷左内町 21-13
	電話　03-3513-6150　販売促進部
	03-3513-6177　雑誌編集部
印刷／製本	港北出版印刷株式会社

定価はカバーに表示してあります。

本書の一部または全部を著作権の定める範囲を超え、無断で複写、複製、転載、テープ化、あるいはファイルに落とすことを禁じます。

造本には細心の注意を払っておりますが、万一、乱丁（ページの乱れ）や落丁（ページの抜け）がございましたら、小社販売促進部までお送りください。
送料小社負担にてお取り替えいたします。

©2018 本橋智光、株式会社ホクソエム
ISBN978-4-7741-9647-3 C3055
Printed in Japan